“十三五”国家重点研发计划（2016YFC0600608）
中国有色矿业集团科技计划（2017KJJH02）

深穿透地球化学勘查技术及应用

周奇明　施玉娇　赵延朋
秦国强　陆一敢　史　琪　著

北　京
冶金工业出版社
2020

内 容 提 要

本书共分为8章，主要内容包括：国内外非常规地球化学找矿方法的研究现状、电吸附地球化学找矿法、有机烃测量法、汞气测量找矿法、土壤离子电导率测量法、卤素地球化学法测量及应用实例等。

本书理论联系实际，可供地球化学找矿等相关专业的科研、技术人员及高校师生阅读参考。

图书在版编目(CIP)数据

深穿透地球化学勘查技术及应用/周奇明等著.—北京：冶金工业出版社，2020.1

ISBN 978-7-5024-8222-0

Ⅰ.①深…　Ⅱ.①周…　Ⅲ.①地球化学勘探　Ⅳ.①P632

中国版本图书馆CIP数据核字（2019）第255894号

出 版 人　陈玉千

地　　址　北京市东城区嵩祝院北巷39号　邮编　100009　电话　(010)64027926

网　　址　www.cnmip.com.cn　电子信箱　yjcbs@cnmip.com.cn

责任编辑　徐银河　美术编辑　吕欣童　版式设计　禹　蕊

责任校对　郑　娟　责任印制　李玉山

ISBN 978-7-5024-8222-0

冶金工业出版社出版发行；各地新华书店经销；三河市双峰印刷装订有限公司印刷

2020年1月第1版，2020年1月第1次印刷

169mm×239mm；15印张；291千字；227页

78.00元

冶金工业出版社　投稿电话　(010)64027932　投稿信箱　tougao@cnmip.com.cn

冶金工业出版社营销中心　电话　(010)64044283　传真　(010)64027893

冶金工业出版社天猫旗舰店　yjgycbs.tmall.com

序

矿业跟农业一样是我国重要的基础产业，矿产资源是发展矿业的根本保证，找矿探矿是保证矿产资源供应不可或缺的事业，是国家所需。在新时代里，找矿要有高起点，还要应用及创新找矿理论和找矿技术方法，更上一个新台阶，提高找矿效率，向固体矿产找矿第二深度，即500~2000米进军。

在找矿技术方法中，地球化学探矿技术方法是一个重要方面。特别对寻找有色金属、贵金属时具有不可替代的作用。当年“七五”期间（1986—1990年）全国进行金矿找矿大会战，河南省地矿局实验室突破了痕量金的测试方法，应用化探，在野外以金找金，对找矿突破起到很好作用。我国化探找矿的技术方法研究已有一段较长历史，至今在国际上处于领先地位。谢学锦、曹添、於崇文、欧阳宗圻、沈时权、李惠等先生对勘查地球化学理论和方法的发展做出了重要贡献。

为进行隐伏区深部找矿，科技人员在化探工作领域开展了深穿透地球化学勘查技术的研究与应用，中国地质科学院物化探研究所谢学锦、王学求团队取得了不少研究成果，桂林矿产地质研究院周奇明团队进行了大量研究与应用工作。《深穿透地球化学勘查技术及应用》就是该团队长期研究与实践的成果汇总。

本专著介绍了电吸附找矿方法、有机烃测量法、汞气测量法、土壤离子电导率测量法、卤素测量法等深穿透地球化学勘查技术及应用效果。作者总结了多年来研究应用上述深穿透地球化学勘查技术的异常形成机理、找矿依据及异常模式，提出了有效的野外及室内工作方法和技术。十多年来，该书作者团队先后在我国西北、华北、华东、华南和西南等十几个矿区，对不同埋藏深度的典型盲矿进行了找矿方法有效性试验，涉及的矿种有铜、金、锡、钴、镍、铅、锌等，成因类型包括高、中、低温热液型、岩浆热液变质改造型、沉积变质改造型等矿床。典型矿床应用证明深穿透地球化学勘查技术是有效的新技术、新方法。

本专著的出版必将扩大地球化学勘查技术的应用领域，在当今正在开展的深部找矿工作中发挥重要作用。我祝贺这一专著的出版。

谢学锦 2019.5.18.

前　言

我国国民经济的快速发展，工业化进程的逐步加快，需要大量的矿产资源作为发展的支撑。随着找矿工作的不断深入，容易被找到的露头矿和浅埋藏矿已经越来越少，找矿难度越来越大。本专著给出了深部找矿的新思路和新的技术手段。

20世纪50年代以来，我国的地质勘探事业得到了很大的发展，尽管也有起伏，但发展的方向是明确而清晰的。我国勘查地球化学工作者们在探索、开拓、创新的道路上取得了重大成就。谢学锦、曹添、於崇文、欧阳宗圻、沈时权、李惠等人对勘查地球化学理论和方法的发展作出了重要贡献。地球化学找矿的理论和方法在整个矿床勘查领域中占有极为重要的地位，找矿效果显著，特别是在寻找深埋藏隐伏矿方面发挥了独特的作用。

深穿透地球化学勘查技术在国内有多家单位进行研究，地矿、有色、冶金、核工业、煤炭化工、石油等系统及相关高校等都进行过研究，并取得了较好的研究及应用效果。本书介绍的深穿透地球化学勘查技术是有色系统在探索研究寻找隐伏矿方法和技术的过程中产生的。这些技术由欧阳宗圻、李惠、栾继深、张茂忠、周奇明等人通过几十年的坚持不懈的努力，经过实验及应用的验证，基本成熟。近些年深穿透地球化学勘查技术大量应用于找矿实践，在寻找有色金属矿床中取得很好的效果。为了更好地与同行们进行技术交流和协作，共同推动深穿透地球化学勘查技术寻找隐伏矿新方法和新技术的不断发展，我们将资料成果较系统地整理编撰成书，供有关人员参考。

本书共分为8章，内容主要包括国内外非常规地球化学找矿方法的研究现状、电吸附地球化学找矿法、有机烃测量法、汞气测量找矿法、土壤离子电导率测量法、卤素地球化学法测量及应用实例等。

书中介绍的深穿透地球化学勘查技术方法得到了“十三五”国家重点研发计划（2016YFC0600608）和中国有色矿业集团科技计划（2017KJJH02）项目的支持。这些方法的探索、研究、实验、验证先后得到了“八五”至“十二五”国家科技攻关、科技支撑、国家公益专项基金、广西青年科学基金、广西自然科学基金项目的资助及若干企业的横向课题项目经费支持。这些方法的成功研发与桂林矿产地质研究院各时期领导的大力支持和鼓励是分不开的，同时也离不开桂林市计量测试研究所理化室的秦国强高工长期参与机理研究及物理化学参数的测定，同时也是项目课题组全体成员共同努力的结果。在这些方法的研究过程中还得到了国家科学技术部、中国有色矿业集团科技部、广西科技厅、山东黄金集团汇鑫矿业、华锡集团、大宝山铜矿、水口山矿业集团、会理铅锌矿、个旧锡矿等单位及桂林矿产地质研究院化探专业同事的大力支持和协作。我国化探界元老有色金属和冶金系统欧阳宗圻、李惠、栾继深、张茂忠等前辈是影响化探新方法新技术研究的先驱。对于陈毓川院士为本书作序，作者团队在此一并表示衷心的感谢！

本书的主要撰写人员包括：第1章由周奇明、施玉娇、陆一敢撰写，第2章由周奇明、秦国强、施玉娇、陆一敢撰写，第3章由施玉娇、赵延朋撰写，第4章由施玉娇、史琪撰写，第5章由周奇明、秦国强、施玉娇撰写，第6章由施玉娇、秦国强、周奇明撰写，第7章由施玉娇、周奇明、赵延朋、陆一敢、史琪撰写，第8章由周奇明撰写，最后由周奇明、施玉娇统稿，插图、文字整理录入由施玉娇、陆一敢、史琪、赵延朋、杨芳芳完成。参加本项目的人员有周奇明、施玉娇、赵延朋、秦国强、陆一敢、史琪、杨仲平、赖锦秋、杨芳芳、李灵慧、胡乔帆、黄华鸾、谭杰、徐庆鸿、陈远荣、黎绍杰、赵立克，先后参加研究的有栾继深、张茂忠、卢宗柳、张美娣、章华、顾祖伟、黄书俊、杨正达、贾国相、赵友方、曾永超、吕秀峰、黎武、吴万侯、李水明、黄念韶、姚锦其、李大德、吴开华、颜自给等。

由于作者水平所限，书中不足之处，敬请读者批评指正。

作 者

2019年4月

目　录

1 国内外非常规地球化学找矿方法的研究现状

1.1 国外非常规化探研究现状

随着找矿工作的深入开展，易于发现的露头矿和浅埋藏矿已越来越少，找矿目标已逐渐转入到地表下难以发现的被厚层基岩所覆盖的盲矿和被外来厚层堆积物所覆盖的掩埋矿上。常规化探对于寻找露头矿和浅埋藏矿无疑是有效的，但对于寻找深埋藏隐伏矿已显得无能为力。因此，20 世纪 70 年代以来，寻找隐伏矿的难题逐渐被世界各国所重视，其中地球化学找矿新方法新技术的研究也成为各国的重点研究方向。世界各国在对常规地球化学找矿技术改进的同时，先后开展了用于提取反映深部矿化信息的新方法新技术研究。用于寻找隐伏矿的地球化学找矿新技术方法主要有：偏提取法、相态分析法、地气法、金属离子活动态方法、酶提取法、热磁法、有机配合物法、离子晕法、地电提取法、壤中汞气和热释汞测量方法、放射性元素勘探方法、生物测量探矿法、热释光法、有机烃气测量法等。目前，国外研究和使用较多的是金属气体地球化学测量和弱信息偏提取技术。

金属气体地球化学测量是根据金属元素的气态形式能够存在于地壳表面而开展的。20 世纪 70 年代初，加拿大巴林杰公司曾秘密从事气溶胶测量达十年之久，曾先后研究过空气中微迹元素测量系统（Airtrace）和地表微迹元素测量系统（Surtrace），他们采用 ICP 分析大气微尘中的 20 种金属组分，后因影响因素较多，测试结果重现性差而宣告失败。1984 年，L. Malmqvist 和 Kristiansson 研制了地气法（Geogas）找隐伏金属矿床，并在 20 世纪 80 年代初，瑞典 Lund 大学物理系和布立登（Boliden Mineral）公司合作，提出金属元素从地下深处以微气泡附着气体形式上升到地表并在矿体上形成成矿元素异常的思想，据此开始研究并使用一种新的“金属气体”测量技术即地气测量。他们在本国及其他国家的 30 多个地区进行试验，发现地气异常与矿化存在明显的对应关系，并对地气迁移机制做了许多工作。与此同时，捷克的布尔诺（Geofyzika Byno）地球物理实验室也进行了该种方法技术研究，所不同的是采用主动吸附法在近地表采集地气气溶胶。他们设在布拉格的实验室于 1976 年证实土壤中存在其他元素（Cu、Fe、Zn、As、F、Cl），而且证实这些元素来源于某些地质构造，他们将之称为金属射气法。

但是，由于对该方法的理论基础认识分歧较大，加上手段所限，在90年代后，国外基本放弃了这方面的研究。1954~1956年，苏联学者提出了O_2/CO_2异常方法，他们在硫化物矿床上的0.4~2.5m深处的壤中气中发现了O_2下降和CO_2升高的现象。硫化物氧化消耗氧，氧化产物中硫酸与围岩或脉石矿物中的碳酸盐作用生成CO_2。但由于CO_2气体产生的原因很多，所以异常解释比较困难。20世纪70年代英、美两国研究从天然吸附剂——土壤中解脱含硫气体的找矿方法，美国泰勒等理论计算，硫化物氧化过程中实际能产生足以检测到的CS_2、COS两种气体，水分饱和时，SO_2、H_2S就溶解了，因此证明SO_2、H_2S都不是很好的气体指示，相反CS_2、COS两种气体是最好的指示硫化矿床的含硫气体。氡气测量虽然应用历史较久，但仅限于找铀矿，近年来国内外广泛使用被动累计方法来增加铀矿探测的效果，如经迹蚀刻方法及活性炭吸附法等。

弱信息偏提取技术（活动态测量技术）：从20世纪70年代以来，国外勘查地球化学家对偏提取技术进行了大量研究，T. T. Chao（1984）曾对此进行了全面论述。20世纪80年代以前，国外对偏提取方法技术的研究工作主要针对残坡积层覆盖地区，采样介质主要为残坡层土壤和基岩出露地区水系沉积物；分析方法研究主要集中在提取剂的选择和提取步骤的改进上，获得了不同提取剂、提取条件和提取步骤对提取结果影响方面的大量资料，并将这一技术应用于矿产勘查开发工作中，取得了很多有价值的成果。20世纪80年代以来，苏联学者对覆盖区矿体上方的上置晕进行了深入研究，他们研究并开发了三种偏提取方法：（1）化学法（水溶、焦磷酸钠提取等）；（2）物理化学法（热磁法等）；（3）电化学法（地电提取）。他们声称上述方法可在不同景观条件下，发现深达500m以上的隐伏矿体。

1971年，澳大利亚G. J. S. Govett等人根据电化学溶解的理论首先提出土壤离子电导率测量法，并为查明硫化物矿床次生分散作用的可能电化学机理，开始一系列岩石固体中硫化物矿物模拟实验，结果发现硫化物矿体周围的电位和次生晕之间有一定关系。1976年，G. J. S. Govett等人在加拿大马里巴省弗林弗伦的白湖Cu-Zn硫化物矿床进行了实验研究，通过测定地表土壤样品的电导率来寻找深埋的和盲的硫化物矿床，结果显示在隐伏矿体上表层土壤中发现了很好的电导率异常，并且通过对电化学分散机理的研究，提出了深埋的硫化物矿体元素的分散是以电化学作用为主，提出的分散机理与观察到的地球化学结果是一致的。

进入20世纪90年代，由于国外对覆盖区地球化学找矿的重视，偏提取技术研究与开发再次成为勘查地球化学界的研究热点。美国地质调查局Clark等人（1994）将微生物引入偏提取技术——酶浸法，即利用葡萄糖酶淋滤浸出与非晶质氧化膜结合的金属元素，该方法主要用于运积物覆盖区的找矿工作。在Basin和Range地区，对4个山前冲积平原覆盖的隐伏银矿进行了酶提取试验研究，所获得的地球化学异常衬度大，如在 Rabbit Creek 埋深 180m 的银矿上方一些指示元素异常衬度达 100；Mag 和 Clay Pit 金矿的 B 层土壤酶淋滤研究发现，已知矿两侧出现高衬度的多元素异常。澳大利亚 Mann 等人（1995）采用一种或几种弱的提取剂提取样品中所谓活动金属粒子（MMI），在 70 多个地区进行了试验，取得了非常好的效果，在被覆盖物覆盖几米至 700m 的矿体上方均出现了一定强度的地球化学异常。

20 世纪末以来，偏提取技术研究更活跃。加拿大 G. E. M. Hall（1996，1998）就偏提取分析进行了专门研究和论述，特别是 ICP-MS 在偏提取分析中的应用进行了较多研究；1998 年，*Journal of Geochemical Exploration* 出版了偏提取研究专集，共收集论文 12 篇。其中，Gray 等人（1998）观察了偏提取过程中金的再吸附现象并提出可能的解决方案；J. R. Yeager 等人（1998）研究了密西西比型铅锌矿体上方酶提取金属元素异常特征；A. F. Bajc（1998）对比研究了加拿大安大略省冰积物覆盖区酶提取金属元素与活动态金属元素含量关系。

矿产勘查中的偏提取技术的发展可分为两个阶段，1972~1985 年为第一阶段，1986~1999 年为第二阶段。第一阶段（微量分析阶段）：地球化学勘查主要集中在基岩出露区，采样介质主要为水系沉积物和残坡积层土壤，20 世纪 80 年代初，由于原子吸收光谱分析方法的发展，形成了偏提取技术的第一次高潮。当时的研究目的主要在于强化地球化学异常和研究元素表生地球化学分散规律。第二阶段（痕量超痕量阶段）：由于矿产勘查形势和勘查地球化学发展的需要，覆盖区找矿日益受到重视，同时，由于分析测试技术的发展，特别是无火焰原子吸收技术的成熟和 ICP-MS 技术的引进，使得痕量超痕量（通常指 10~9 和 10~12 级）弱信息提取与测定有了技术保障。该阶段的研究主要针对隐伏矿体的勘查问题，且本轮的研究至今方兴未艾。

深穿透地球化学是 E. M. Cameron 与谢学锦院士于 1997 年在第 16 届国际化探大会期间谈话时提出的能够有效地探索数百米以下隐伏矿的新方法（谢学锦，1998）。国外学者在 1998 年 4 月启动了一项全面的“深穿透地球化学勘查技术研究”计划，由加拿大矿业研究会（CAMIRO）发起，26 家矿业公司（来自美国、加拿大、智利、英国和澳大利亚）联合资助，主要研究地气（气态金属即纳米气）和偏提取技术。该计划的第一阶段已经结束，1999 年 9 月开始，继续进行更大范围、更深程度的第二阶段研究。由此可见，上述方法的有效性已经得到西方勘查地球化学家的认可，但在地气形成机理、采样方法、室内分析、数据处理以及异常解释等方面都存在着较多问题，研究难度大，需要进行更进一步的探索。

苏联最早应用了地电提取（CHIM）异常元素的找矿方法，并在找矿方面发挥了作用，如 Ю. С. 雷斯（1986）在乌拉尔地区找铜矿获得了成功；

A. A. Veikher 等人（1990）在乌兹别克斯坦找金矿也获得了成功；I. S. Gol. Dberg 等人（1990）在找铜、镍、铅、锌等矿中也获得了成功。D. B. Smith 等人（1993）在克罗里达地区野外地电提取法找金、砷、锡等也获得了成功；在地电提取的机理方面，G. R. Webber（1975）、B. Bolviken（1975）、J. S. Govett（1987）、S. G. Alekseev（1996）、S. M. Hamilton（1998）等众多地质学家和地球化学家先后对地电提取方法的异常模式及成因机理进行过探讨研究，从而使地电提取方法得到了一定程度的完善。

进入 21 世纪，俄罗斯在提取可反映深部矿化信息物质方面发展了多种方法，如早在 20 世纪 70 年代就已成型的土壤金属有机酸盐法、热磁地球化学法、土壤吸附元素法和金属部分提取法等（Алексеев 等人，2008），这些方法在 21 世纪得到了很好的应用，并取得了很好的试验效果。特别是地电化学法（部分技术提取法）与重磁勘探相结合，效果显著。此外，俄罗斯工作者和我国地球化学工作者合作研制"用过滤器抽取和分析土壤气体"的方法，即地气法（кременецкий，2006，2008）；在许多成矿区进行土壤（风化产物）活动态离子提取法的试验研究，认为此类方法有助于查明新矿区和工业矿体（чекваидзе 等，2009）。

近年来，随着高分辨率多采集器 ICP-MS 技术的使用和同位素分析成本的降低，同位素地球化学的应用范围也在不断地拓展。如 Bastakov 等对澳大利亚南部铁氧化物 Cu-Au 系统中的 Nd 和 S 的同位素特征进行研究分析，得出结论：同位素不仅可用于判别物质来源，而且可用于区分弱矿化和强矿化体；Oates 等人利用土壤中的 N 和 S 同位素作为区域勘查指标，假设在特定环境下，如果区域地球化学循环明确，矿床周围土壤的硝酸盐和硫酸盐中 N、S、O 同位素组成就可以确切地反映矿床类型；Carr 等人通过建立 Pb 同位素地质特征模型来辨别地球化学异常；Hall 等人通过利用土壤选择提取的 Pb 同位素的方法验证了 VMS 型矿点上的覆盖层中的 Pb 是从厚覆盖层下方的硫化物矿床中运移上来的。地表物质中稳定同位素系统（如 Fe、Cu、Se 等）的研究也越来越多，不仅丰富了同位素研究对象，同时也将成为矿床勘查新的工具或手段。

1.2 国内非常规化探研究现状

我国是世界上始终坚持开展覆盖区地球化学勘查技术方法研究的少数国家之一。"地气"法自 20 世纪 80 年代引进我国后，原成都地质学院和原地质矿产部地球物理地球化学勘查研究所先后开展了这方面的试验研究，在金、多金属和铜镍矿上进行了方法有效性研究的同时，对"地气"的形成机理也进行了一些试验研究。为了加强地气方法和理论研究，原地质矿产部科技司"九五"期间重点资助了"气体地球化学测量方法技术研究"，在某些方面取得了一定程度的进展，但由于受时间和手段所限，在许多方面还存在很多问题。目前，我国“金属气体”测量已经形成具有自己特色的两套技术系列：一种以中子活化为分析手段，采用主动或被动的预富集方法，以勘查金为主要目标的方法技术组合；另一种是以常规原子吸收为分析手段，采用主动或被动的预富集方法，以勘查贱金属为主要目标的方法技术组合。但是，国内的研究也存在许多问题，如基础理论研究薄弱、测量精密度低、资料可比性差和测量方法不统一等，所以已经获得的一些成果受到国外学者的质疑，因此，迫切需要进行深入的理论基础和方法技术研究，使该方法技术走向成熟。

我国在偏提取技术开发和应用方面也进行了多角度的试验研究。20 世纪 60 年代冷提取的应用，在当时的技术水平条件下，对地球化学找矿起到了一定的推动作用。20 世纪 80 年代，任天祥等人先后在铜矿、铜镍矿、铅锌矿等矿床上采用了偏提取技术，研究元素赋存状态、迁移富集规律和寻找隐伏矿试验研究，获得了较好的效果。20 世纪 70 年代末期，原中国有色金属工业总公司矿产地质研究院、地质矿产部地球物理地球化学勘查研究所、冶金工业部地球物理探矿公司等单位几乎同时都开展了壤中汞气和土壤热释汞找矿新方法的研究，从测汞仪的研制到已知矿找矿有效性试验和未知区的找矿应用都开展了工作，并获得了丰硕的成果，该方法的研究成功，对地球化学找矿工作起到了相当大的推动作用，该方法现已广泛应用于寻找金属矿床和油气藏中，获得了较大的经济效益和社会效益。至此以后，原中国有色金属工业总公司矿产地质研究院还先后开展了盐晕、土壤电导率和 pH 值、卤素、热释 CO_2、电吸附等找矿方法的研究，虽然这些方法不同程度地取得一定的试验效果，但由于种种原因，除电导率和电吸附找矿方法外，多数方法未被推广应用。

龚美菱（1993）进行了将相态分析技术应用于化探异常评价方面的尝试，获得了一些较好的认识。“八五”期间，熊昭春等人和周丽沂、杨少平等人先后开展了不同价态金用于地球化学勘查的研究。“九五”期间，科技攻关项目重点研究了多种用于快速定位快速追踪的地球化学找矿方法，在许多方面获得了新的认识，并取得了一定的试验效果。另外，原核工业部、南京地质学校、地质矿产部、有色金属系统和冶金系统有关单位也先后进行地电提取测量法的试验和应用研究，取得一定的成果。金俊等人利用生物地球化学勘查找矿在我国的东北获得了较好的效果。近年来，国内一些单位应用有机烃气测量法寻找金属矿也获得了一定的试验效果。

王学求等人在 1998 年提出了金属活动态方法（MEMOG），该方法是基于地表疏松介质中存在着能够反应深部矿化信息的活动态元素叠加含量的这一事实而提出的一种特殊提取方法。不同于以往的偏提取是针对载体的提取，元素活动态提取方法提取的是载体中呈活动态形式存在的元素。王学求、姚文生等人

(2011) 针对不同矿种发明了贵金属 (MML-Au)、铀 (MML-U)、贱金属 (MML-Cu) 专用提取剂，并分别在新疆金窝子 Au 矿床、内蒙古鄂尔多斯砂岩型 U 矿及河南周庵 Cu-Ni 矿床开展了一系列应用试验，并取得了较好的异常效果。

杨岳衡 (2002) 在热释汞量法、戴自希 (2004) 离子晕法和王悦、朱祥坤 (2010) Cu、Fe、Zn 等非传统同位素新的示踪技术在理论经验和分析技术上均有所突破。

20 世纪 90 年代以来，中国冶金物勘院李惠教授等人在研究和发展了原生晕找矿理论基础上，开创了原生叠加晕新方法、新技术，90 年代末又发展为构造叠加晕新方法新技术，为危机矿山深部及外围找盲矿开创了一种快速、直接、有效的新方法、新技术。先后在 30 多个黄金矿山应用，都取得了显著的找矿效果。

目前，多种找矿方法都存在一些问题，如偏提取由于不存在专属性的提取剂，提取结果只是在一定条件下，溶剂与样品体系综合化学反应的结果，所得结果无法用地球化学概念来解释，因此在地球化学理论研究中的应用受到很大限制；另外，各种方法由于没有统一的标准操作规程和完善的分析质量监控系统，导致测量精度低，测量结果可比性差。

经过多年的找矿成果验证，一直应用的电吸附地球化学找矿法、有机烃测量法、汞气测量、土壤离子电导率等方法在寻找深边部隐伏矿体上具有很好的找矿效果。

2 电吸附地球化学找矿法

电吸附地球化学找矿法是由中国有色桂林矿产地质研究院有限公司周奇明教授及其团队经过十余年的不懈努力，在长期探索研究寻找隐伏矿方法和技术过程中产生的。电吸附地球化学找矿法是根据地电化学离子晕的特征，结合地电化学原理对离子晕异常进行测定的一种方法。相比于20世纪80年代发展起来的地电提取测量法，电吸附找矿法就是借鉴野外地电提取法的原理，并针对其存在的弱点而产生的。虽然两者找矿原理相同，但技术方法完全不同：（1）电吸附找矿法是把样品采集回来，在室内进行通电处理；地电提取法是以发电机或电池作为电源，在野外就地施工。（2）电吸附找矿法在对样品进行通电处理时，加入专门配置的近中性助溶剂，这种助溶剂既不会把原生矿物溶解，也不会与金属元素形成化合物沉淀，却能把活动态的组分解脱出来并被吸附介质所吸附，其所提取的组分纯属后生地球化学异常中活动态的组分；地电提取法在野外施工布置完电极后，加入酸性（如HNO_3、王水等）提取液，这种酸性提取液是很强的溶解剂，可以把电极周围附近的原生矿物溶解并使其有关组分被提取，因此，其提取的组分除后生异常的活动态组分外，还有碎屑异常的组分。总体来说，电吸附找矿法较之地电提取法具有野外施工方便、成本低、效率高、可以进行规模性生产勘探的优点。

2.1 电吸附地球化学找矿法的原理及应用范围

2.1.1 电吸附地球化学找矿法的原理

电吸附地球化学找矿法属于地球化学找矿活动态组分提取法的一种，它是在室内用特殊的装置，对样品溶液进行通电处理，把含量很低的后生异常中的活动态组分解脱出来，用吸附介质吸附富集，从而利用它来寻找深埋矿的一种方法。

电吸附地球化学找矿法是以地电化学理论为基础发展起来的，在地下矿体周围及近地表的松散土壤中，由于矿体的溶解作用、离子迁移作用和离子的转化作用等通常可以形成离子晕，通过进行离子电导率的测定和电提取金属离子的测定，可以发现与矿有关的金属离子异常，从而达到找矿和评价的目的。

对于深部隐伏矿床来说，矿体上方常常有厚的覆盖层，矿体成矿元素需经历溶解、向上穿透迁移，并在地表层聚集的地球化学作用，形成后生地球化学异常。而电吸附找矿方法研究的就是后生地球化学异常。因此，电吸附找矿方法的依据首先是矿体的成矿元素和伴生元素的后生地球化学作用机制。

过去的许多研究证明，隐伏矿体的矿物元素在地下水条件下很容易发生溶解，并在各种地质、地球化学及地球物理作用下向上迁移，最后在覆盖层浅部富集形成异常。主成矿元素及其伴生元素在矿物中通常是不活泼的，但是隐伏矿体在地下深处的后生地球化学作用过程中是相当活泼的。如在地下深处，金属元素与还原电位高的物质接触，很容易发生电化学溶解。溶解出的氧化态 Au^{+}、Au^{3+}、Cu^{+}、Zn^{2+}、Ag^{+}具有较强的极化力，易与 Cl^{-}、HS^{-}、S^{2-}、CO_3^{2-}、Br^{-}、I^{-}、CN^{-}和 CNS^{-}等形成易溶配合物，如 $H_2[AuCl_3O]$、$H[AuCl_4]$、$[CuCl_2]^{-}$、$[AgCl_2]^{-}$、$[AgCl_3]^{2-}$、$[ZnCl_3]^{-}$等。而不活泼元素的某些配合物分别在 Ca 型水、HCO_3^{-}型水和 SO_4^{2-}型水中都易于迁移，所以被彼列尔曼列为“被动活动元素”。Seward（1984）通过实验研究表明，金在溶液中通常以 $[Au(HS)_2]^{-}$的形式迁移，而银及贱金属则主要以卤素配合物的形式迁移。因此，隐伏在地下深处的矿体很容易在各种地质作用下使其成矿元素及伴生元素发生溶解迁移至地表。

迁移至浅层的成矿元素及伴生元素容易被有机质、铁锰氧化物及胶质体氢氧化物等地球化学“障”阻挡而形成富集，另外，还可以被高岭石、含水高岭土和其他黏土矿物吸附而富集，形成后生地球化学异常。电吸附法的目的就是发现这种与矿体有直接关系的异常，因此，电吸附法所获取的异常用来找隐伏矿体矿床是可能的。

2.1.1.1　矿体的溶解、迁移和转化

金属离子的来源主要为矿体的溶解，对于浅埋藏矿体来说，以氧化溶解为主，对于深埋藏的矿体来说由于缺乏游离氧，氧化溶解作用难以进行，因此金属硫化物的溶解作用主要包括氧浓度差电池和硫化物原电池的氧化溶解作用。同时，矿体上方的“兔耳”状金属元素的异常特征说明金属离子迁移主要是由电化学场引起的氧化还原电位梯度和气载迁移引起的。由此，溶解作用下产生的离子，在自然电场作用和地气搬运等各种运移机制的作用下，从几百米深部的矿体迁移到近地表松散的土壤层中，其离子成分包括各种金属离子（Cu^{2+}、Pb^{2+}、Zn^{2+}、Co^{2+}、Ni^{2+}、Au^{+}、Ag^{+}等）和可溶性离子（SO_4^{2-}、HCO_3^{-}、F^{-}、Cl^{-}、Ca^{2+}、Na^{+}、K^{+}、Mg^{2+}、H^{+}等）。最后在表生作用下，由于物理化学环境的变化，这些物质在溶液中不稳定，通过一定的方式沉淀析出，从而形成地电化学离子晕。

2.1.1.2　地电化学离子晕的特征

地电化学离子晕的特征如下：（1）地电化学离子晕异常与隐伏矿床在地表

的垂直投影是吻合的；（2）地电化学离子晕指示元素与隐伏矿体的成矿物质元素是一致的；（3）在矿体上方，地电化学离子晕中指示元素的浓度是极微量的；（4）矿体上方组成地电化学离子晕的指示元素的赋存状态是多种多样的；（5）产出很深的矿体与近地表的地电化学离子晕存在对应的成因联系，而且离子晕与隐伏矿体之间始终存在动态平衡关系；（6）从离子源（矿体）来的离子迁移的距离可以很大，用地电化学勘探方法和技术可以发现许多产出很深的矿体。

2.1.1.3　建立电吸附异常成因理想模式

地电化学离子晕实质是后生异常的反映。所谓后生异常是指异常物质在其所赋存的介质形成之后以某种方式进入而形成的地球化学异常。后生异常组分多属活动态，通常把化学结合力不强、易于转化活动的组合态称为金属活动态，如水溶态、吸附态和某些可溶性盐类等。后生异常的形成要经历成矿、成晕物质的溶解，在溶液中迁移，析出等一系列过程。

通过建立深埋藏隐伏矿电吸附异常成因理想模式，可以更好地解释利用电吸附方法对深埋藏隐伏矿的后生异常的提取原理。如图 2-1 所示，在氧浓度差电池

作用过程	作用力	各种作用力的结果	层位	后生异常
溶解矿物质进入土壤	蒸发作用、沉淀作用、各种吸附作用	形成后生异常	土壤	
溶解矿物质的迁移	地下水运动、扩散作用、毛细管作用、电动力作用	沿岩石微裂隙向上迁移进入土壤	岩石	200 100 -0 -100 阴极 e 阳极 阴离子 阳离子
矿体产生溶解	氧浓度差电池和硫化物原电池的氧化溶解作用，其他因素的溶解作用	在矿体周围形成向上迁移的阳离子晕和向下迁移的阴离子晕		-100 -200 +200 +100 A

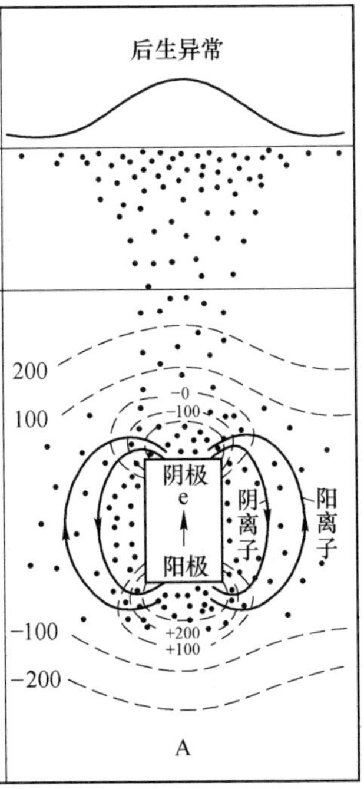

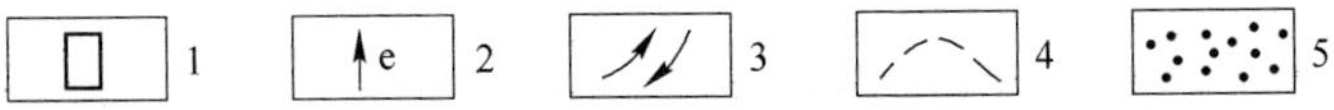

1　e 2　3　4　5

图 2-1　深埋藏隐伏矿电吸附异常成因理想模式

A—硫化物导体周围自然电位异常和金属离子分布模式（据 G J S Govett，1985，稍加补充）

1—硫化物矿体；2—电子流；3—离子运动方向；4—等电位（mV）；5—离子晕

和硫化物原电池的氧化溶解作用和其他因素的溶解作用下，使得深埋金属矿体产生溶解，在矿体周围的电解质（水溶液）中形成向上迁移的阳离子晕和向下迁移的阴离子晕；这种离子晕在水动力作用、由浓度差造成的扩散作用、毛细管作用及天然电场电动力作用等动力的驱动下，沿岩石微裂隙从地下深部向上运移到地表进入土壤，在表生条件下，有的组分因蒸发作用使溶液过饱和而析出，有的发生沉淀反应和胶体凝聚作用而析出，有的被土壤中的胶体、黏土矿物、有机质和铁、锰氧化物等所吸附，形成后生地球化学异常。在作用的过程中，矿体周围所形成的离子晕浓度相对较高，随着远离矿体浓度逐渐降低，进入土壤层后，由于存在各种析出作用和吸附作用，金属离子又相对被富集。电吸附法所提取的就是后生异常活动态组分，尽管这种活动态组分异常很微弱，但对样品进行通电处理，可使异常组分进一步富集和强化，从而达到利用其来找深埋藏矿的目的。

虽然电吸附找矿法定义中只提及针对深埋藏隐伏矿体产生的后生异常中的活动态组分进行有效提取是寻找深埋藏矿的一种方法。但是因为露头矿和浅埋藏矿所产生的原生晕和次生晕中也存在活动态组分，但这种活动态组分从地球化学定义来说不属于后生异常，它是由原地的原生晕异常和次生晕异常转化而来的，同时也包括部分来自深部矿体的后生异常的叠加，因此，电吸附找矿法在寻找露头矿和浅埋藏矿时，其效果和常规化探方法是一样的。

2.1.1.4　电吸附法的物理条件

带电离子在电场力的作用下能够向电极运动是电场理论的主要定理，因此利用物理学中的电场这个条件来提取与矿体有直接关系的离子，再分析这些离子的元素成分的含量，就能发现成矿元素的异常，为找矿提供依据。

电吸附找矿方法是将野外采集的土壤样品在室内的特殊装置中通电，并利用具有强吸附能力的吸附介质吸附电运移离子，使这些运移离子富集，然后再分析。这样就能发现成矿元素异常。苏联最早应用野外地电提取异常元素的找矿方法，且在找铜镍矿、锡矿及一些多金属矿方面发挥了作用。近几年，国内罗先熔等人应用地电提取方法找矿也取得了较好的试验效果。研究表明，野外地电提取是一个富集过程，它是在野外现场富集土壤中的成矿元素离子，起到强化异常的作用。电吸附法是将土壤取回在室内富集，同样能达到野外富集的效果。因为，现代的测试方法灵敏度和准确性具有相当高的水平，不需要从大量土壤中富集大量元素离子，就能测试出元素异常，另外在室内对采集的土壤样品通电，同样能达到强化异常的作用。

电吸附找矿方法由于是在室内进行，所以省去了野外布线的繁杂工序，许多不容易控制的干扰因素在室内也容易控制。因此它的异常更能体现深部隐伏矿体。

2.1.2 电吸附地球化学找矿法应用范围

电吸附找矿法主要适用于化探普查和详查阶段的土壤测量或岩石测量。在金属矿勘查方面，一般选择在金属成矿特点基本了解的地区或在已知矿的外围开展化探普查工作，其所要达到的目的是发现新的矿化现象和确定其分布范围，为进一步找矿工作提供靶区；化探详查的目的是确切地圈定矿化面积，初步评价地表矿化的规模，预测深部矿化的趋势，为地质工程的布设提供地球化学依据，工作地区主要选择在普查圈定的矿化地段或已知矿区的近邻区域。

2.2 野外工作方法及室内测试条件选择和步骤

2.2.1 野外工作方法

电吸附地球化学找矿法需要将野外土壤样品取回到实验室中，因此在野外样品采集时，首先需要进行采样网度的布设，确定采样层位与深度，最后进行样品加工。

2.2.1.1 采样网度

在进行普查和详查两个找矿阶段所用比例尺和测网的选择见表2-1。除了以上正规测网采样外，还可以根据矿区实际情况采用各种灵活机动的布线，如在断裂构造评论时，可布置一系列垂直构造的短剖面；也可根据找矿的需要，布置一条或几条剖面。采样点距一般为20m，在矿化或矿化有利地段可适当加密到10m或5m。

表2-1 化探测网

矿种	找矿阶段	比例尺	测网		每平方千米采样数/点
			线距/m	点距/m	
金属矿	普查	1：25000	250~200	100~50	40~160
		1：10000	100	50~20	200~500
	详查	1：5000	50	20~10	1000~2000
		1：1000	20	10~5	5000~10000

2.2.1.2 采样层位和深度

土壤类型为残积物、坡积物或两者混合物的山区、坡地和丘陵景观区，采样方法与常规化探相同，通常采集B层或B层底部的样品，即要求采样层位的统一性而不要求深度的一致性。在被外来的运积物、冲积物、风积物、淤积物等覆盖的山间盆地、黄土高原和平原等地区，因土壤分层不明或很难分层，经试验，金属矿采样深度一般为40~50cm，这主要是因为电吸附找矿法对土壤的性质没有特殊要求，不会影响电吸附的结果。

2.2.1.3　样品加工

土壤样品经自然风干，用木棒敲碎，不要高温烘烤和研磨，尽可能保持样品的自然粒度。土壤样品的加工粒度取0.175~0.121mm（80~120目）为佳，而岩石样品的加工粒度则取0.074mm（200目）为好。

2.2.1.4　室内测试条件选择和步骤

电吸附地球化学找矿法的技术关键在于如何将后生异常的活动态组分提取出来，并能达到找矿效果。室内测试技术的每一个环节都很重要，包括样品量、电场、电压、电流、助溶剂、电极、吸附介质、通电时间等一系列物理-化学条件的确定以及操作步骤的先后，只要有一个因素不合适，都会影响电吸附的结果。

A　室内测试条件

室内测试条件包括样品量、电场、电压、电流、助溶剂、电极、吸附介质、通电时间。

（1）样品量的选择不宜过多或过少，一般为10~20g。这主要是因为电吸附所提取的元素量和样品量是呈正比关系，样品量太少导致提取的元素量也少，但样品量过多又会导致影响因素增多，在电极插入通电后不能够保证所有样品都处在一个相对均匀的电场中。

（2）考虑到金属离子必须要在一个固定电场中才能够定向运动到电极附近的吸附介质被吸附，因此应选择直流电源，若条件准许可选择脉冲式直流电源。

（3）电压应选择稳压脉冲直流电，在电吸附过程中电压以10~15V较好。

（4）在提取过程中不对电流进行控制，这主要是因为电流量的大小与溶液中离子量的多少有关。

（5）选择的助溶剂既不能使原生矿物溶解，也不能与金属元素形成稳定的化合物沉淀，还不能破坏或降低电极周围的吸附介质的吸附能力，但能使活动态的金属元素脱离原来的吸附体。因此可选择pH值为近中性的多阴离子溶液作为助溶剂。

（6）电极的选择直接影响着测量的结果。经多次试验验证，电吸附地球化学方法应选择惰性电极——铂电极。原因是在相同条件下，惰性电极—铂电极所吸附的金属元素量比活性电极——铝电极所吸附的金属元素量高，而且惰性电极对吸附介质对元素吸附作用影响很小。

（7）吸附介质的好坏直接影响到电吸附的效果。泡沫塑料、负载纤维由于其吸附率高、灰分少、本身多种微量元素含量相对很低的优点，非常适合于廉价、快捷的发射光谱法测定，在电吸附时可用这两种吸附介质。但泡沫塑料本身Sn含量较高，对于要测Sn的样品，则可以选用负载纤维作为吸附介质。

(8) 因Au、Ag、Cu、Pb、Zn等金属元素多数能与Cl^-结合呈配阴离子形式在正极被吸附富集，并且正极吸附的这些元素的异常与地质条件比较吻合，而负极吸附的异常与地质条件吻合性较差，因此，在电吸附找矿中选择正极的吸附介质进行分析测试。

(9) 对每一测区的样品最佳吸附时间的选择应先进行试验确定，确定方法根据电流曲线来选择。在试验过程中每5min记录一次电流值，当电流值较小，且变化不大或相同时，此为最佳的吸附时间。

B 室内电吸附步骤

室内电吸附的主要步骤如下：

(1) 称取样品：称取10~20g样品放入特制的电吸附容器中，将容器直立使土壤样品均匀分布在容器底部。

(2) 加入助溶剂：沿容器壁缓慢地加入一定量的有助于元素保持可溶状态的助溶剂，同一批样品要保持助溶剂的加入量相同。等助剂溶液沉淀透明后备用。

(3) 加入吸附介质：将起吸附作用的吸附介质轻轻地放入已加好助溶剂的容器中，使吸附介质全部浸泡在试剂中。在操作时，每个样品的吸附介质质量应保持一致。

(4) 插入电极：将电极插入已固定在支架上的容器管内，使电极在助溶剂中保持固定的高度。

(5) 接通电源：用10~15V的直流电源接通容器的两个电极，最好使用脉冲直流电源。

(6) 取出吸附介质：通电到所确定的时间后，将吸附介质取出送分析测试。可根据工作需要和时间情况选用光谱法、火焰原子吸收法（FAAS）、化学光谱法。

2.2.2 数据处理和分析

在进行室内通电提取后生异常活动态组分和分析测试过程中，不可避免地会受到一些干扰因素的影响，因此首先对测试数据进行数据筛查，去除最高异常值。然后就是要确定矿区的背景值和异常下限，确定异常浓度分带。

2.2.2.1 背景值的确定

背景值的确定是化探工作的一个重要环节，它对圈定异常及异常解释具有非常重要的作用。背景值的确定可以有多种方法，电吸附找矿法经常用到两种方法来确定背景值，一种为简单的目视法，另一种为计算法。

目视法只适用于矿区化探的局部工作，针对矿区开展一些剖面性的工作，用此方法来确定背景值和异常下限。该方法是通过已知矿体或矿化带做一条延伸到背景地区的长剖面，在无矿化地区的含量波动变化的中央部位和波动的最大幅度部位做横线，它们分别代表了背景值和异常下限。在未知区的剖面上也可以此类推。该方法虽然简单，但需要经验。根据地球化学剖面目估确定背景值和异常下限如图 2-2 所示。

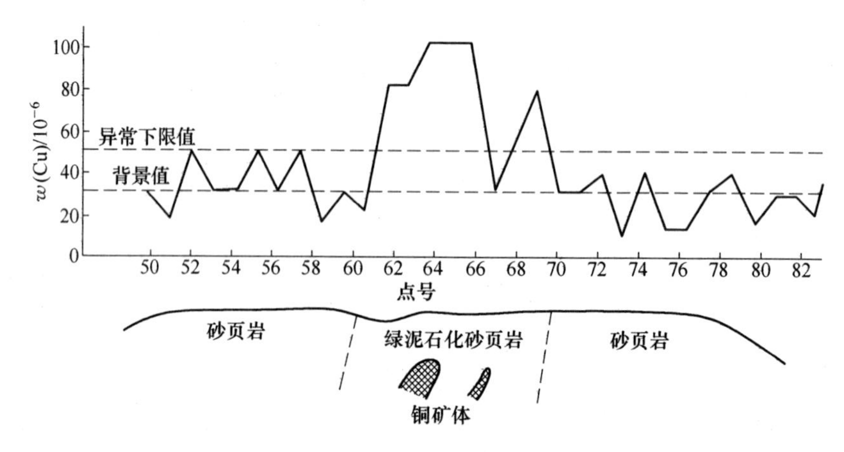

图 2-2　根据地球化学剖面目估确定背景值和异常下限（据阮天建等，1985）

计算法适用于开展面积性的找矿工作。理论和实践证明，经历单一地质、地球化学作用过程的地质体，其原始分布形式服从正态分布；而经历多次地质、地球化学作用的地质体，可导致一些元素局部富集或分散，或元素的多次叠加，造成元素含量值离散度较大，往往不服从正态分布，而是出现偏态分布或多峰分布。在这种情况下，通常可采用对离散度较大的数据具有较强适应性的概率分布迭代统计法和剔后直方图法求背景值。概率分布检验的迭代统计是先假定所求指标服从正态分布，根据密度函数 $f(x)$ 求出平均值（$\bar{x}$）和标准偏差（s）：

$$f(x)=\frac{1}{s\sqrt{2\pi}}e^{-(x_i-\bar{x})^2/2s^2} \tag{2-1}$$

$$\bar{x}=\frac{1}{n}\sum_{i=1}^{n}X_i \tag{2-2}$$

$$S=\sqrt{\frac{1}{n-1}\sum_{i=1}^{n}(X_i-\overline{X})^2} \tag{2-3}$$

上述计算后，采用偏度、峰度检验法进行正态检验。偏度为 R_1，峰度为 R_2，即：

$$R_1 = \left[\frac{1}{n}\sum_{i=1}^{n} f_i(X_i - \overline{X})^3\right] \Big/ S^3 \tag{2-4}$$

$$R_2 = \left[\frac{1}{n}\sum_{i=1}^{n} f_i\,(X_i - \overline{X})^4\right] \Big/ s^4 - 3 \tag{2-5}$$

式中　f_i ——各指标含量统计组的频数；
X_i ——某指标的含量值；
$\overline{X}$ ——某指标的平均值；
s——标准偏差；
n——统计样品数。

若指标含量分布曲线为正态分布，在 0.05 的信度条件下，偏度 $R_1 \leqslant \pm 2\sqrt{6/n}$，峰度 $R_2 \leqslant \pm 2\sqrt{24/n}$，若 R_1、R_2任一统计量超过临界值，则不属于正态分布。

按上述计算与检验方法，便可进行迭代统计。统计过程分三步进行：(1) 计算平均值和标准偏差；(2) 用偏度、峰度法检验数据是否服从正态分布，如果服从正态分布，迭代统计结束；(3) 经检验不服从正态分布时，按平均值加（减）2 倍标准偏差，自动删除特高（低）值。然后再重复上述迭代计算，直到保留数据服从正态分布为止。

迭代统计结束后，计算机自动打出最后保留数据的频数分布直方图（剔后直方图）和根据该直方图求出的背景值（C_0）和标准偏差（s）。

2.2.2.2　异常下限的确定

常规化探方法，确定异常下限的公式：

$$C_a = C_0 + ns \tag{2-6}$$

式中　C_a ——异常下限；
C_0 ——背景值；
s——标准偏差；
n——常数，一般选 1~3 之间。

因电吸附法所测得的元素属于活动态组分，即部分提取，其浓度一般较低，浓度梯度变化很小，即使是矿体引起的异常，其衬度值也不太高，因此 n 值不能取得太高，通过多年实践，n 值一般取 1 为宜。

2.2.2.3　异常浓度分带的确定

因电吸附法测得的元素浓度一般都较低，浓度梯度变化很小，通常采用等差法来确定异常的外、中、内带。

由于电吸附异常衬度值一般都不太高，为了提高异常的清晰度和消除个别元素的分析误差及干扰异常，在圈定异常时可采用累乘晕的衬度值来表示。首先对所测定元素进行相关分析，把相关性较密切的一组元素含量相乘，然后除以各元素背景值的乘积，即得出累乘晕的衬度值。对于一些背景含量相对较低的微量元素（如 Au、Ag 等），其含量一般比其他微量元素（如 Cu、Pb、Zn 等）要低 2~4 个数量级，为了使其在累乘晕中的贡献与其他元素相同，在进行累乘之前应对其数据进行一定的处理，如乘以 100 或 1000 等，使其含量级次提高到与其他元素相同或相近，然后再进行累乘。上述数据处理不仅不会改变元素异常反映的实质，而且能更科学地增强地球化学找矿的信息。

3　有机烃测量法

3.1　有机烃测量法的原理

有机烃是有机质在成矿热液演化和成矿过程中产生的重要伴生气体组分。有机烃参与成矿作用包括以下几个方面：

（1）有机体对金属元素的富集作用。生物有机体对金属元素具有一定的富集作用，在其死亡后，将所富集的金属元素重新释放出来，同时生物有机体发生降解，释放出大量的氨基酸、富里酸和腐殖酸等有机酸，有机酸中含有大量的羧基（—COOH）、和羟基（—OH）等游离基，这些游离基可以与金属元素作用形成稳定性较大的有机配合物或螯合物，从而使金属元素富集。

（2）有机烃气体促进金属元素的迁移作用。在正常情况下，许多赋存于古生界、中新生界的地层中的矿床，尤其是层控型、中低温热液型、叠加改造型和喷流沉积型矿床等，其矿物成分主要来自于古老基底矿源层，而这些古老基底的孔隙度和渗透率又极低，成矿元素无法运移。在高温高压作用下，基底的矿源层富含的有机质发生高温降解释放出大量的有机烃（CH_4、C_2H_6、C_3H_8等）气体和CO_2气体，随着气体的逐渐增多，矿源层内的压力逐渐增大，使得矿源层上部的围岩产生微裂隙或原有的微裂隙逐渐打开，含矿质的气体（有机烃和CO_2）从微裂隙中排出，压力下降，微裂隙关闭。这是一个生成气体—产生高压—微裂隙生成或打开—成矿流体排出的反复过程。如此，含矿流体间歇性的排出、运移，继而在一个有利的空间沉淀、富集成矿。

通过研究有机烃宏观的异常形态、分布特征以及微观上烃类各组分间的相关性和变化规律能获得深部矿体的物质来源、赋存空间和成矿规模等重要成矿信息。

各种不同类型的矿石及与成矿相关的岩石的烃类含量见表3-1，从表中可以得出以下结论：

（1）大部分矿床烃类气体含量均较高，最高可达上万μL/kg（如广西金牙金矿、云南个旧锡矿、陕西八卦庙金矿等），除了安徽铜陵铁矿和广西钦州锰矿的烃类含量很低。

（2）在不同的矿种之间，烃类含量差异较大。相对烃类含量由高变低的顺序是：金矿 > 锡矿 > 铅锌矿、锑矿 > 铜矿 > 铁、锰矿。

（3）不同地质背景下产出的同一类矿种，其烃类含量差异也较大。

（4）同一矿区内，烃类含量从矿体—近矿蚀变围岩—远矿蚀变围岩逐渐降低。如陕西八卦庙金矿的甲烷气体从石英脉矿石—蚀变千枚岩—未蚀千枚岩—晚期断裂带，含量从 23046μL/kg 逐渐降低到 1445μL/kg。

（5）在中高温岩浆期后热液矿床，有机烃气体普遍存在于矿体、成矿岩石、矽卡岩中，如云南个旧锡矿。

表 3-1　各种矿床的矿石和相关岩石的烃类含量（μL/kg）（引自陈远荣，2001）

矿床名称	样品性质	甲烷	乙烷	丙烷	正丁烷
广西金牙金矿	硫化物金矿石（1）	12364	1852	874	349
广西龙水金矿	硫化物金矿石（1）	20753	3034	1046	378
	石英脉金矿石（1）	5312	884	269	71
广东玉水铜矿	块状铜矿石（1）	189	25	7.8	4.1
广东玉水铅锌矿	铅锌矿石（1）	277	40	11	3.5
广西大厂锡矿	硫化物矿石（3）	1446	255.8	88.5	33.5
云南个旧锡矿	硫化物矿石（3）	11018	1702	504.8	165.7
	氧化矿石（4）	286.4	57.1	36.6	15.6
	花岗岩（2）	123.1	11.2	7.22	3.29
	矽卡岩（2）	70.09	6.08	3.29	1.09
	远矿灰岩（3）	18.5	0.75	0.47	0.19
陕西八封庙金矿	石英脉矿石（3）	23046	2980	863	418
	蚀变千枚岩（1）	4037	447	129	53
	未蚀千枚岩（1）	3066	363	109	41
	晚期断裂带（1）	1445	191	112	53
陕西马鞍桥金矿	硅化矿石（13）	2784	453	115	38
	矿化千枚岩（15）	2244	371	94	33
	非矿化千枚岩（6）	1157	229	71	26.5
甘肃甘寨锑矿	锑矿石	286	65	24	7.8
安徽铜陵铁矿	黄铁矿石	11.7	5.2	2.1	0.7
广西钦州锰矿	锰结核	10	0.23		

注：表中（13）代表样品数。

有机烃分为四大类，即链烷烃（C_nH_{2n+2}）、环烷烃或环链烷烃（C_nH_{2n}）、芳香烃（C_nH_{2n-6}）和烯烃（C_nH_{2n}）。它们的含量均具有随着碳原子增多（或相对分子质量增大）而降低的趋势。主要选择性地研究性能稳定、结构较简单、分析成本低的链烷烃及烯烃，它们和汞气的部分物理化学参数见表3-2。

从表3-2可知，甲烷、乙烷等烃类组分与其他气体组分一样，具有低沸点、高临界压力的特点，表明它们挥发性强，极易于形成气体方式运移。汞的沸点虽然相对较高，但由于其电离势很大（10.41eV），自然界各种形式的汞化合物极易还原为气态汞（Hg^0），而且其分子有效直径比水和甲烷还小，因而它易呈穿透迁移能力很强的气态汞（Hg^0）形式迁移。

表3-2 有关组分的基本物理化学参数

成　分	分子式	沸点（1个大气压）/℃	临界压力 /MPa	有效直径（10^{-10}m）
甲　烷	CH_4	-161.5	4.49	3.8
乙　烷	C_2H_6	-88.6	4.73	4.4
丙　烷	C_3H_8	-42.0	4.12	5.1
正丁烷	$n \cdot C_4H_{10}$	-0.5	3.67	5.3
异戊烷	$i \cdot C_5H_{12}$	11.72	3.24	5.8
氢	H_2	-252.7	1.26	2.3
氧	O_2	-183.0	4.87	
氮	N_2	-195.8	3.29	3.4
二氧化碳	CO_2	-78.5	7.16	3.3
硫化氢	H_2S	-60.4	8.73	
水蒸气	H_2O	+100	21.33	3.2
空　气		-193.0	3.65	
氦	He	-268.7	0.22	2.0
氡	Rn	-65.0	6.12	
汞	Hg	356.6		3.006

注：临界压力是指单一组分纯物质气、液两相同时存在的最高压力（转引自陈远荣，2002）。

3.2 有机烃与金属成矿的关系

人们注意到在许多大油气田周边存在着一些重要的金属矿床（尤其是Pb、Zn、Au等矿床），而且包裹体成分包含有许多烷烃类，如烷基—CH_3、—CH_2、氨基—NH_2、亚氨基—NH、羧基—COO^-等，显示含矿热液富含有机质。有机质对金属元素的迁移、沉淀、富集成矿有重要作用。因此，研究有机质与成矿的关系，利用有机化探寻找金属矿产（特别是铅、锌、金等）已成为热点。

有机质在金属成矿过程起重要的作用：（1）在沉积和早期成岩阶段生物和

有机质的降解作用可以使溶液中分散的金属逐步富集；（2）有机质降解和分解的产物可以改变环境的物化条件，有利于岩石中的金属元素活化、淋滤和迁移；（3）与有机质伴生的硫酸盐还原细菌可以使金属化合物及配合物间接还原成金属离子；（4）有机质和金属离子的螯合作用可以形成一系列的有机配合物；（5）有机物热降解产生的大量气体可使系统内压激增，导致岩石产生微裂隙，或引起原已存在的微裂隙反复开张与闭合，为含矿热液运移提供通道和动力。

在热液成矿过程中，金属元素除了以 Cl^-、HCO_3^-、SO_4^{2-} 等配合物形式迁移外，另一重要迁移形式便是有机配合物，当成矿热液抵达沉淀空间，由于物理、化学等环境条件的改变，会使矿质与有机配离子分离，这些有机配离子在生物细菌作用下可转化为烃气。有机烃通过各种微裂隙、粒间孔隙等途径垂直向上迁移至地表，部分被地表土壤以吸附相和碳酸盐包裹相等形式固定下来，从而在地表形成烃类异常。热液矿物中发现大量有机包裹体，证明有机烃气还是成矿热液的直接伴生组分，从而构成了烃气异常源；含矿热液活动越强烈，所携带来的有机烃组分越多。有机烃浓集中心也就指示了含矿断裂构造所在，轻烃的晕中心所指示的烃源可当作矿床富集的靶区。这为运用有机烃寻找金属矿床提供了理论依据。

3.3 有机烃找矿方法的特点

人们很早就注意到有机配合物是许多金属元素运移的重要方式，然而由于各类有机配合物（除有机碳外）在金属矿床中含量较低，分析测试技术复杂，成本高。直到 20 世纪 80 年代后期，新一代高灵敏度气相色谱仪的研制成功，烃类组分分析的灵敏度大为提高，检出限由过去的 10^{-9} 上升到 10^{-12}，单件样品分析成本也较大幅度下降。另一方面，随着金属矿产勘查已由过去找地表矿为主阶段进入目前找隐伏矿床阶段，那些异常飘移远、干扰因素多、反映深度浅的传统地球化学方法越来越难以适应新勘查目标的需要。

烃类等气体组分具有挥发性强、运移距离远、运移通道受束于裂隙构造、异常范围局限而集中、与背景的衬度也较明显等特性，因而它在矿产勘查中，尤其对隐伏矿床预测具有其他传统地球化学方法无法比拟的独特优越性。陈远荣、徐庆鸿等人一直致力于有机烃测量法找矿，并取得了很好的找矿效果。如个旧锡矿松树脚矿田、马鞍桥金矿、广西大厂矿田铜坑锡矿、山东夏甸金矿等。

有机烃在岩石中的吸附状态主要有物理吸附和化学吸附两种方式，其中化学吸附很稳定，吸附过程和解吸过程都需要较高的活化能，故在常温条件下比较稳定，含矿热液带来的烃类物质在成矿以后可以得到较好保存。

虽然现代生物活动会产生一定量的轻烃类（甲烷），但在测试时做些技术处理，可以排除后生烃类的干扰。即测试溶样过程中采取逐步加温，当温度达到

100多摄氏度时，现代生物形成的后生轻烃类将被释放，当温度继续上升到一定程度时再开始测定有机烃。从而捕获成矿时的烃类异常信息，进而评价与预测金矿床的空间分布特征。

3.4 野外工作方法及室内测试方法

3.4.1 野外工作方法

野外工作方法包括测网、取样和样品加工。

3.4.1.1 测网

对于气体测量而言，测网的布设一般没有固定的规格，其疏密与勘查目的和勘查矿种有关，总体可遵循如下原则：

（1）以能真实反映研究目标体的信息为原则设定测网的密度。1）在区域异常评价中，主要采用剖面法来确定有利勘查靶区，点距为50~100m为宜；2）针对矿体赋存有利部位的研究中，采用小范围面积测量法来确定矿体分布的具体位置和延展特征，以线距100m、点距20~40m为宜。

（2）针对重点勘查区测网密度可适当加密，背景区测网密度可适当调稀的原则。

（3）针对脉状矿体，点距应根据需要适当缩小（5~20m），对层状或似层状矿体点距可适当放宽（40~80m）。

（4）在第四系覆盖区采取土壤样品时，尽量按规格网取样；在岩石裸露区或地下坑道取岩石样时，应尽量根据地质体变化特征确定取样位置，可不受点距制约。如按矿体中心→矿体边部→矿化围岩→强蚀变围岩→弱蚀变围岩→无蚀变背景区的顺序相应取样。

3.4.1.2 取样方法和样品加工

由于有机烃气体在土壤和岩石中是以游离相、吸附相、水溶相、包裹相等多种形式存在的，因此采用的取样方法不同，主要包括现场抽气法、浓集取样法、土壤岩石测量法和水测量法四种（见表3-3）。现被广泛应用的方法为土壤岩石测量法，其测量结果稳定，可信度高。而其他三种方法由于其测量结果稳定性差而没有被广泛应用。下面将土壤岩石测量法作详细介绍。

A 土壤测量法

土壤测量法类似于常规化探的土壤测量法，取样介质均为土壤，但针对有机烃气体的测量要求更为严格，而且在取样前应先进行赋存层位（深度）试验。该方法分析测试的对象主要为包裹相和结合相的气体组分。

表 3-3 有机烃气体在土壤、岩石中的主要相态

相态名称	存在形式	主要取样方式
游离相	以游离分子形式分布于土壤、岩石孔隙气体中	现场抽气法、浓集取样法
弱吸附相	以物理方式吸附于矿物颗粒表面	现场抽气法、浓集取样法
附着相	呈气态微泡形式附着于土壤水分中	现场抽气法、浓集取样法
吸留相	以化学吸附形式分布于矿物层间裂隙、空穴或有机质中	土壤、岩石测量法
包裹相	以气相形式包裹于次生矿物（尤其碳酸盐）包体中	土壤测量法
结合相	赋存于矿物晶格中	岩石、土壤测量法
水溶相	溶解于水介质中	水样测量法

大量的试验数据表明，有机烃气体主要赋存在两个层位，一个是深度为0.4~0.8m 区段，另一个是深度 1.5m 以下区段。为了减少表层有机质和人工因素的干扰，取样深度一般以 0.6~0.8m 为佳。在一些山区、丘陵、坡地等土壤层较薄的地区应尽量避开富含有机质的 A 层土壤而要采集 B~C 层土壤。

用阴干或阳光照射风干等方式将样品晒干，不可火烤。然后用木棒敲碎，用380~120μm（40~120 目）的筛子进行加工。为避免有机烃组分挥发，样品在晾干和加工过筛后，应采用玻璃纸袋密封包装后，再放进纸袋内封口装箱。

B 岩石测量法

由于断裂构造和岩石孔隙是有机烃运移的有利通道，因此甲烷（CH_4）、乙烷（C_2H_6）和丙烷（C_3H_8）等烷烃是成矿热液的直接伴生组分（有机包裹体为证），这些都可以构成烷烃异常源，成矿作用越强烈，有机物裂解越彻底，有机烃含量越高。

原则上样品采集每隔 20m 取一个样，在矿体部位，对矿体、蚀变褪色围岩和未蚀变围岩有意识的加密取样点。样品在室内加工破碎至 74μm（200 目）以下，然后称取一定量样品，装入烧杯中，抽真空，再放入恒温槽中（60℃）加酸搅拌均匀，收集集中的气体，用碱吸收其中的 CO_2，剩余气体用惠普 2988 型气相色谱仪进行分离测定。

3.4.2 室内分析方法

由于烃类在土壤中呈多种相态形式存在，其稳定性以结合相最为稳定，其次是次生矿物包裹相、吸留相、附着相、弱吸附相，最不稳定的是游离相。从地质找矿的角度出发，呈包裹相、吸留相、附着相的烃气是捕集和提取的主要对象。

利用酸解烃法对样品进行室内测试。该测试方法包括脱气和测定两个部分。

脱气（见图 3-1）：（1）用千分之一天平称取 20~50g 样品，加入平底烧瓶中；(2) 将装样烧瓶接入脱气系统，用真空泵抽气使脱气系统内压至-0.099MPa左右；(3) 加碱液（KOH）至脱气管螺旋部位的B处，将装样瓶置于40~80℃的恒温水浴槽中；(4) 向其内缓慢加入盐酸，同时摇动烧瓶至不再产生气泡为止。(5) 在系统中加入碱液，吸收掉脱气时碳酸盐矿物分解产生的大量CO_2气体，同时记录脱气管上部气体体积；(6) 用玻璃注射器抽取气样以排水集气法将气体转入饱和盐水瓶内，送气象色谱室检测分析。

烃类气体测定采用氢火焰离子化检测器（FID）的气相色谱仪进行分析。国产气相色谱仪主要有上海分析仪器厂生产的1102、1103系列、惠普上海-1890系列、北京分析仪器厂生产的SP2305系列；进口色谱仪主要有日本产岛津GC-IA、GC-9A型等和美国产HP8900、HP8902、HP-H等。

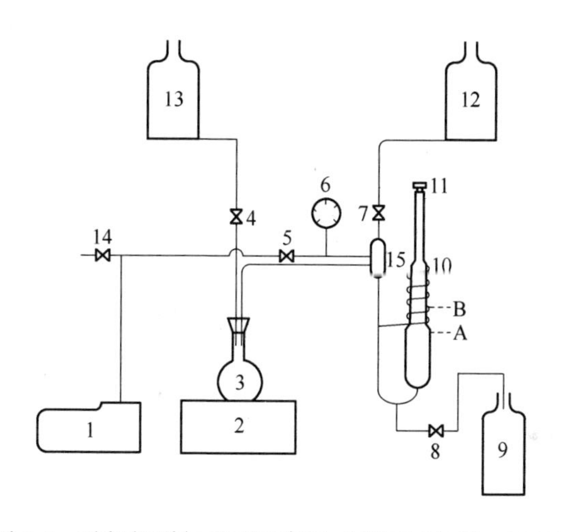

图3-1 酸解烃脱气流程示意图（据王可仁等，1992）

1—真空泵；2—水温锅；3—平底烧瓶；4—螺旋类；5，7，8，14—止血钳子；6—真空表；9—废液瓶；10—脱气管；11—橡胶塞；12—氢氧化钾液瓶；13—盐酸液瓶；15—缓冲瓶

3.5 有机烃异常模式

烃类组分在各类矿床上方主要形成对称对偶双峰式、不对称对偶双峰式、顶端单峰式和多峰式四大类异常模式。由于烃类各组分异常的同源性及地球化学行为和地质作用的相似性决定了不管是哪种模式，烃类组分之间尤其是乙烷、丙烷、丁烷等重烃组分之间，在大多数情况下具有很好的相关性。

(1) 对称对偶双峰式。烃类气体甲烷、乙烷、丙烷在矿体上方（剖面上）表现为对称的对偶双峰异常，两异常峰的异常值差异不大。这种模式多见于：1) 矿体产状水平或平缓的层状、似层状、透镜状矿床上方；2) 矿体呈脉状且产状很陡的矿床上方。

（2）不对称对偶双峰式。这种模式的特点与对称对偶峰式相似，但一侧异常峰值高，另一侧异常峰值低，两异常峰分别对应于矿体地表投影的两侧，异常双峰之间的相对低值区与矿体的主要赋存部位或矿化主要富集地段相对应。两个异常峰对称性差异越大，表示矿体产状越大，反之越平缓。这种异常模式主要见：1）矿体呈倾斜展布的层状、似层状、透镜状矿床；2）矿体呈脉状、似层状，但已出露地表或接近出露地表的金属硫化物矿床，或含硫化物较多的贵金属矿床。

（3）顶端单峰式。剖面上烃类气体组分在矿体头部上方均显示明显的单峰异常，平面上则为块状、条带状、串珠状异常。这类异常主要与断裂构造的地表出露点相对应。这类模式主要见于矿体岩矿受断层控制且产状较陡的隐伏矿床上方。此外，这类异常还出现在一些深大断裂带和非矿化地段的导矿构造上方，但仅限于 Hg 和甲烷，乙烷和丙烷等重烃组分则很少。

（4）多峰式。烃类或烃类中的某些组分和 Hg 在矿体上方呈多峰分布，根据异常峰与矿体的空间对应关系可划分为顶部多峰式和侧向多峰式两种。顶部多峰式多出现在多层矿或连续分布的多个矿体或多期成矿作用叠加的矿床上方，它表示两边部异常峰分布于矿体边部两侧，其他异常峰分布于矿体地表投影正上方；侧向多峰式多见于倾斜构造控矿的矿床上方，它表示某个异常峰分布在控矿构造地表出露点附近，其他异常峰则与矿体两侧的地表投影点相对应。

4 汞气测量找矿法

4.1 汞气测量基本原理

汞是一种亲硫元素，在热液阶段以自然汞和汞化合物的形式存在于 Cu、Pb、Zn、Mo、Fe 等的硫化物中，或伴随挥发性组分扩散、渗滤到岩石和矿物的裂隙或包裹体中，形成汞的原生分散晕。在表生条件下，金属硫化物通过氧化还原反应将所含的汞以单质汞或汞的卤化物形式释放出来，同时在地下温度和压力升高的情况下，汞伴随着水蒸气或地下水从岩石裂隙向地表迁移，最终被矿床上方的围岩、土壤介质（黏土矿物、铁锰胶体、有机质等）吸附，形成壤中汞气。汞气测量则是研究这些被土壤颗粒吸附的汞蒸气或由其衍生出的化合物形成的分散晕特征。一般在硫化物矿床发育的地区，断裂带内的汞含量一般比围岩高 0.5 到 2~3 个数量级。而与矿化或矿体无关的断裂带中形成微弱的汞异常。在各类型矿床中以金-硫化物建造的含汞量最高，因此是用来寻找硫化物矿床较为有效的方法之一。

4.2 测量方法及汞分析技术

目前我国广泛应用的汞气测量法有壤中汞气测量和土壤热释汞测量。壤中汞气测量主要用于发现高汞地区，圈定汞源和构造断裂，适合于小比例尺的大面积普查、构造填图和为了上述目的的长剖面工作。热释汞测定主要用于含矿性评价。

4.2.1 壤中汞气测量

壤中汞气测量是针对隐伏和埋藏的硫化物矿床进行地球化学勘查的一种独立的方法。它通过抽取捕获土壤中的气态汞，进行汞含量测量，从而得到发育在矿体上盘的次生晕异常。

4.2.1.1 测量方法

对壤中汞气进行测量的仪器有原子吸收测汞仪和金膜测汞仪。

原子吸收测汞仪是将测点上的壤中气汞富集在捕汞管里，带回实验室用电炉加热，放出汞气，抽入仪器进行测量。因此检查捕汞管是否漏气是每天出野外前的必要工作。具体操作如下：（1）在测点上，将 1.1~1.3m 长的钢钎打入土壤 0.4~0.6m 深，拔出后立即将螺纹采样器旋入孔中，拧紧，依次将螺纹采样器、除尘过滤器、捕汞管和大气采样器用硅胶管连接好；（2）启动电源以 1L/min 流量抽气 2min，关闭电源，取下捕汞管，记录测线、点号、捕汞管号、测点位置及地质地貌特征等；（3）在室内测定时，将仪器预热 30min，将仪器调至工作状态，然后将野外取了样的捕汞管一端用硅胶管接到仪器的进气孔上，另一端插入 700~800℃炉膛中，按泵延时 30s，经 30s 后，气泵自动抽气，记下吸光度 A 表指针峰点读数，分析下一个样品，重复上述步骤。

金膜测汞仪取样方法与原子吸收测汞仪基本相同，不同之处是用捕汞线圈代替捕汞管，配合干燥管使用。抽气 2min 后，将捕汞线圈出气口与测汞仪进气口连接，启动内气泵，在数字电压表上读取 R 值。

这里所测得的吸光度 A 和仪器数 R 都不是壤中气汞含量，需要用饱和汞蒸气对仪器进行标定。

4.2.1.2 影响因素

影响壤中气汞异常的因素是汞源和贮汞条件。汞源包括硫化物矿床、油气、煤等伴生的汞源，火山、断裂等地壳深部的汞源，人工污染的汞源等。一般汞源与其周围介质汞含量差异越大，壤中气汞异常越明显。内生金属矿床中，成矿温度越低，汞的含量越高。贮汞条件则包括土壤的厚度、土壤温度、土壤湿度和土壤沙化等。因此在采样过程中，注意土壤厚度，太厚或太薄（<0.5m）都会降低汞异常；采样深度不小于 30cm，采集的土壤不能太湿，应尽量避开沙化的土壤。

4.2.1.3 壤中汞气晕发育特点

在线状异常源（脉状矿体或断层等）上，壤中气晕的宽度一般都不太大，为十几米至几十米。面状异常源（如斑岩铜矿）以及规模大的构造破碎带，断层交汇处，异常略微变宽。气晕发育特点如图 4-1 所示，从图中可以看出：（1）汞气异常一般出现于矿体倾斜方向的前缘；（2）在基岩面以上的覆盖层中气异常多沿垂直方向分布，与地形及覆盖厚度关系不大；（3）矿体上盘气异常梯度缓而下盘陡。

气晕的发育受矿体产状影响明显。一般倾斜矿体，即使不严格受断裂构造控制，汞气异常反应也比较好，相反，水平层状矿体的异常反应明显较差。同时气晕的发育还受矿化体的矿化集中程度和汞含量的高低的影响。壤中汞气测量典型实例见表 4-1。

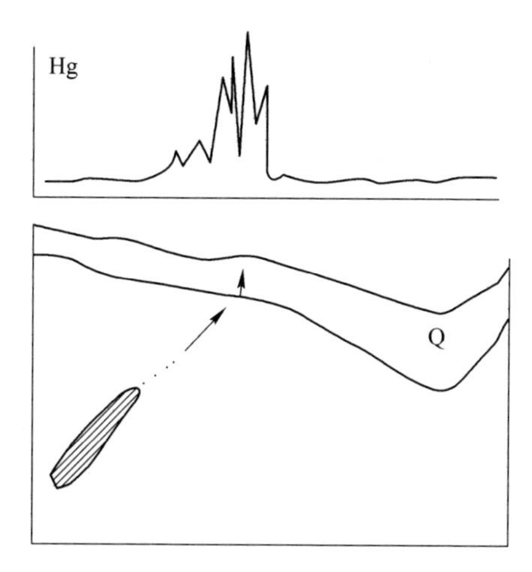

图 4-1 气晕发育特点

表 4-1 壤中汞气测量典型实例

矿床	矿体埋深/m	覆盖情况	背景值/10^{-9}	异常值/10^{-9}	备注
伏牛山矽卡岩型铜矿	50~60	残坡积-冲击层，业黏土厚 10~30m	0.27	8	矿体上盘异常下降缓慢，下盘梯度陡
富家坞斑岩铜矿	几米至几十米	疏松沉积物，有机质较多，厚 0.2~3m	0.09	0.2~0.4	上盘异常梯度比下盘缓，人工堆积覆盖区异常仍很明显
红透山火山-沉积变质铜矿	0~250	残坡积，厚度小于 1m	0.1~0.2	2~40	与矿有关断层可引起 1.3mμg 异常，小断层无反映，250m 以下矿体无反映
小铁山火山岩型铜铅锌矿	0~350	风积黄土，厚几米至几十米	0.05~0.1	0.3~2	埋深 200 余米矿体有反映，连续性好，并伴有 Zn^{2+} 及 Cu^{2+} 盐晕异常
凡口铅锌矿	100~200	冲积-洪积覆盖层，黏-亚黏土质，厚 20~40m	0.1	0.4~7	异常主要反映断裂构造，含矿部位异常较强
毕家山沉积变质铜铅锌矿	0~70	残坡积、几十米亚黏土，砂土夹碎石	0.03~0.05	0.12~18	异常沿背斜轴部及控矿断裂发育
大厂锡多金属矿	不超过几百米	残坡积及近代人工堆积	0.1	8	沿斜向最深可反映 400m 深的矿体，但水平层状矿体无反映

续表 4-1

矿床	矿体埋深/m	覆盖情况	背景值/10^{-9}	异常值/10^{-9}	备　注
玉兰汞矿	几米至十几米	残积层，厚几米	0.05	0.5~2	赋矿段断裂的异常强度比无矿段同一断裂的高
金厂峪金矿	几十米	坡积层，厚 0.2m 至几米	0.17~0.2	6	异常反映了含金脉带，矿体全采空时异常很弱
石碌赤铁富矿	地表至几百米	坡积物及近代人工堆积，0.5~4m	0.1~0.2	1~6	侵蚀出露并有表土覆盖的矿体异常反映清楚
雷神庙矽卡岩型磁铁矿	不超过几十米	黄体，厚几米	10~20	127~490	矿体上方汞气异常与磁异常吻合

4.2.2　土壤热释汞测量

土壤热释汞法的基本原理是利用汞及其化合物特有的地球化学性质，属于亲硫元素的汞在内生成矿作用中，大多数会以类质同象或呈机械混入物的形式进入其他的硫化物中，或呈硫汞配阴离子形式与其他亲硫的元素一起存在于成矿溶液中，使汞呈高度分散状态。并且，汞及其化合物均有很高的蒸气压，为最易挥发的金属元素。因此，汞易于从各种化合物中还原呈自然汞。自然汞具有较强的穿透力，并且在相当宽的氧化还原电位和酸碱介质内是稳定的。一般来说，由地下深部上升的汞蒸气，沿着构造断裂、破碎带上升，从地面以下几百米甚至几千米可以一直到达地表，即使疏松覆盖物较厚，地表土壤中仍有汞的异常显示。土壤汞异常往往指示断裂构造顶部的投影位置。

4.2.2.1　样品采集和加工

野外采样与次生晕方法相同，采集的样品为第四系冲积、洪积、风积或残坡积物等，采集样品不需破碎加工，自然风干后取 150μm 或 120μm（100 目或 120 目）的样品做分析用。一般采集 B 层（即淀积层）土壤，在面积性生产中，应首先进行层位和粒度试验。

4.2.2.2　测量仪器及方法

土壤热释汞测量一般用于测试固体样品，通过加热使固体样品所吸附的汞释放出来，然后使用测汞仪进行测定。国内常用的测汞仪为 XG-3、XG-4 型数字式测汞仪，XG-5 微机测汞仪和 XG-4Z、XG-5Z 型塞曼测汞仪等。

其测试操作步骤如下：用千分之一天平称取样品 0.1g，放置于 U 形石英管内，放入热释炉（热释温度一般为 180~250℃，具体温度视不同矿种经试验后确定）进行热释，然后大气抽样器抽气（一般为 5min），并用金丝管捕集热释出来的汞气，接着高温炉（一般温度为 800℃）脱附后倒入冷原子吸收测汞仪分析测定。

4.2.2.3　土壤热释汞与堆积物类型的关系

目前，热释汞测量的方法主要应用在松散堆积物地区。由于测量样品为松散堆积物，而堆积物又与下伏基岩有关，因此，分清堆积物的成因类型是首要任务。堆积物的类型主要包括残坡积物和外来堆积物两种。

对于残坡积物地区的土壤热释汞测量要注意整个热释谱的温域和热释峰的个数。一般如堆积物下伏有矿体赋存，其上覆堆积物中的原生矿物、岩石碎屑中的本底汞应具有相对高温的热释峰。又由于下伏矿体的含矿断裂对汞的不断供给，使得土壤样品中也存在低温吸附汞和汞的次生化合物产生的后生汞，因此，考虑到汞的存在形式的多样性，在残坡积物地区进行土壤热释汞测量时，应充分利用全部热释信息，得到矿致异常（汞的热释谱）的特征应是热释温域宽广，热释曲线呈多峰状。

对于外来堆积物地区的土壤热释汞测量主要是利用 Hg 的强大的挥发穿透能力来发现下伏矿体或含矿断裂。由于外来堆积物与下伏基岩无成因关系，以及 Hg 的强大的穿透能力，后生汞以壤中气或低温吸附态汞的形式向上运移聚集在外来堆积物中，在进行土壤热释汞测量中通过测定后生汞（低温吸附汞）来获得汞的异常，而本底汞没有找矿指示意义。

4.2.2.4　岩、矿石中汞的热释谱特征

地壳中共有汞 1.6×10^{12}t，但仅有 0.02%的汞聚积在矿床中，而且有 99.98%的汞呈分散状态。汞的原始分布十分均匀，在各类岩石中的平均含量为 5.2×10^{-8} ~ 9.1×10^{-8}。在各类无矿化、未蚀变的正常岩石汞的热释谱中仅出现一个热释峰，其热释温度为 260~380℃，这种状态的汞仅是以分散状态存在于岩石中（见图 4-2）。

测得的一系列常见的汞岩石矿物和汞的标准化合物的热释谱如图 4-3 所示。与正常岩石相比，矿石的汞的热释温域要宽得多，而且往往出现多峰。岩石样品的热释汞的测定是可以用来确定岩石是否经受矿化的依据，同时还用于预测矿体的剥蚀程度。

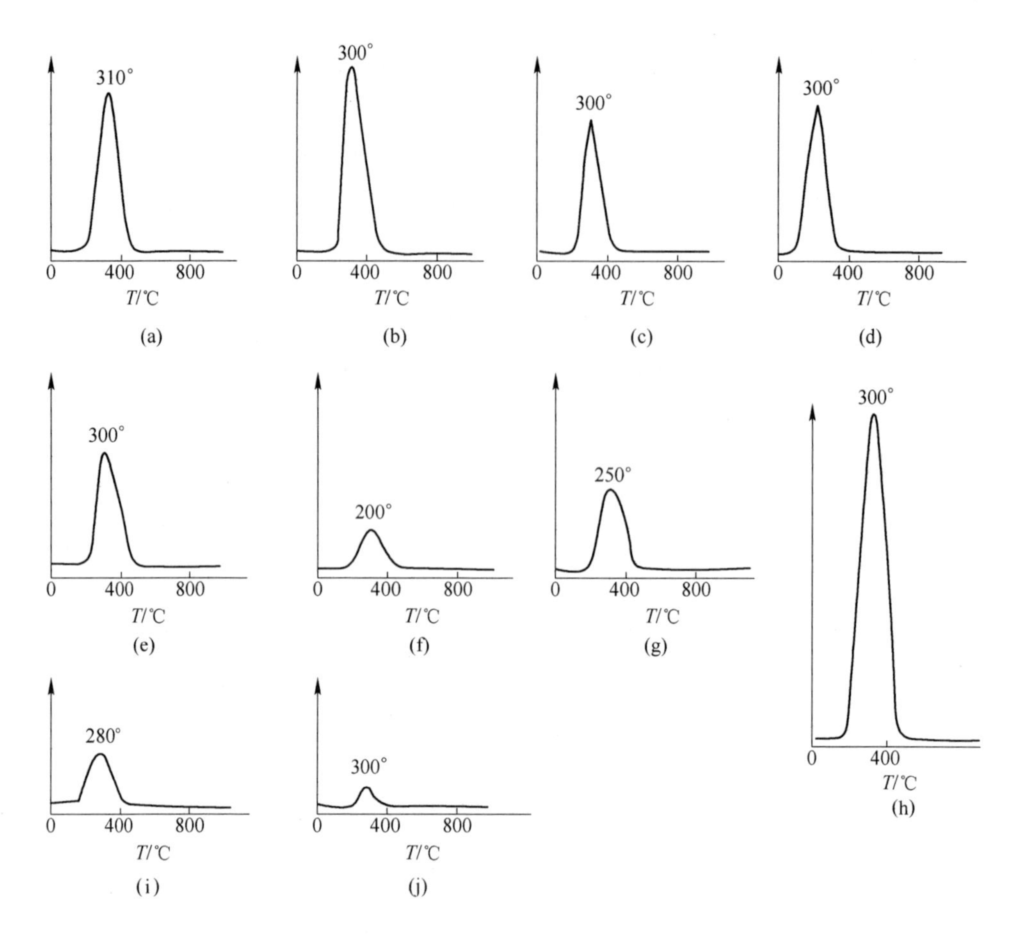

图 4-2　各类正常岩石汞的热释谱

(a) 奥陶纪花岗岩和花岗闪长岩；(b) 志留纪闪长岩；(c) 二叠纪辉长岩；(d) 寒武纪流纹岩；(e) 奥陶纪安山岩；(f) 寒武纪玄武岩；(g) 石炭系砂岩；(h) 志留系灰岩；(i) 前寒武系硅质岩类；(j) 前寒武系片麻岩

4.2.3　壤中汞气测量法与热释汞测量法比较

热释汞测量法的野外工作方法比壤中汞气测量简便，就测定条件而言，比壤中汞气测量简单，但由于两种的形成机理和影响因素有差异，这两种方法应根据具体条件选择使用。

壤中汞气测量主要用于发现高汞地区，圈定汞源和构造断裂，适合于小比例尺的大面积普查、构造填图和长剖面测量；热释汞测定主要用于含矿性评价。由于影响壤中汞存在状态的因素很多，在开展热释汞工作前应进行大量试验性工作，通常原生样品的热释汞测定比次生样品热释汞测量能取得更好的效果。

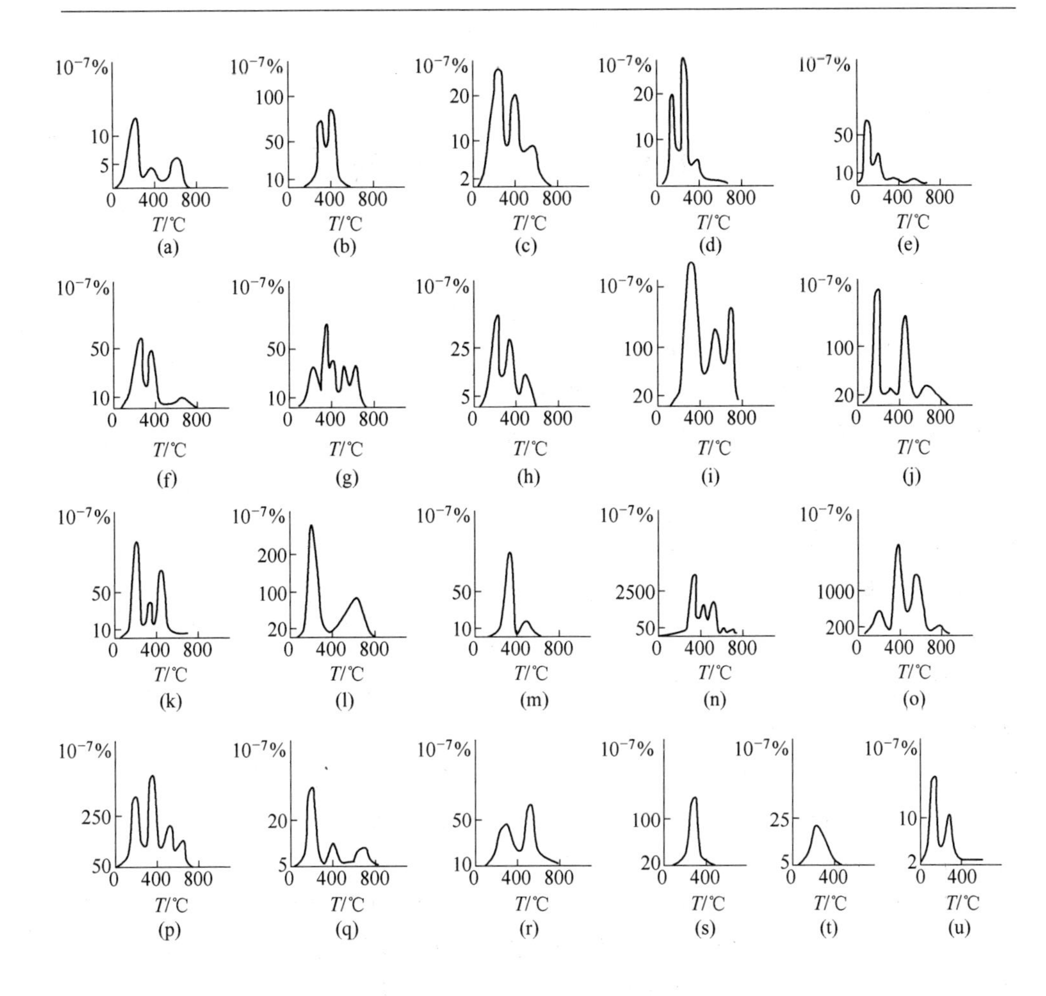

图 4-3 各类矿床矿石汞的热释谱

(a、b) 研究矿床：(a) 铬矿床，(b) 铜镍矿床；(c、d) 伟晶矿床：(c) 铍矿床，(d) 压电石英矿床；(e) 硅酸盐岩类矿床：云母矿床；(f、g) 矽卡岩矿床：(f) 铁矿床，(g) 铜矿床；(h) 云英岩类矿床：钨矿床；(i~k) 热液矿床：(i) 铅矿床，(j) 金矿床，(k) 萤石矿床；(l、m) 远成热液矿床：(l) 金矿床，(m) 金锑矿床；(n~p) 黄铁矿型矿床：(n、o) 铜矿床；(p) 铜矿床；(q、r) 变质矿床：(q) 铁矿床，(r) 锰矿床；(s、t) 沉积矿床：(s) 铝土矿，(t) 磷矿；(u) 风化矿床：镍矿床

5　土壤离子电导率测量法

土壤离子电导率测量法是在1971年由澳大利亚的G. J. S. Govett首先提出的。1971年G. J. S. Govett等人根据电化学溶解的理论，为查明硫化物矿床次生分散作用的可能电化学机理，开始了一系列岩石固体中硫化物矿体模拟实验，试验结果表明硫化物矿体周围的电位和次生晕之间有一定关系，电化学反应的结果可能使硫化物矿体的元素发生分散，从而肯定了元素以电化学迁移机制的存在。

5.1　技术原理及其应用特点

土壤离子电导率测量法是地电化学测量法的一种，方法的实质是，通过测定样品中多种成晕离子的代参数——电导率，来达到寻找隐伏矿的目的。

当隐伏矿体位于潜水面或岩石面之下，在裂隙水发育或土壤饱和水条件下，相当于把一个惰性电导体置于电解液中，从电导体的一端到另一端将产生氧化还原梯度差，电子通过导体从 E_h 低的一端（矿体的底部）流向 E_h 高的一端（矿体的顶部），这样围绕矿体底部便产生一个正电带，围绕矿体顶部产生一个负电带。因此，围绕着矿体的阳离子必须完全向上迁移，阴离子完全向下迁移，以保持电中性。正是由于这种电化学溶解作用，促使矿体和疏松沉积层中阴阳离子按一定规律迁移和分布，使得岩石和土壤中原有的物化参数发生变化，如各种阴阳离子浓度增大，介质离子电导率也随之增高，可见土壤离子电导率能较好地反映出土壤中的所有可溶性离子的总浓度。由此可推出，电导率异常应是多种离子成晕的产物，也是一个示矿信息较强的物理化学综合指标，反映矿化信息远比单元素反映的要强，一般在常规物化探方法难以突破找矿的复杂地区，电导率测量能显示出特殊作用。土壤离子电导率测量法的优点主要有：（1）示矿信息远比常规物化探方法强；（2）方法简单，易于操作；（3）重现性非常好，在一条剖面上经两次重复采样测试分析，其相对误差为±7%，合格率达100%；（4）工作效率高，成本低。所以运用该方法进行面积性普查找矿是一种行之有效的、快速简便的新方法。

5.2　土壤离子电导率异常形成的过程

土壤离子电导率异常的形成是一个相当复杂的物理化学过程，大致经历了矿体溶解、溶解物质迁移、物质在地表的转化、形成离子电导率异常四个过程。促使矿体溶解的原因和方式是多方面的，在不同条件下，起主导作用的因素也不同。主要溶解作用包括原电池溶解作用、含氧或含二氧化碳的地下水溶解作用以及矿体产生的电化学溶解作用。溶解的离子通过电化学迁移、气载迁移、离子扩散作用、蒸发作用、毛细管作用、植物根系吸收作用和地下水循环等作用向地表迁移。因此，溶解物质在向上迁移是所有这些迁移作用的综合作用结果。最后，地下深处的隐伏矿体溶解出的氧化态如 Au^{+}、Au^{3+}、Cu^{2+}、Ag^{+} 等易与 Cl^{-}、HS^{-}、S^{2-}、CO_3^{2-}、Br^{-}、I^{-}、CN^{-} 和 CNS^{-} 等形成配合物，如 $H_2[AuCl_3O]$、$H[AuCl_4]$、$[Cu(Cl)_2]^{-}$等，这些配合物在迁移到地表被土壤吸附后进入一个新的化学环境。许多元素原来的迁移形式遭到破坏，一部分被有机质、铁锰氧化物及高岭土、含水高岭土和其他黏土矿物等吸附，另一部分受 E_h 值的影响形成高价离子，因此组成电导率的各种离子组分随之发生变化。据比列尔曼研究，Cu^{2+}、Pb^{2+}等离子被土壤吸附的能力比 Ca^{2+}、Mg^{2+}、Na^{+}、K^{+}等强，所以当离子溶液进入胶体扩散层时，吸附能力强的离子可以置换那些吸附能力弱的离子。水溶液中的成矿金属元素的减少，对电导率贡献明显降低，但 Ca 和 Mg 等元素逐渐增加，对电导率贡献增高，形成电导率异常。离子晕通常位于深部矿体带的上方或侧上方，说明离子是以垂直迁移或近垂直迁移为主。主要金属的电极电位见表 5-1。

表 5-1　主要金属矿物的电极电位

矿物	矿物的电极电位/eV
磁铁矿	+1.60±0.10
磁黄铁矿	+0.60±0.10
黄铁矿	+0.60±0.05
黄铜矿	+0.15±0.10
辉铜矿	+0.15±0.10
闪锌矿	+0.05±0.10
方铅矿	+0.30±0.10
镍黄铁矿	+0.04±0.05
辉钼矿	+0.15±0.05

注：据罗先熔。

5.3　土壤离子电导率的成分特征

任何一种矿床类型，离子电导率都是严格受一套固定离子组合控制的：可溶性 SO_4^{2-}、HCO_3^{-} 阴离子团，Cl^{-}、F^{-} 卤素及碱金属 K^{+}、Na^{+} 和碱土金属 Ca^{2+}、

Mg^{2+}等。单个离子电导能力排列顺序为：$H^+>SO_4^{2-}>Cl^->K^+>Ca^{2+}>F^->Mg^{2+}>Fe^{2+}>Cu^{2+}>Zn^{2+}$。由此可见，成矿金属元素$Fe^{2+}$、$Cu^{2+}$、$Zn^{2+}$等的电导能力很差。这主要有两个原因：(1) 成矿元素相对于一般元素难活化、迁移；(2) 迁移到上部的成矿金属离子被土壤吸附的能力比一般离子要强，也就是说在数量上成矿元素相对含量太低。后者是最主要的因素。25℃条件下某些离子在水溶液中的极限摩尔电导见表5-2。

表5-2　25℃条件下某些离子在水溶液中的极限摩尔电导率

离子	H^+	K^+	Mg^{2+}	Ca^{2+}	Fe^{2+}	Zn^{2+}	Cl^-	F^-	SO_4^{2+}	Cu^{2+}
电导率 $\kappa_s/\mu S\cdot cm^{-1}$	349.82	73.52	53.6	59.5	53.3	52.8	76.34	54	79.8	53
顺序	1	4	7	5	8	10	3	6	2	9

5.4　野外工作方法

5.4.1　采样网度

按常规次生晕的方法采取样品，在普查阶段可按250m×50m采样网度，详查阶段按100m×20m网度即可达到找矿精度要求。

5.4.2　采样深度

采样深度一般定为腐殖质底部取B层土壤，可视所测剖面的土壤发育情况，一般取30~40cm深的土壤即可达到测量找矿目的。

5.4.3　样品加工粒度

因样品越细，越易溶解，相对离子浓度也越高，电导率异常强度也随之加大。因此一般选择150μm（100目）作为统一加工粒度标准，按此标准加工的样品进行测试分析，能保证不会漏掉异常。

5.4.4　室内测试仪器、测试方法

分析仪器包括一台电导率仪、去离子水纯水器、磁力搅拌器及其他一些附属设备，如小烧杯、量杯、搅拌棒等。

室内测试时，准备几十个小烧杯，按顺序取用已晒干过150μm（100目）筛的土壤样品各1g分别放入已编号的小烧杯中，每个小烧杯中倒入100mL去离子水，按顺序把装有土壤溶液的小烧杯放在磁力搅拌器上搅拌，每次搅拌30s即

可，把经搅拌的小烧杯取下，静置大约 30s 即可用电导率仪进行读数。

5.4.5 数据处理和分析

5.4.5.1 数据修正

本底修正就是要去除去离子水的本底电导率值，以便获得样品的客观电导率值或真电导率值。修正公式：

$$K_{真} = K_s K_w \tag{5-1}$$

式中 $K_{真}$——作本底修正后的样品电导率真值；

K_s——实测土壤样品电导率值；

K_w——去离子水的本底电导率值。

5.4.5.2 背景值和异常下限的处理

背景值 C 的统计方法一般有：算数平均法、集合平均法、长剖面法等。一般采用算数平均值作为背景值即可，将测区范围内的样品，除去个别高含量数据剔除之外，全部参加算数平均作为测区的背景值。计算方法：

$$C_{均} = \frac{C_1 + C_2 + \cdots + C_n}{n} \tag{5-2}$$

异常下限的计算公式： $C_0 = C + KS$

式中 C——背景值；

C_0——异常下限；

K——系数；

S——均方根差。

系数 K 是根据具体地质地球化学条件选取的，常用 2 或 1.5，K 值与 S 也有关，S 值小说明元素的分布较均匀，此时 K 值可取大些，反之，K 值可取小些。

均方根差 S 的计算：

$$S = \sqrt{\frac{1}{N-1}\sum_{i=1}^{N}(C_i - C_{均})^2} \tag{5-3}$$

式中 N——参与统计计算的数据个数；

C_i——第 i 个样品的电导率值。

6　卤素地球化学法测量

卤族元素包括氟（F）、氯（Cl）、溴（Br）、碘（I）4种元素，卤素找矿方法是指利用原生晕或次生晕中的卤素指标去追踪和发现矿体的一种方法。这种方法是苏联学者提出的，他们研究得比较详细，尤其是B. л. 巴尔苏科等人利用F异常预测锡（Sn）矿的储量和埋深是比较成功的。但从各方面所报道的资料发现，应用最多的是F和I，而应用Cl和Br的相对较少。目前应用最广的方法为土壤热释卤素找矿法，并且仍然是氟（F）具有很好的找矿指示效果，溴（Br）和碘（I）很难发现比较理想的异常特征，氯（Cl）同样受地球化学景观影响难以定论。

经过多年的研究发现，作为找矿指示元素F比较好，I次之，Cl受各种景观环境条件影响较大，Br则很难被检测出来。针对上述研究成果，在卤素找矿方法的基础上，开展土壤（次生晕）热释卤素找矿方法的试验研究，研究发现：仍然是F的找矿指示作用较好，Br和I很难发现比较理想的异常，Cl同样因地球化学景观条件等因素难以定论。

6.1　卤素元素地球化学性质

卤族元素在元素周期表中均为第ⅦA族元素。卤素的熔点和沸点都很低，挥发性强，在热液成矿过程中易形成HX、X_2、MX_n等气体，如HF、HCl、I_2、WF_6、MOF_6等，集中于气相中，并沿断裂构造向上扩散，形成范围较广的分散晕。在常温条件下，氟、氯是气体，溴是液体，碘是固体。呈液态的溴和固体的碘受热即变成气体。卤素中F的克拉克值最高，然后依次是Cl、Br和I。从酸性岩至超基性岩，F、Cl的含量逐渐变低，Br和I则在中性岩和基性岩中偏高；沉积岩中的黏土和深海沉积的碳酸盐中卤素的含量多数偏高，然后依次是页岩、碳酸盐，砂岩中的卤素的含量较低。

6.2　卤素找矿方法

6.2.1　野外工作方法

卤素野外找矿工作方法，即测网的布置、采样方法、样品加工方法等与常规地球化学找矿方法完全相同。

6.2.2 室内工作方法

测定仪器：采用 ZIC-I 型离子色谱仪测定 F、Cl、Br，其分析灵敏度分别为 15×10^{-6}、25×10^{-6}、60×10^{-6}，其中 Br 的分析灵敏度较低，不能达到化探要求；I 用催化比色法测定，分析灵敏度为 0.5×10^{-6}。以前用离子选择电极测定，F、Cl、Br、I 的分析灵敏度分别为 50×10^{-6}、200×10^{-6}、10×10^{-6}、0.5×10^{-6}，其中 Cl 和 Br 的分析灵敏度也较低，未能达到化探要求。

6.3 土壤热释卤素工作方法

6.3.1 土壤热释卤素法基本原理

土壤热释卤素测量是通过改变卤素的热力性质，使地表土层中的后生吸附态卤素释出并测定其含量，从而发现吸附态卤素异常。卤素及其化合物具有较强的迁移能力，因此，在后生地球化学作用的过程中，来自下部矿体的卤素活化转移到第四纪覆盖土壤层中，被土壤吸附后相对富集，形成矿体的后生异常。但当矿体覆盖层中的卤素含量相对较高时，后生异常易被掩盖，在外来运积物覆盖区更是难以奏效，因此土壤热释卤素法通过改变热力条件来改变元素的析出顺序，从而影响地表土层中的后生吸附态元素的活动性，具有简单快速的特点。

6.3.2 土壤热释卤素法工作方法

6.3.2.1 样品采集和加工

野外采样与次生晕方法相同，采集的样品为第四系冲积、洪积、风积或残坡积物等，采集样品不需破碎加工，自然风干后取 150μm 或 120μm（100 目或 120 目）的样品做分析用。一般采集 B 层土壤，在面积性生产中，应首先进行层位和粒度试验。

6.3.2.2 样品分析测定

样品分析测定包括以下几个方面：

（1）测定仪器。与卤素找矿方法的测定仪器相同。

（2）吸收剂的选择。根据离子色谱测定的原理，经多方试验表明，吸收剂（俗称淋洗剂）采用 0.0024mol/L Na_2CO_3和 0.003mol/L $NaHCO_3$的混合剂，对 F、Cl、Br、I 具有较好的吸收效力。

吸收液的配置方法：称取 12.7g 优质纯 Na_2CO_3和 12.75g 优质纯 $NaHCO_3$，分别放于容量瓶中，加 500mL 去离子水使之溶解，此溶液的浓度分别为

0.24mol/L和0.3mol/L。然后抽取Na_2CO_3和$NaHCO_3$溶液各10mL置于容量瓶中，用去离子水稀释至1000mL，摇匀，即为吸收液，可长期备存使用。

（3）热释温度、时间、抽气量及试样量的选定。采用热释谱线法来确定热释温度。在矿体上方选取一个土壤样品，由低温到高温进行连续升温热释。从100℃开始，每隔50℃作为一个释温过程，如100~150℃为一个过程。每一个过程释放完毕，把样品取出待冷却，调节控制仪至200℃（须待恒温）再放进样品进行热释，进行第二个过程，以此类推，就可以得出不同的释温谱线。

根据实验数据分析得出，热释时间一般为10min。抽气量一般选择1L/min的流量，试样量一般要求0.1~0.2g。

（4）热释装置。通过实验分析得出用卧式炉热释的效果较好（见图6-1）。

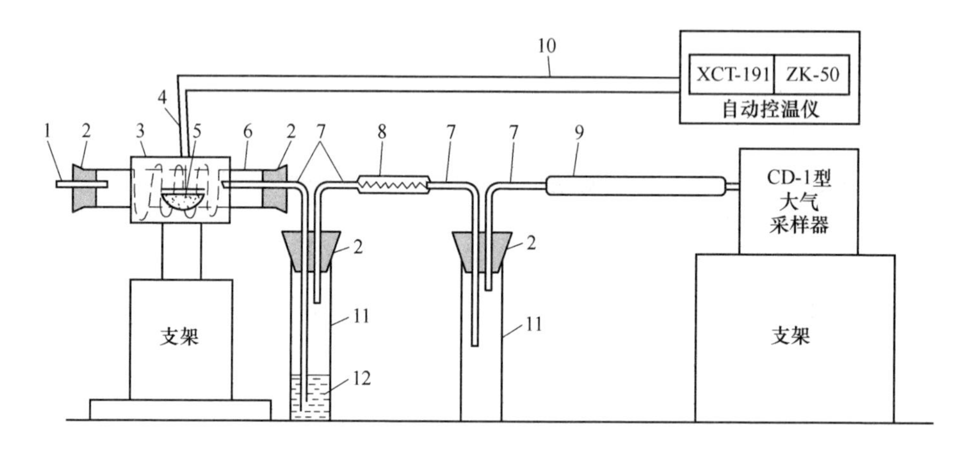

图6-1　自动控温卧式炉热释卤素装置

1—2mm玻璃管；2—橡皮塞；3—卧式电炉；4—热电偶；5—盛样品石英舟；6—石英玻璃管；7—5mm玻璃管；8—脱脂棉花；9—橡皮管；10—导线；11—玻璃管；12—吸收液

（5）测试步骤。

1）称取0.5~1.0g样品放入瓷中，将其放入电热炉的石英管中，维持炉内温度保持恒定，各样品加热时间相同，加热过程中开启大气采样器，把石英管中的气体连续抽取并流经吸收液——蒸馏水，此吸收液即为待测样液（吸收液体积为8mL，加入2mL的TISAB总离子强度调节缓冲液和0.1%溴甲酚紫指示剂2滴，此时待测液总离子强度为2mol/L，pH值为5）。

2）卤素含量测定。采用直接电位法的工作曲线法，用离子选择性电极和数字电压表测量样品溶液中因卤素离子浓度不同而引起的电位差异，根据所测电位数在工作曲线上查得卤素含量。计算公式：

$$x = CV/G$$

式中，x为卤素含量，10^{-6}；C为工作曲线上查得的卤素含量，10^{-6}/mL；G为样品质量，g；V为样品吸收液与TISAB体积之和。

3）制备工作曲线。分别吸取每毫升含氟1.0μg、1.5μg、10μg、100μg、1000μg；氯 10μg、50μg、100μg、1000μg；溴 0.02μg、0.10μg、0.20μg、1.25μg；碘0.005μg、0.05μg、1.00μg、3.00μg、5.00μg的标准液各1mL，分别加入比色管中，加入TISAB溶液2mL，溴甲酚紫指示剂2滴，用蒸馏水稀释至10mL，分别用氟、溴、氯、碘电极测其电位，以所得电位为纵坐标，以含量为横坐标在单对数纸上分别绘制氟、氯、溴、碘的工作曲线，由此可查得样品吸附态卤素含量。

6.3.2.3 土壤热释卤素异常特征

热释卤素法能有效地发现金、金银、铜、铜钼、铅锌、锡铅锌、铜镍等矿床，并适用于冲积、洪积、风积、残积等各种第四系覆盖区。

特征如下：(1) 不同地区或矿区热释卤素的背景值不同，其变化范围一般在$0.n \sim n \times 10\mu g$。(2) 在矿体和断裂上方发育的土壤热释卤素异常，一般清晰、连续、范围较大，衬度中等，仅少量异常衬度大。(3) 热释卤素异常可反应埋深十几米至200余米的矿体。(4) 热释卤素异常一般发育于矿体垂直投影的上方，而倾斜矿体的汞气异常一般发育于矿体倾斜方向的前缘或断裂上方，当两种异常不重合时可用来推断矿体、断层的位置和埋深情况。(5) 同一矿区内只形成一种或两种热释卤素异常，通常不会四种卤素同时出现反映矿体或断裂的热释异常。

7 应用实例介绍

7.1 湖南水口山矿田康家湾矿区

康家湾矿床是一个层间破碎硅化角砾岩热液交代充填型铅锌金银矿床，矿体被200~500m厚的基岩所覆盖，为典型的盲矿床。2002年在该区开展土壤电吸附扫面、坑道岩石电吸附找矿、有机烃和汞气异常测量等工作，并获得了一些有进一步找矿意义的异常远景区。

7.1.1 地质简况

水口山矿田处于南岭成矿带中部、邵阳-郴州北西向深断裂带北侧、株洲-江永北东向深断裂与耒阳-临武南北向构造带的交汇部位，上地幔隆起区（衡阳断陷盆地）南缘。

区内出露地层为泥盆系上统、石炭系、二叠系、三叠系、侏罗系、白垩系，沉积总厚度达3000多米。晚三叠世以前主要为浅海相碳酸盐及碎屑岩建造，侏罗系-白垩系则为陆相碎屑岩建造。

石炭系壶天群（$C_{2+3}h$）为一套厚层的白云质灰岩，厚300~500m，与铜铅锌矿关系密切。二叠系地层分布于矿区中部，下统栖霞组（P_1q）厚100~120m，主要为含炭质条带状灰岩、含燧石灰岩，是本矿区内铅锌铜金银矿的主要赋矿或容矿层位之一；当冲组（P_1d）厚35~95m，为一套含锰硅质岩、硅质泥岩、泥灰岩、泥质页岩组成，是本区金矿主要赋矿层位；上统斗岭组（P_2dl）厚266~426m，为一套炭质页岩、粉砂岩、砂岩组成，是矿田内成矿主要的屏蔽层，局部见矿化；长兴组（P_2c）厚30~80m，为含锰硅质页岩、粉砂质页岩，分布范围较小；三叠系下统大冶群（T_1d）厚220~300m，以灰岩、砂屑泥灰岩、泥页岩为主，含铜丰度高。区内构造线总体呈南北向，区域上属于耒阳-临武南北向褶断带北缘的耒阳褶皱束，断裂构造以逆冲断裂组成双层结构推覆构造为主。区内发现大小岩体共72个，地表出露总面积约4.8km^2。岩体主要沿深大断裂侵入，在矿区次级倒转背斜轴部和推覆构造带等有利的构造部位定位，以中酸性岩类和中基性的次火山岩、火山岩类为主。

总体上，康家湾矿区矿床（体）的层控性比较明显，铜铅锌矿的主要含矿地层为中上石炭统壶天群（C_{2+3h}）和下二叠统栖霞组（P_1q）；金矿的主要含矿地层为下二叠统当冲组（P_1d）。水口山矿里地质构造如图7-1所示。

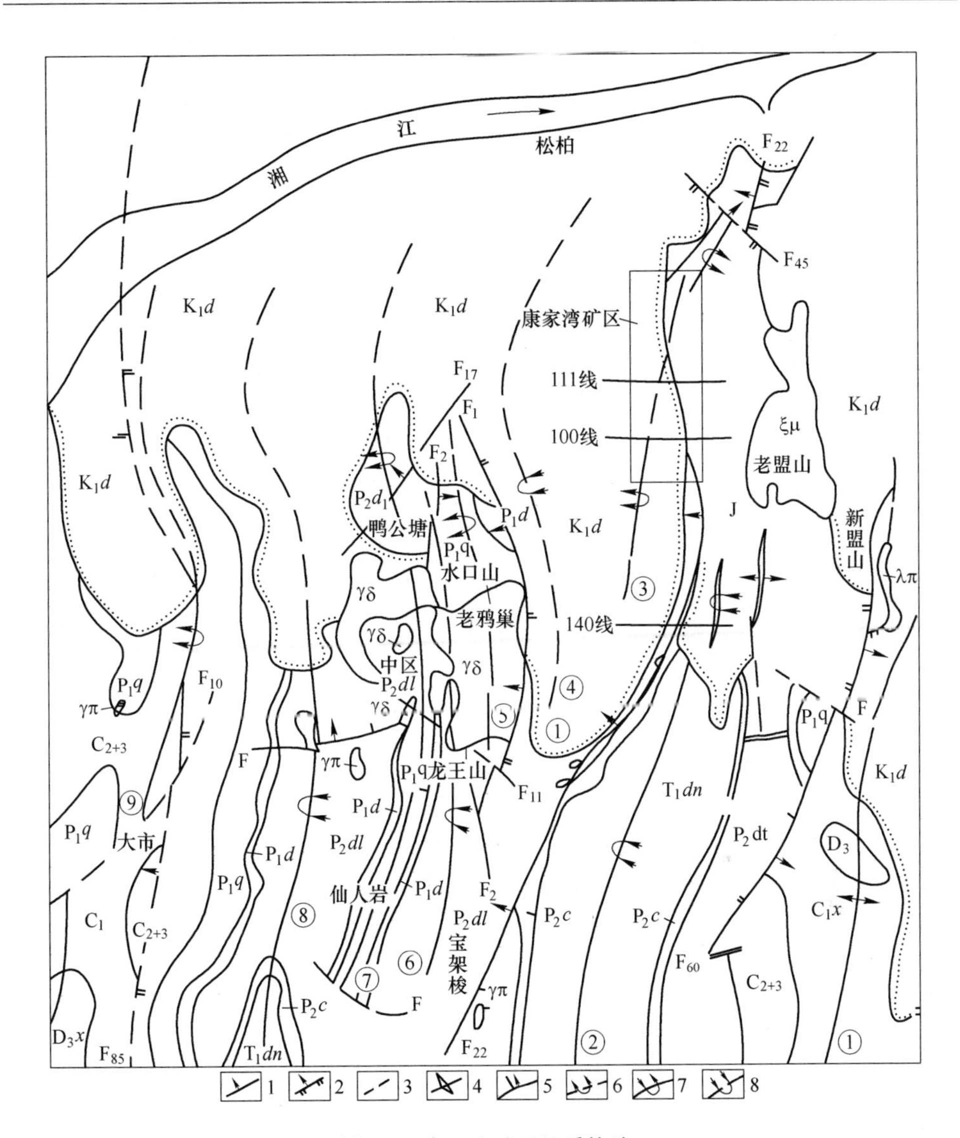

图 7-1 水口山矿田地质构造

1—正断层；2—逆断层；3—推测及隐伏断层；4—背斜轴；5—隐伏倒转背斜轴、倒转背斜轴；6—隐伏倒转背斜轴；7—倒转向斜轴；8—隐伏倒转向斜轴

（资料引自陈毓川、朱裕生等，1993）

7.1.2 多种非常规地球化学方法剖面试验

7.1.2.1 有机烃和吸附相态汞方法在康家湾隐伏矿体上方的试验

在水口山选择了一条剖面开展有机烃和吸附相态汞方法试验，经过地表土壤

有机烃采样分析，在不了解地下矿化情况的前提下，针对分析数据及作图，该剖面的试验结果（见图7-2）显示，在矿体上方，烃类及Hg均呈明显的对偶双峰异常，其中烃类的异常重心位于矿体的东侧，Hg异常重心位于矿体西侧，矿化预测的结果与矿床剖面情况很吻合，并得到矿山领导的充分认可。

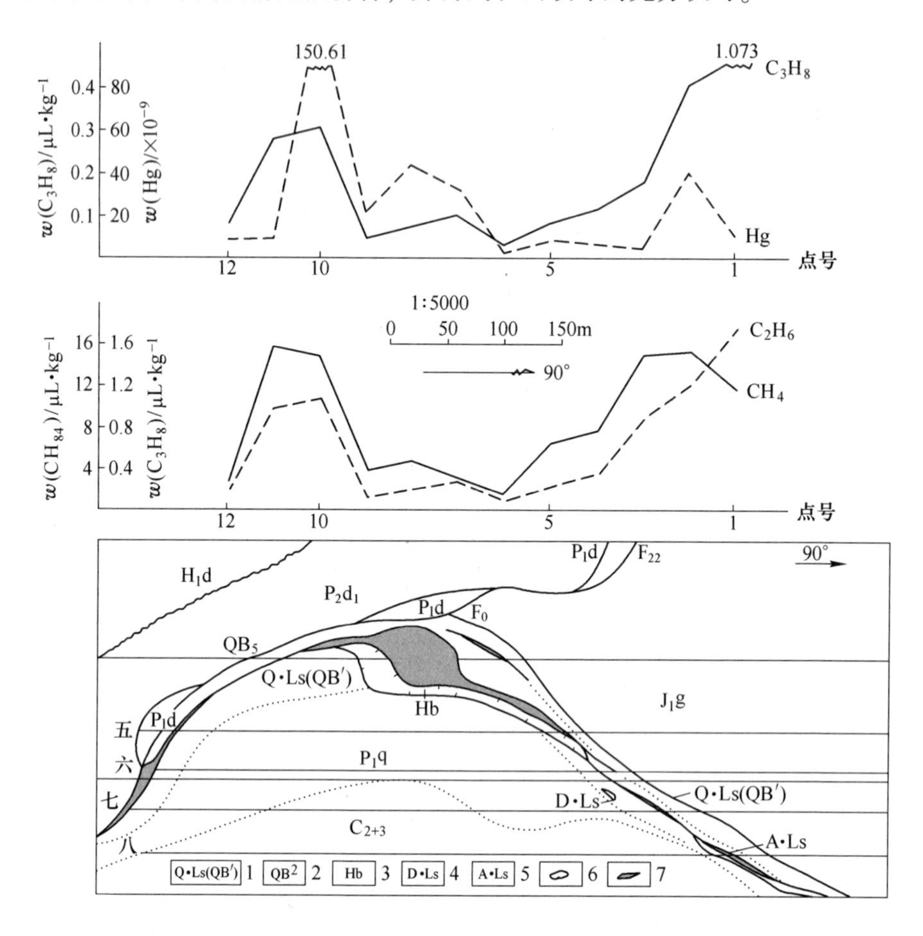

图7-2　康家湾某剖面地质、化探异常剖面

1—含燧石灰岩（硅化）角砾岩；2—硅质（硅化）角砾岩；3—岩熔带；
4—白云质灰岩；5—含炭质泥灰岩；6—溶蚀空洞；7—矿体

对于像该剖面这样埋藏较深、矿体呈囊状的大型隐伏矿床，矿体上盘的盖层特征与油气藏较类似，矿体正上方的围岩封闭性相对较好（以确保成矿热液和成矿物质能够聚集成矿），而在矿体边部，构造裂隙相对较发育，故有机烃和汞气主要通过矿体边部的构造裂隙向上运移，从而在地表剖面上构成对偶双峰异常（平面上则形成环带异常）。这时，双峰位置代表矿床的边部。实验证明，有机烃和热释汞方法对预测康家湾式铅锌金银隐伏矿体是有效的。

7.1.2.2 电吸附方法在康家湾隐伏矿体上方的试验

为了研究电吸附方法是否能够解决水口山矿区隐伏矿体的预测问题，对一个剖面进行地表土壤采样、加工，经电吸附后将吸附介质进行 Au、Pb、Zn、Cu、Ag 等指标的分析。在不了解地下矿化情况的前提下，根据分析数据及作图结果，给矿山解释异常形态分布特点及其矿化预测，矿山对预测结果比较满意。拿出已有的剖面图与电吸附异常图比较，在矿体上方和构造断裂带上均出现清晰的异常（见图 7-3），Au、Pb、Zn、Cu、Ag 在 8～15 号点之间出现较好的异常，相对而言在富矿段的异常强度更高。另外在有断层的 18 号和 23 号点也有较高的 Au 异常和明显的 Pb、Zn、Cu、Ag 异常显示。表明异常是深部矿体的反映，电吸附方法在水口山矿田进行隐伏矿预测是可行的。

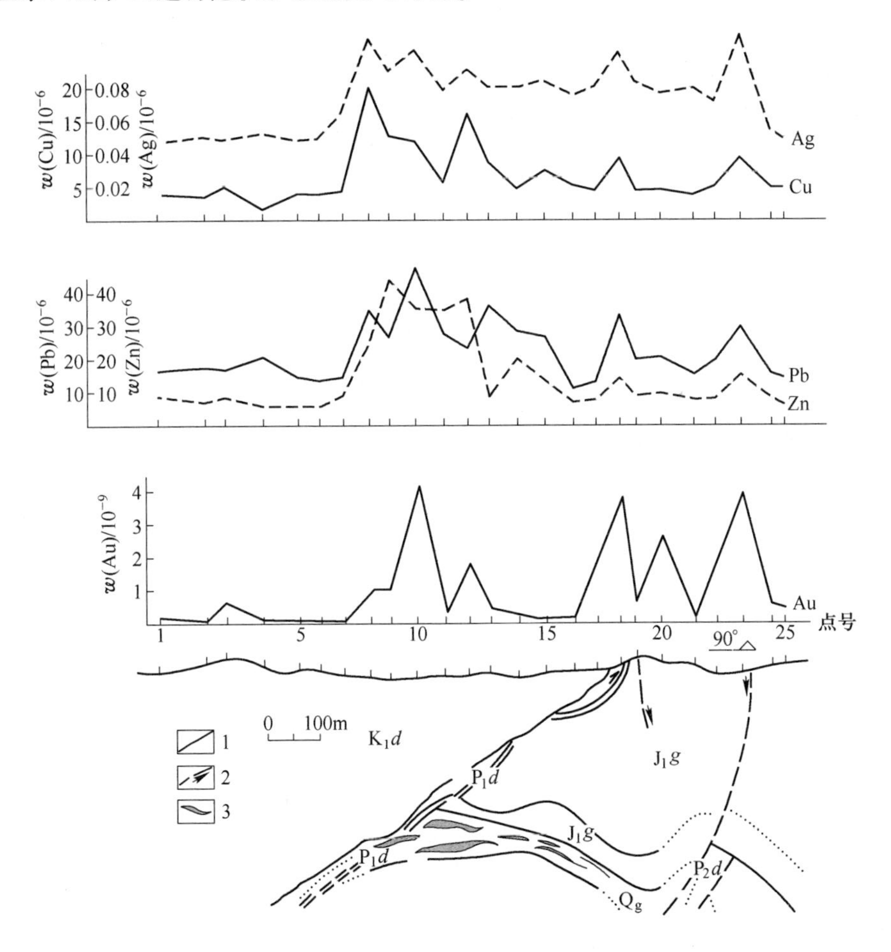

图 7-3 康家湾铅锌金银矿 113 线电吸附异常

1—不整合界线；2—断层及推测断层；3—金矿体；K_1d—白垩系下统东井组部；J_1g—侏罗系下统高家田组部；P_2d—二叠系上统斗岭组；P_1d—二叠系下统当冲组

7.1.3　康家湾矿区深部、边部、外围找矿预测

根据已知剖面的试验结果，利用有机烃、吸附相态汞和电吸附三种方法分别针对康家湾矿区深部、边部、外围进行测量。为了配合矿山生产的需要，选择9中段9300运输巷道布设化探剖面探测矿区深部矿体延伸特征，工作区分东、西两条巷道（两巷道间距仅20m），总长约2. 6km。矿区边部选择141～161线南北长1km，东西宽0. 7km，总面积约0. 7km^{2}范围进行化探剖面测量，测量网度为100m×20m（线距×点距），测量剖面共11条，测点390个。矿区外围选择在花桥-沙坪找矿远景区作为康家湾矿区外围综合找矿的实验区。

7. 1. 3. 1　康家湾矿区深部找矿

为了全面了解康家湾矿区现有生产坑道内矿体向下延伸情况，同时在9300运输巷道之东巷道108线、109线约1. 2km距离共采集38件岩石（矿石）样品，采样间距在已知矿体部位为5～10m，无矿地段为20～30m。样品加工成74μm（200目）后，分别进行有机烃、热释汞和电吸附分析，通过对分析结果成图（见图7-4）分析，有机烃和热释汞测量两者均呈明显的多峰形态特征，这是多

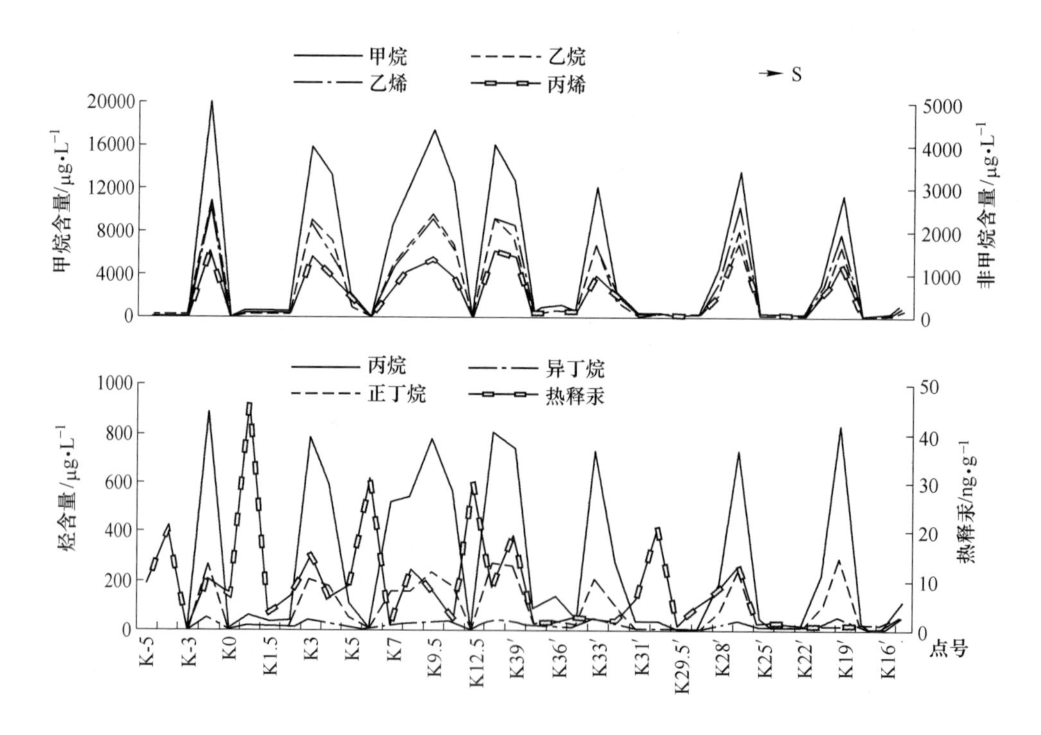

图7-4　108、109线岩石样品有机烃和热释汞含量

个矿体并存的典型模式，同样可以推测铅锌矿体在9中段以下仍有较大规模，并可能有隐伏矿体重叠现象。

电吸附Au、Pb、Zn、Cu、Ag等指标，在矿体上方和构造断裂带上出现清晰的异常（见图7-5），Au、Pb、Zn、Cu、Ag在2~10号点之间出现较好的异常。另外在有小矿体的26~28号点也有较高的Au异常和明显的Pb、Zn、Cu、Ag异常，与出露矿体吻合，根据异常展布特征，推测矿体向深部仍有较大延伸。

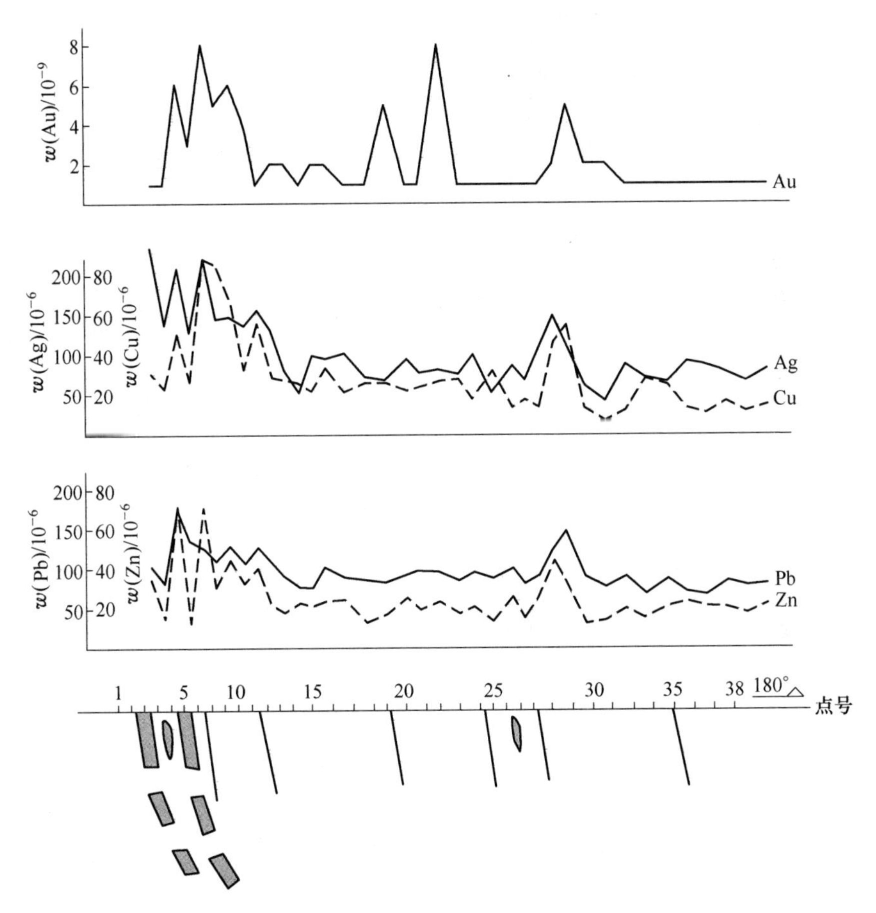

图7-5　108、109线岩石样品电吸附异常剖面

7.1.3.2　康家湾矿区边部找矿

A　141~161线地表土壤有机烃和热释汞化探扫面

根据康家湾矿山生产的需求，选择矿区边部（北侧）141~161线进行地表土壤有机烃和热释汞化探扫面，但由于测区正好处于河床边的水稻田内，有些地方积水特别深，少量样点无法采样，主要分布在157线36号、40号、54号、74

号、78 号点，以及 159 线的 25 号、28 号、32 号、36 号、40 号、52 号点，共缺失 11 件样品，总体上不影响研究结论。总共采集土壤样品 183 件。如图 7-6、图 7-7 所示，143～149 线一带，在测区的西部和偏东部，分别存在两个异常带，它们呈 NNE 向或近 SN 向分布，这是有机烃对偶式双峰异常模式在平面上的反映。

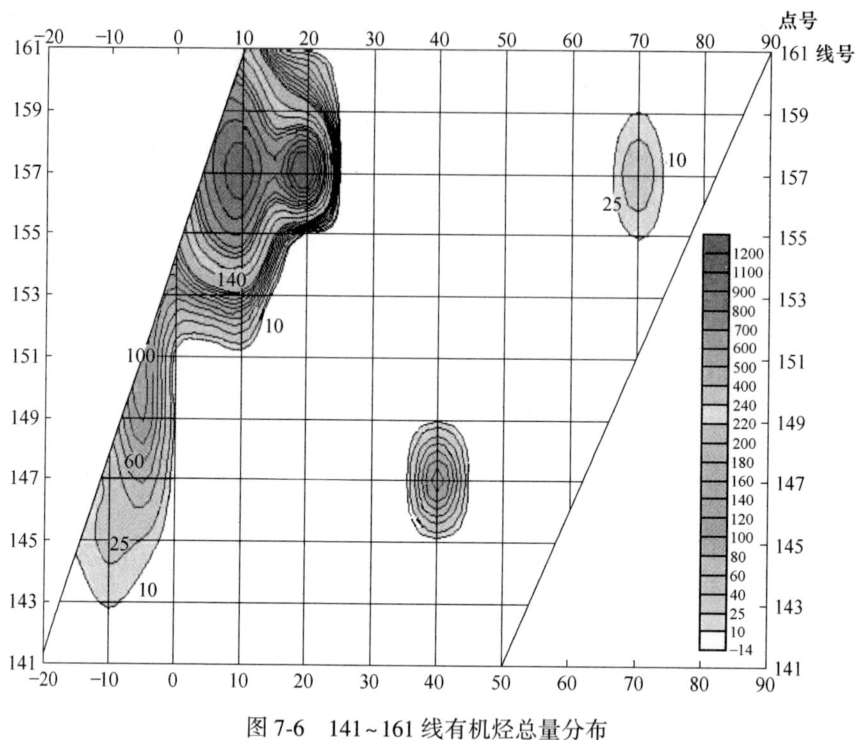

图 7-6　141～161 线有机烃总量分布

选择一条测线剖面对比有机烃含量和热释汞含量曲线（见图 7-8），同样反映了对偶式双峰异常模式的特点。根据以上情况推测，在对偶式双峰所夹持地带的深部可能有铅锌矿化。值得说明的是，无论是有机烃总量还是甲烷含量，在图幅的西北角出现一片高值异常，这是由于该区域处于丘陵小山包上，有基岩裸露，而岩石本身的有机烃含量明显比土壤的有机烃含量要高 1～2 个数量级，故不能作为矿化异常。

B　141～161 线地表土壤电吸附法化探扫面

电吸附 Au、Ag、Cu、Pb、Zn 各项指标异常主要集中在测区的西南角，从异常形态及分布位置呈现出由南向北逐渐变弱的趋势，矿化分布位置主要在 141～147 线，从异常趋势判断矿化由 141 线向 149 线逐渐变弱、矿石品位逐渐变低，在测区内 149 线之后只有个别点位有小范围的矿化。矿山实际开采情况也表明矿体品位由 139 线向 141 线逐渐变低，呈现出向北弱的趋势，正好与电吸附异常特征吻合。

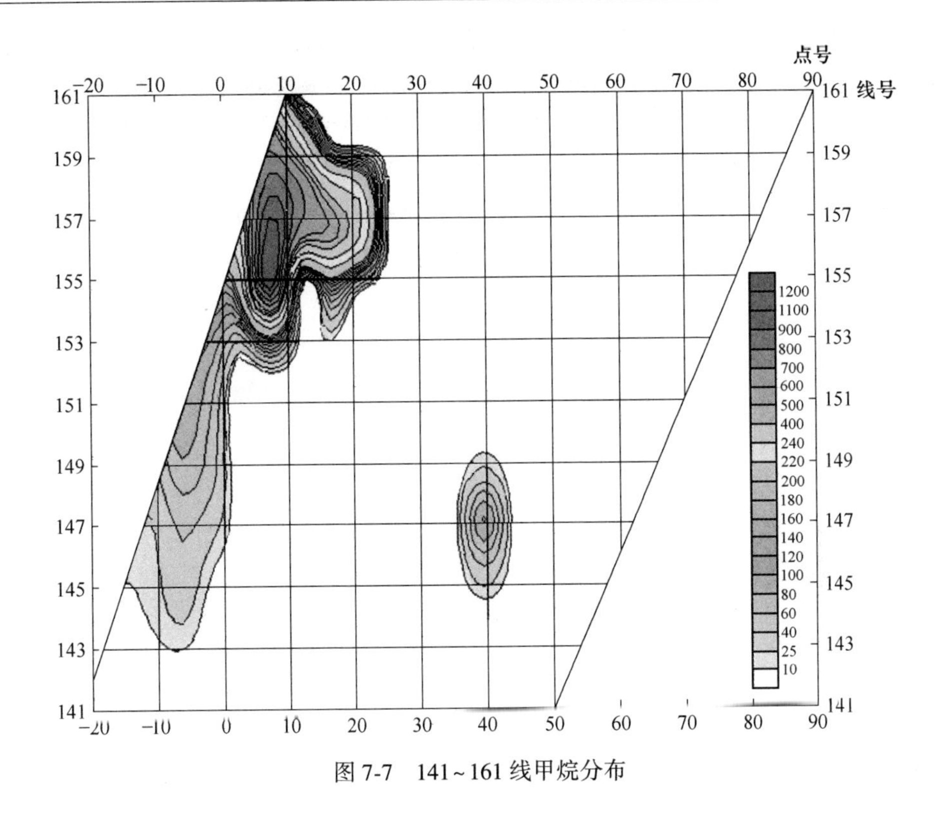

图 7-7　141～161 线甲烷分布

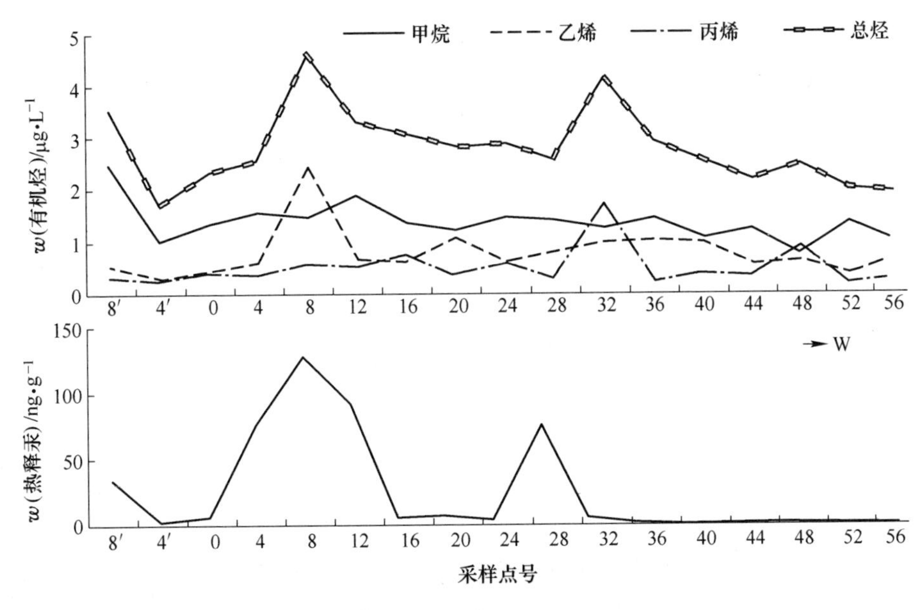

图 7-8　143 线土壤吸附烃和热释汞含量

如图 7-9 所示，电吸附 Zn 指标异常主要集中在测区的西南角，异常强度不高，主要形成中、外带异常。从异常形态及分布位置呈现出由南向北逐步变弱的趋势。另外在 149 线东、153 线和 155 线出现个别点异常。推测 Zn 矿化分布位置主要在 141～147 线，从异常趋势判断矿化由 141 线向 149 线逐渐变弱、矿体品位逐渐变低，在测区内 149 线之后只存在个别点位的小范围弱异常。

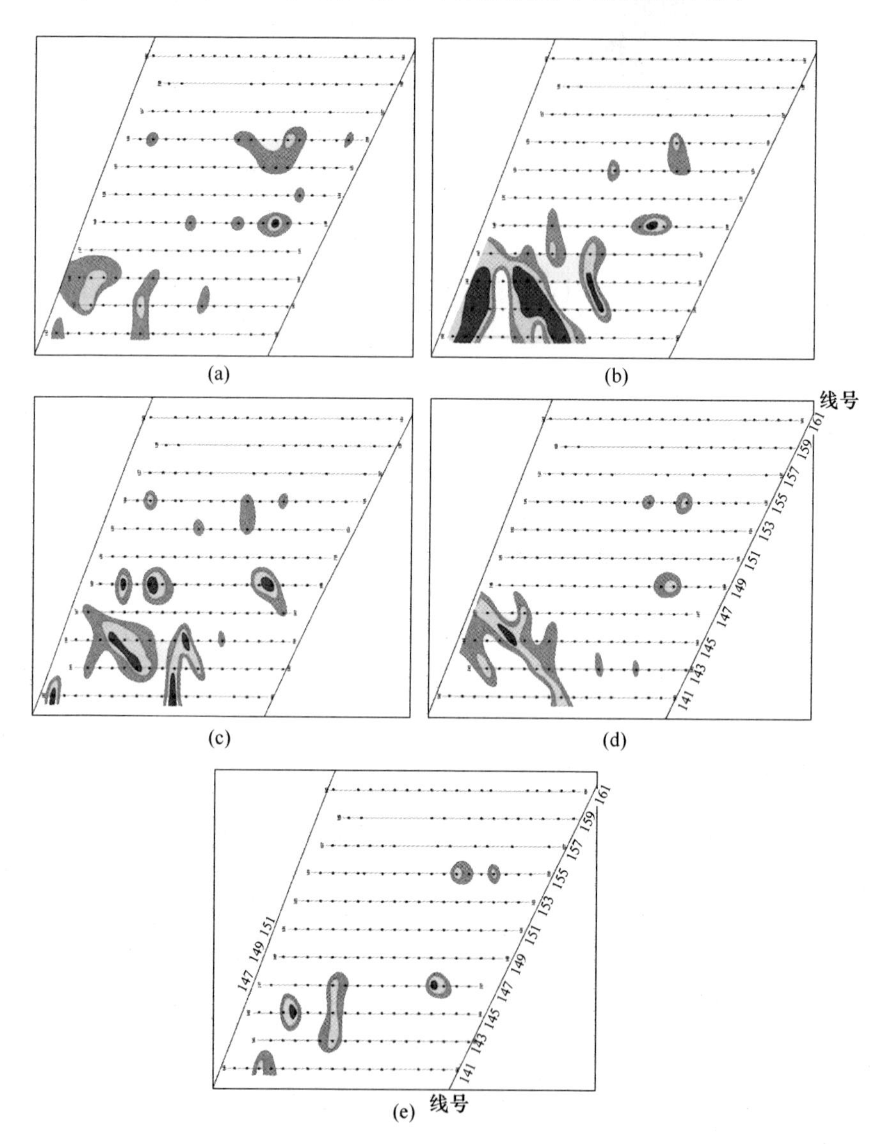

图 7-9　Zn、Pb、Cu、Ag、Au 异常平面图

(a) Zn; (b) Pb; (c) Cu; (d) Ag; (e) Au

电吸附 Pb 指标异常主要集中在测区的南部，异常强度高，内、中、外带异

常齐全，尤其在西南部，出现大片 Pb 的内带异常，推测该区域下方铅的矿化情况较好。从异常形态及分布位置看，也呈现由南向北逐步变弱的趋势。另外在149 线东、153 线和 155 线还有个别点异常。推测 Pb 矿化分布位置主要在 141～147 线，从异常趋势判断矿化由 141 线向 149 线逐渐变弱、矿体品位逐渐变低，在测区内 149 线之后只有个别点位有小范围的矿化。

电吸附 Cu 指标异常同样主要集中在测区的西南角，异常强度高，主要为内、中、外带齐全。从异常形态及分布位置呈现出由南向北出现变弱的趋势。另外在149 线东、153 线和 155 线有个别点异常。推测 Cu 矿化分布位置主要在 141～147 线，从异常趋势判断矿化由 141 线向 149 线逐渐变弱、矿体品位逐渐变低，在测区内 149 线之后只有个别点位有小范围的矿化。

电吸附 Ag 指标异常主要集中在测区的西南角，异常强度增高，主要为中、外带。从异常形态及分布位置呈现出由南向北逐渐变弱的趋势。另外在 149 线东和 155 线有个别点异常。推测 Ag 矿化分布位置主要在 141～147 线。

电吸附 Au 指标异常分布零星，主要在测区的西南角，异常强度不高。从异常形态及分布位置看 Au 矿化不明显。

综上所述，通过有机烃和热释汞测量，141～149 线一带，在测区的西部和偏东部，分别存在两个对偶式双峰异常，说明双峰异常所夹持地带的深部可能有铅锌矿体。电吸附测量同样显示，Pb、Zn、Au、Ag 指标在 141～147 线附近均存在异常，表明该区域的深部存在有铅锌矿体的可能，但矿石品位有由南西向北东减弱趋势。

7.1.3.3 康家湾矿区外围找矿

根据成矿系列及成矿规律分析，花桥-沙坪找矿远景区与康家湾矿床的成矿条件极为类似，存在隐伏矿体的可能性较大，有望找到相当规模的康家湾式铅锌金银矿床。因此，在区域化探异常范围内布置电吸附化探剖面共 3 条，自南往北依次编号为 1 线、2 线、3 线，线距 200m，样品点距 20m，面积约 0.6m^2，共采集样品 150 件。

从 Zn 异常图（见图 7-10）看，在北部 3 线的 20～25 号点、中部 2 线的 19～23 号点、南部 1 线的 15～21 号点一带有一个对应较好的综合异常，异常强度由北向南逐渐变强，测线的东部还存在一异常峰，同样具有由北向南逐渐变强的特点。从异常变化趋势看，矿化较好的部位应位于测区的南边。

从靶区 Pb 异常图（见图 7-11）看，总体来说异常不明显，表明该处寻找富矿段的可能性较小。但从局部看，由北向南 3 条剖面线几乎没有明显异常，2 线的 20 号点左右、1 线的 15 号点左右有一个对应较好的综合异常且强度由北向南逐渐变强，与 Zn 相同测线的东部有一异常峰同样具有由北向南逐渐变强的特点。从趋势看矿化较好的部位应当在测区的南边。

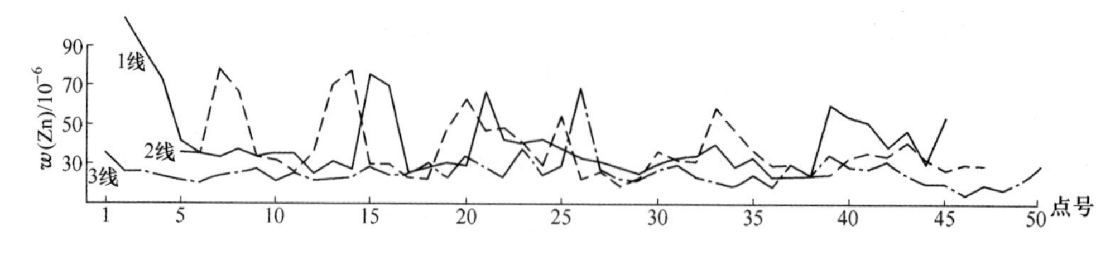

图 7-10　沙坪找矿远景区 Zn 异常

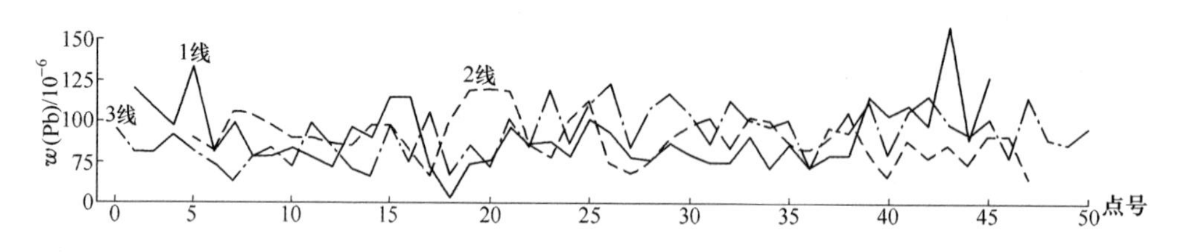

图 7-11　沙坪找矿远景区 Pb 异常

从靶区 Cu 异常图（见图 7-12）看，由北向南，3 线的 20~24 号点左右、2 线的 19~21 号点左右、1 线的 15~20 号点左右有一个对应较好的综合异常且强度由北向南逐渐变强，与 Zn 和 Pb 相同测线的东部有一异常峰同样具有由北向南逐渐变强的特点。从趋势看，往测区南边出现矿化变好趋势。

总体来说，沙坪找矿靶区在此次工作的区域，Cu、Pb、Zn 异常强度不够大，表明在此区域寻找富矿段的可能性较小。建议往南部再适当开展物化探方法扫面，以进一步了解全区的矿化远景。

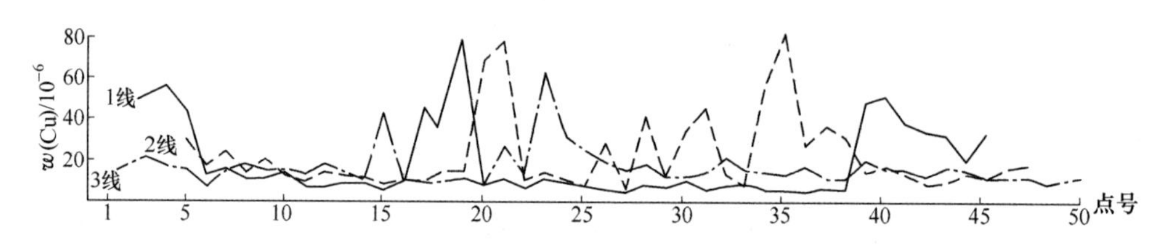

图 7-12　沙坪找矿远景区 Cu 异常

7.1.4　康家湾矿区找矿成果

康家湾矿区找矿成果如下：

（1）水口山矿田存在不对称对偶双峰式、多峰（峰丛）式的有机烃和汞异常模式，均预示深部可能存在铅锌矿（化）。

（2）通过在水口山矿田开展电吸附方法的找矿实验研究，再次证明电吸附异常与已知矿体吻合程度高，对应性好，能够准确反映矿体分布位置及其矿化趋势，尤其是在常规化探方法找矿效果不理想，或有人为异常干扰的情况下，电吸附方法的找矿效果特别明显。

（3）完善并促进了电吸附测量、有机烃测量等新技术、新方法的发展。

（4）项目对康家湾铅锌矿的深部、边部和外围开展了综合找矿研究并发现多处有较大找矿潜力的异常。在康家湾矿南部9300运输巷道108~109线间发现的综合异常，经坑道钻探验证，13个孔有12个孔见矿，预计提交铅锌金属资源量60多万吨、银1000t和中型规模的金资源量。在矿区深部（9中段深部）和矿区边部（茭河口找矿靶区）累计获得科研预测储量：矿石量1101.25万吨，折合金属量：铅40.51万吨、锌36.68万吨、银1290.517kg、金23.955kg。为矿山提供了可观的后备资源。

7.2 四川会理天宝山铅锌矿区

7.2.1 地质简况

天宝山铅锌矿处于安宁河断裂带中，被夹持于安宁河主干断裂（位于矿区西缘）和属于安宁河断裂带的益门断裂之间的南北向断块中。矿区构造以近南北向和近东西向为主，北东、北西向构造规模较小。矿区近南北向构造属盖层构造，东西向构造是基底构造继承发展的产物。矿区褶皱、断裂经历了长期的构造演化，往往具有多期活动历史和复杂的限制、切割关系。

矿区出露地层有前震旦系会理群天宝山组、上震旦统灯影组、中寒武统西王庙组及零星分布的上三叠统白果湾组。其中，上震旦系上统灯影组是矿区铅锌矿的赋矿地层，为一套海相碳酸盐沉积。碧玉岩及薄层条带状微晶硅质发育表明当时海底喷流作用频繁，灯影组中段第三层礁白云岩具有较大的孔隙度和渗透率，有利于热液渗透交代成矿。

7.2.2 矿区化探工作成果

7.2.2.1 电吸附找矿成果

A 电吸附化探方法工作概况

工作区位于会理天宝山铅锌矿区外围，化探测网的布设为：线距200m，点距20m，测线方向为S-N向，设计点位1800个，因设计点有的位于矿山塌陷区而无法采样，只好弃点，实际采集样品1781个；坑道内岩石样品采用20m的点距，坑道长约1200多米，由于局部点位被混凝土覆盖无法取样，实际采集岩石样品57个。用电吸附化探方法测定Pb、Zn、Ag、Cu、Mn、V 6个元素。合同要求采集样品数为1400个，实际采集样品超过合同规定数381个。

B　电吸附化探异常特征

从总体上看，Zn、Pb、Ag、Cu异常较发育，Zn、Pb、Ag异常主要分布在测区的西部及已知矿体周围，而Cu异常主要分布在矿体周围及测区东部；Mn、V异常在测区内零星分布，没有明显的集中部位。

（1）Zn异常特征。Zn异常比较发育，多数异常具有明显的浓度带和浓集中心，异常的展布具有较明显的规律（见图7-13）。异常主要集中在沙沟向斜南翼-北地包箐-乌鸦箐北一带，呈团块状、条带状，总体呈线状；同样，在麦地梁子-三堆子垭口-乌鸦箐南一带也有一个呈线状异常带；在马脖子梁子东北一带有一个较大的不规则条带状异常，也具有线状特征；在新山一带分布了几个不完整的团块状异常；在老熊洞一带也分布了三个不完整的团块状异常。

（2）Pb异常特征。Pb异常比较发育，多数异常具有明显的分带性和浓集中心，异常有一定的分布规律，整体上分布在测区的西部（见图7-14）。异常主要集中在沙沟向斜南翼，呈团块状；在乌鸦箐西北一带有一个清晰的团块状异常；在马脖子梁子东北一带有两个较大的不规则条带状异常；在新山一带分布了一个不规则的大型团块状异常；在桃园一带也分布了一个不规则的团块状异常。

（3）Ag异常特征。Ag异常较发育，多数异常中，内浓度带不甚发育，主要发育外浓度带，异常有一定的分布规律，整体上分布在测区的西部（见图7-15）。异常在沙沟向斜南翼一带呈现为团块状；在乌鸦箐一带呈团块状、港湾状；在乌鸦箐西北一带总体呈现为条带状和港湾状；在马脖子梁子东北一带有几个不规则港湾状、条带状、团块状异常；在新山一带分布了几个不完整的团块状异常；在桃园一带也分布了几个团块状异常。

（4）Cu异常特征。Cu异常稍有发育，部分异常具有明显的浓度分带性和浓集中心，部分异常浓度分带性不明显，异常以一定的分布规律，整体上分布在测区的东部（见图7-16）。异常在沙沟向斜南翼一带呈现为一个巨大的团块状；麦地梁子东及东南一带，呈团块状、港湾状、条带状、梭状；在乌鸦箐西南北一带，异常零星分布，呈团块状；在新山及其南部一带分布了几个不规则的团块状异常；在桃园及老熊洞一带也分布了几个团块状异常。

（5）Mn异常特征。Mn异常不甚发育，浓度低，以异常外带为主，异常没有明显的分布规律，呈团块状在测区零散分布，没有较集中的异常区（见图7-17）。异常在沙沟向斜一带、新山、新山南、三堆子垭口分布了几个团块状异常；在老熊洞也有两个不完整的团块状异常。

（6）V异常特征。V异常不甚发育，浓度低，以异常外带为主，中、内带不发育。异常没有明显的分布规律，呈团块状散布于整个测区（见图7-18）。在沙沟向斜、乌鸦箐、三堆子垭口、新山南一带分布了几个团块状和条状异常；在桃园一带也分布了几个条状异常。

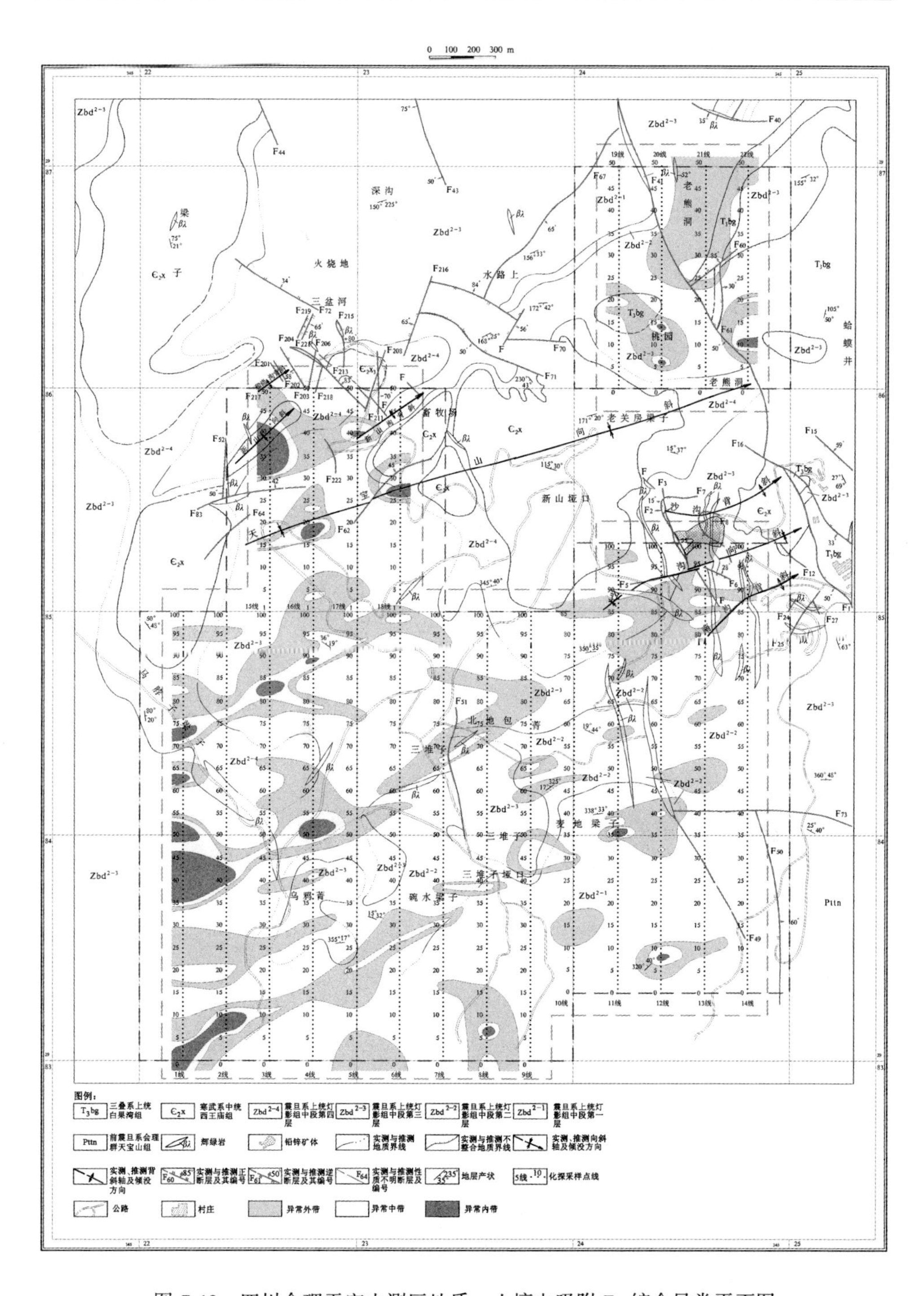

图 7-13 四川会理天宝山测区地质、土壤电吸附 Zn 综合异常平面图

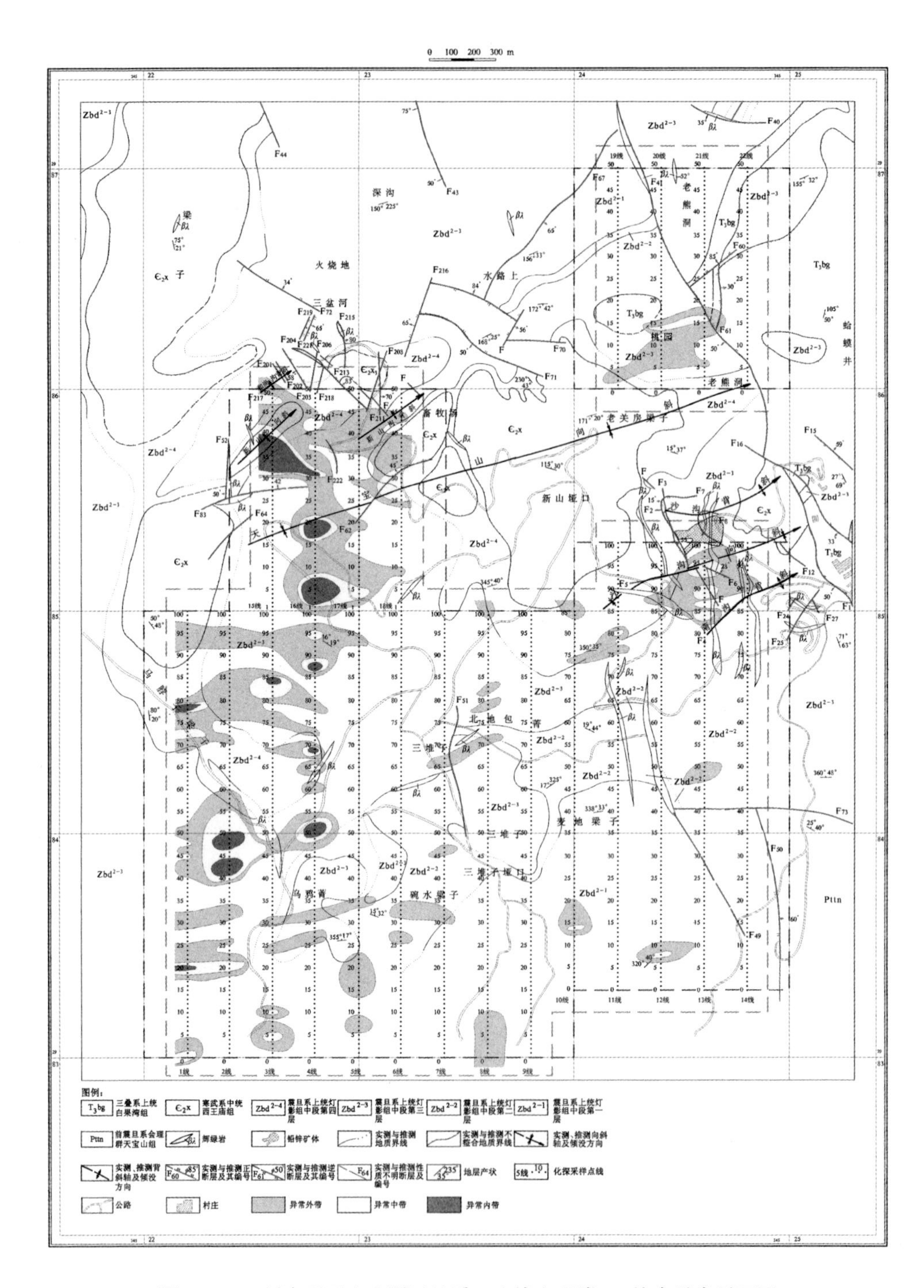

图 7-14　四川会理天宝山测区地质、土壤电吸附 Pb 综合异常平面图

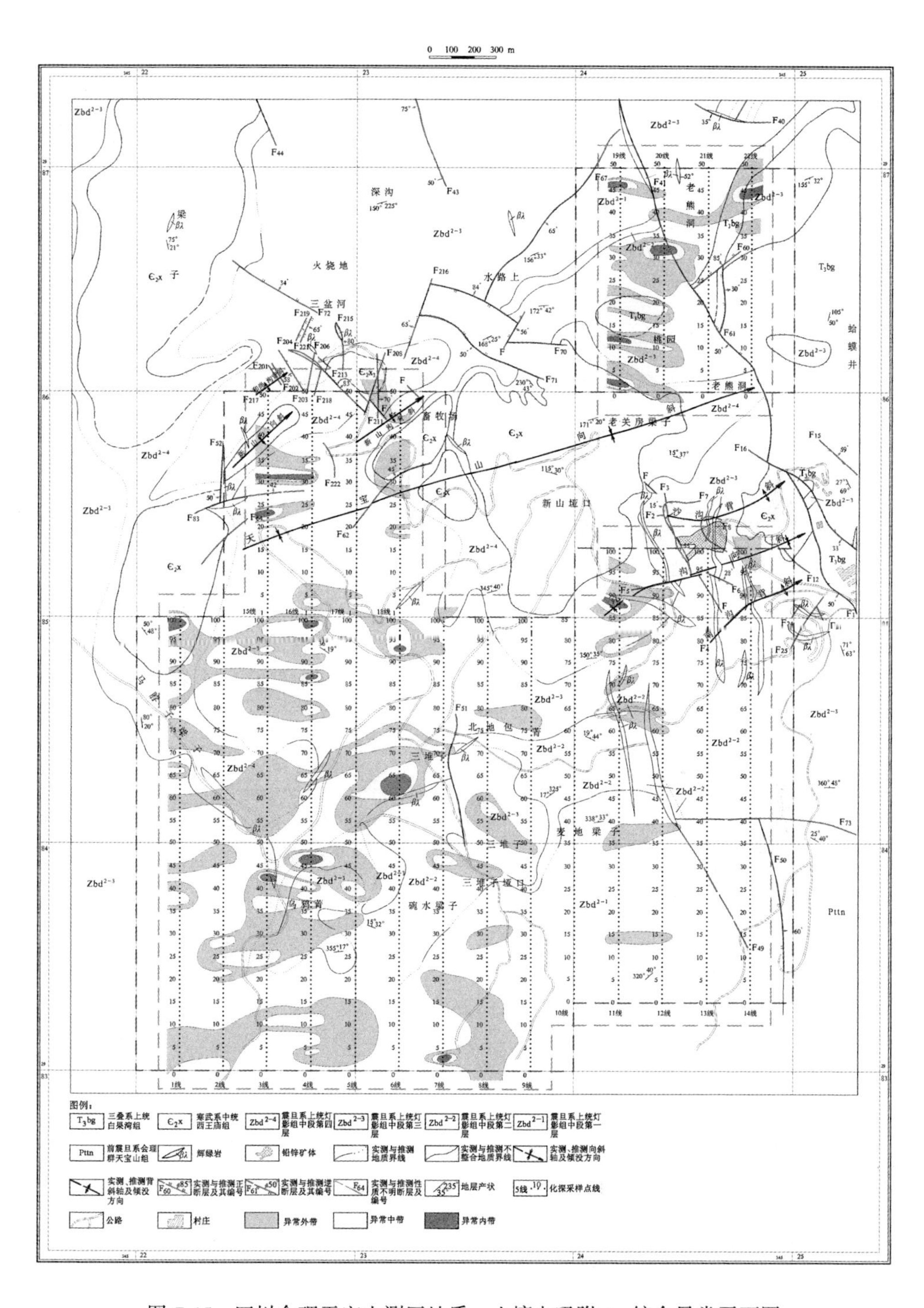

图 7-15 四川会理天宝山测区地质、土壤电吸附 Ag 综合异常平面图

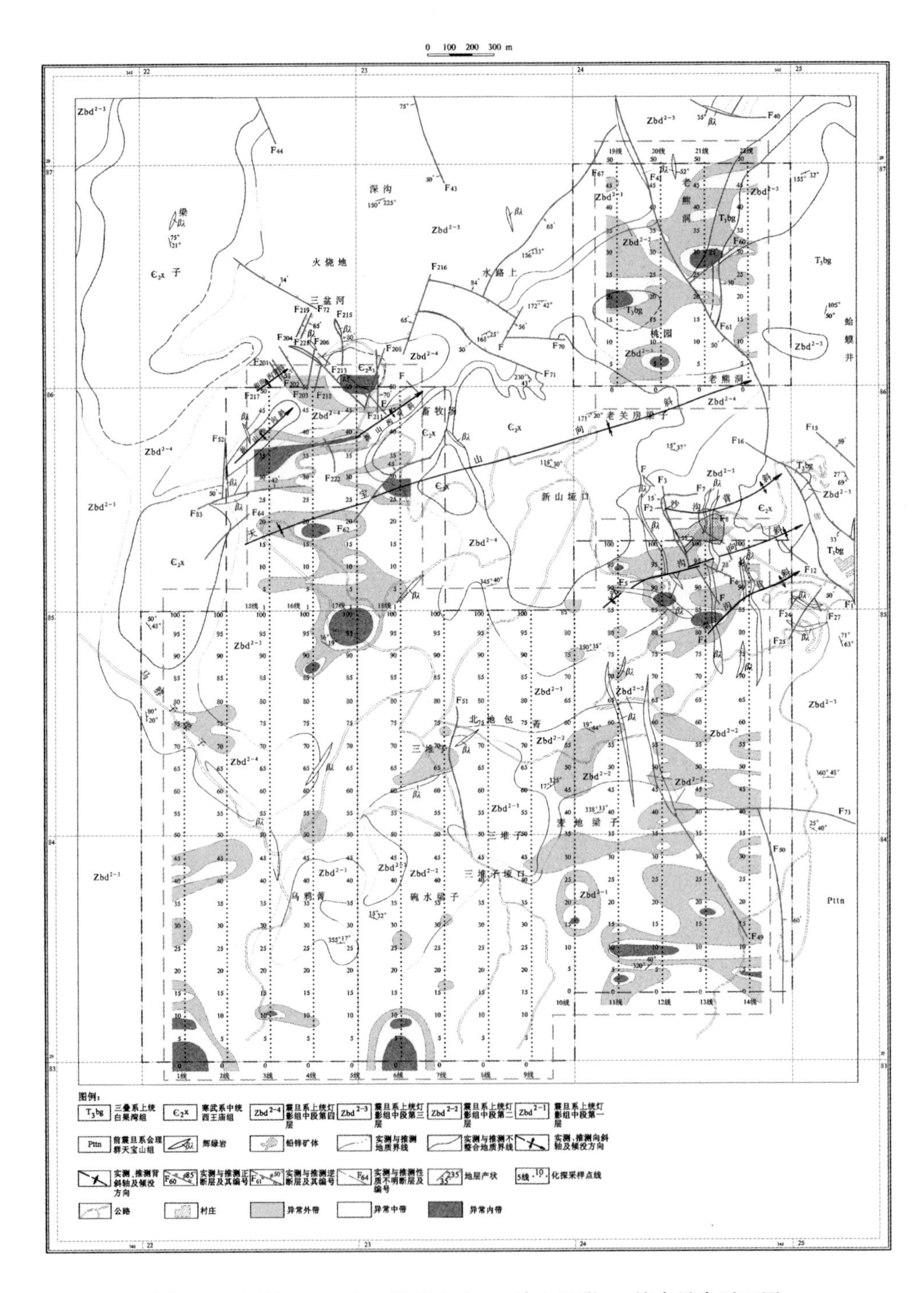

图 7-16　四川会理天宝山测区地质、土壤电吸附 Cu 综合异常平面图

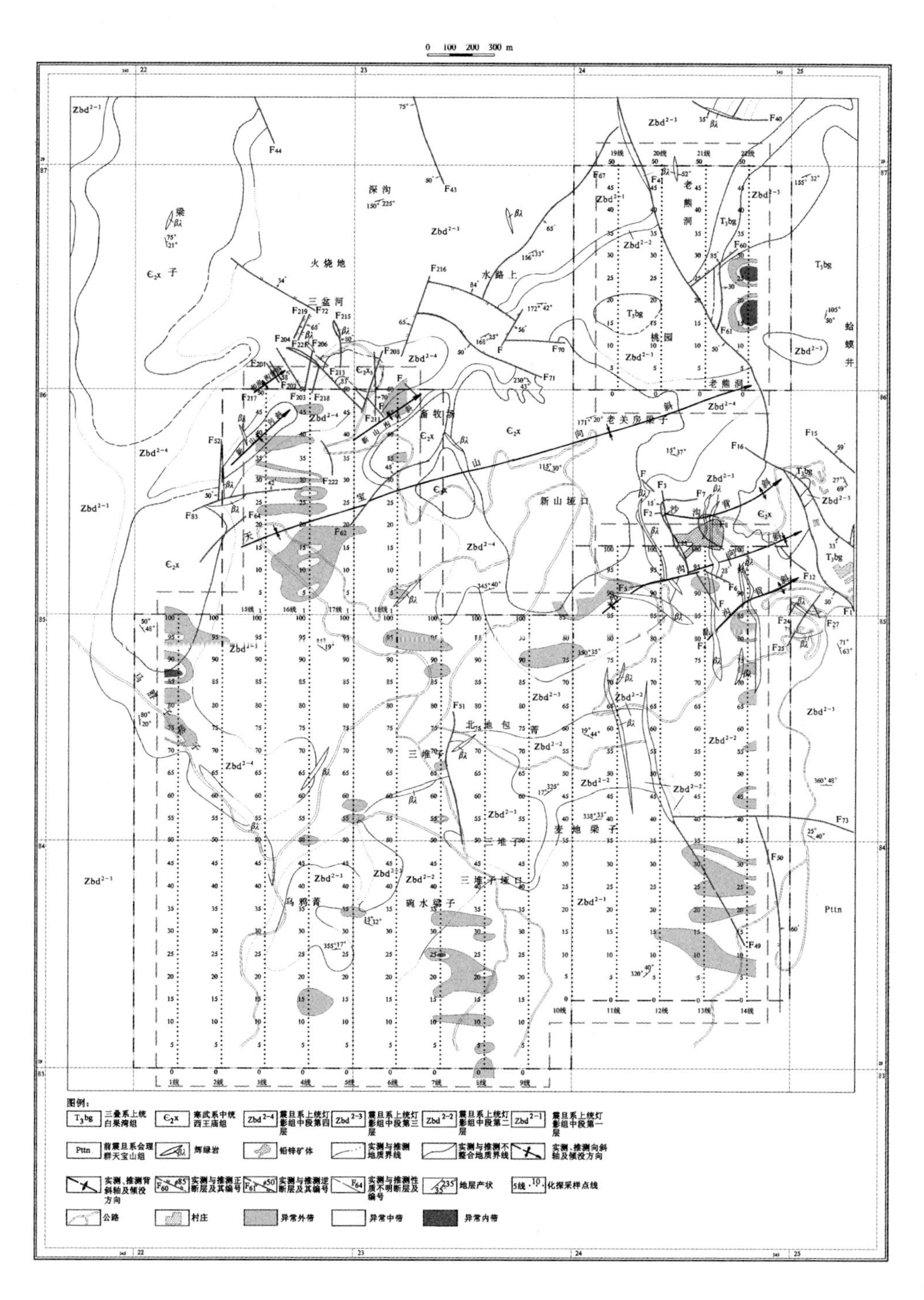

图 7-17 四川会理天宝山测区地质、土壤电吸附 Mn 综合异常平面图

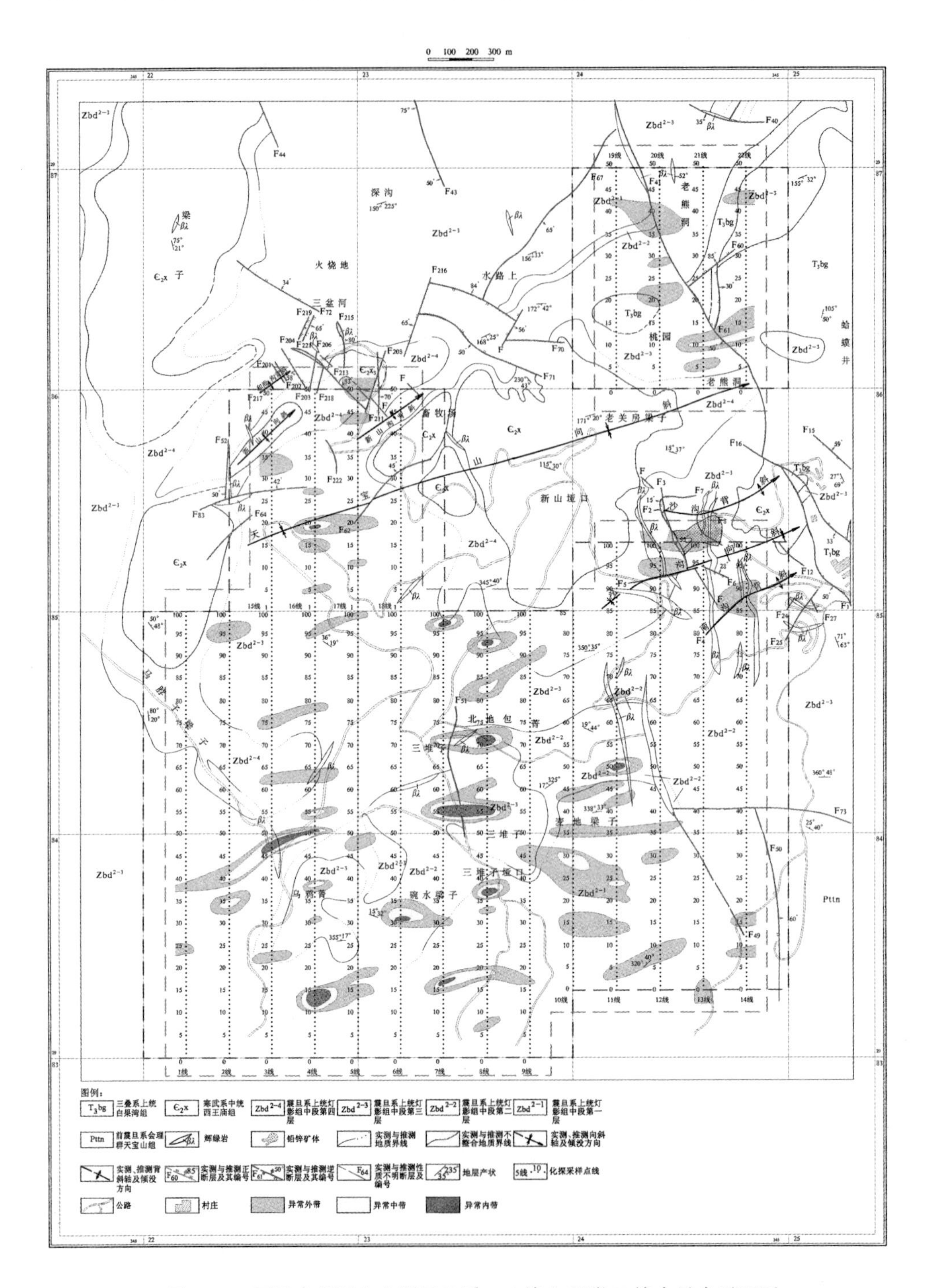

图 7-18　四川会理天宝山测区地质、土壤电吸附 V 综合异常平面图

（7）9 中段地球化学异常特征。9 中段地球化学异常特征如图 7-19 所示，从图中可看到，在 1~10 号点之间，出现了一个 Pb、Zn 组合异常，而在 10~63 号点之间没有明显的多元素组合异常，只是出现个别高值点，对找矿没有具体的意义。

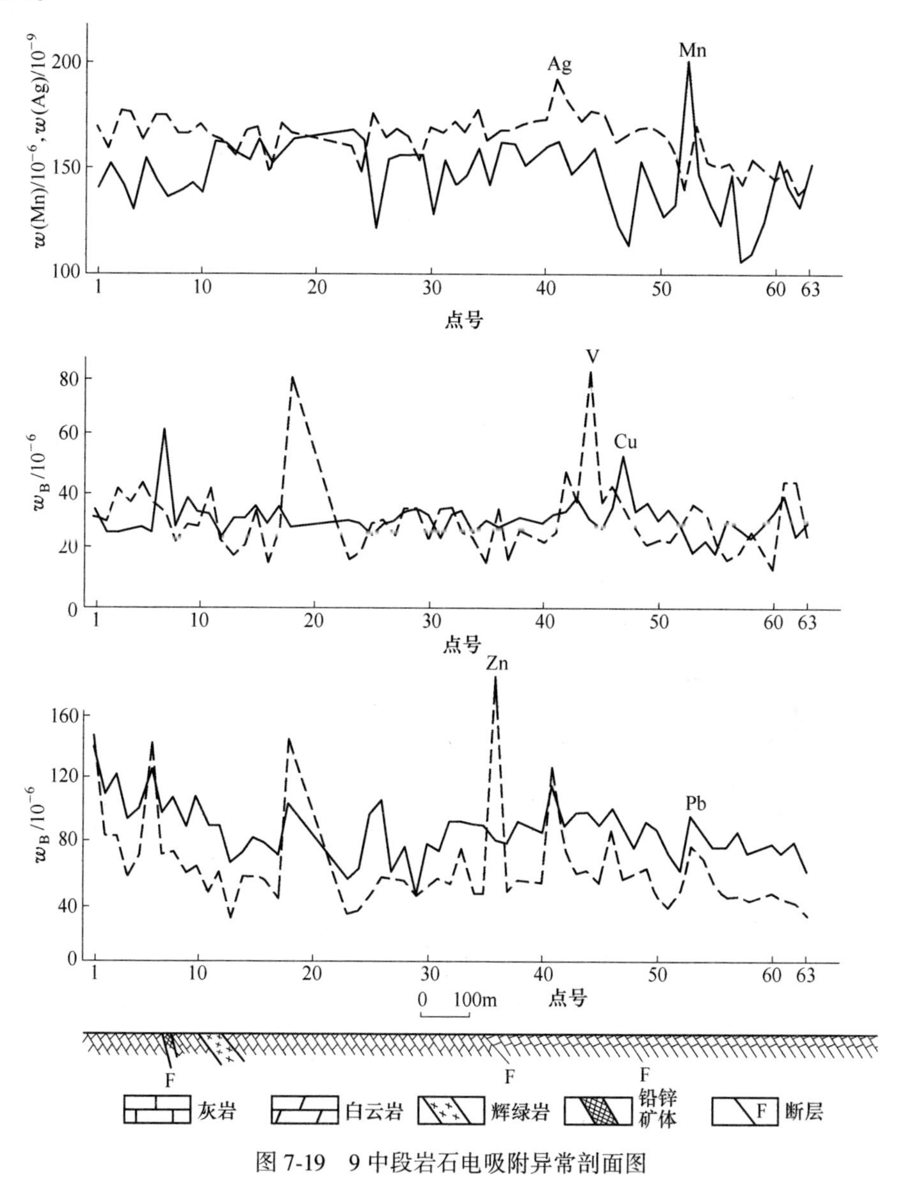

图 7-19 9 中段岩石电吸附异常剖面图

C 化探组合评价

（1）元素相关性分析。对一个地区的成矿元素及其伴生元素来说，如果它们的物质来源相同，又经历了相同的地质、地球化学作用过程，那么各元素之间就会存在明显的线性相关性；反之，各指标之间的相关性就会降低，甚至不相关。经过计算机的统计分析（见表7-1），统计样品数为1781。成矿元素Zn与Pb相关，两者相关系数为0.433，其次是Zn与Cu较相关，相关系数为0.3，再其次是Zn与Ag稍为相关，相关系数为0.242，而成矿元素Zn、Pb与Mn、V的相关系数都小于0.2，呈现为弱相关。从沙沟矿和新山矿上方出现明显的Zn、Pb、Cu、Ag异常组合来看，也证明这几个元素的组合异常为隐伏铅锌矿的反映。因此，Pb、Zn、Cu、Ag 4个指标的组合异常可作为圈定找矿远景区的依据。

表7-1　各元素之间的相关性系数

元素	Cu	Pb	Mn	V	Ag	Zn
Cu	1					
Pb	0.21267	1				
Mn	0.08244	0.18274	1			
V	0.07385	0.10989	0.12296	1		
Ag	-0.0100	0.21240	0.04256	0.02046	1	
Zn	0.30021	0.43271	0.17231	0.11749	0.24173	1

（2）已知矿体的异常组合评价。在沙沟矿体南部倾伏端的上方出现Zn、Pb、Cu、Ag组合异常，而且异常整体向西南方向延伸，说明该矿体在深部是向西南方向延伸倾伏，因此在矿体的西南方向的深部有可能寻找到隐伏矿体；在新山矿体也是南部倾伏端出现Zn、Pb、Cu、Ag组合异常，表明该矿体在深部是向南倾伏，由于各元素的异常强度较高，在它的南部有可能发现较富的矿体。

（3）乌鸦箐北异常段的评价。在乌鸦箐北Zn、Pb、Cu、Ag异常相对集中，异常组合特征与已知矿的异常特征一致，Zn、Pb的异常强度较强，据此推断该区段具有发现较大较富矿体的可能性。从Zn异常中（见图7-20）可看出，该异常区与沙沟矿异常分别处NE向异常带的NE端和SW端，推测该异常带的深部可能存在隐伏的断层，这个断层可能是成矿元素及伴生元素的物质来源通道。

（4）马脖子梁子东北异常段的评价。在马脖子梁子东北地段Zn、Pb、Cu、Ag异常非常集中，异常组合与已知矿一致，Zn、Pb异常的强度也较高，分布面积较大，高浓度带成线状，有可能是平行的叠瓦状断层，同样具有导矿作用，因此该地段具有寻找规模较大富矿的前景。

（5）9中段异常评价。如图7-19所示，在1~10号点之间，Zn、Pb出现了一个组合异常，与7~8点之间的已知矿体分布位置吻合，同时由10号点往NW向异常趋势逐步升高，并且Zn、Pb在1号点均为高值点，表明在1号点的NW向还有矿体存在。从异常展布特征来看，在10~1号点周围及其NW向具有很好的找矿前景。

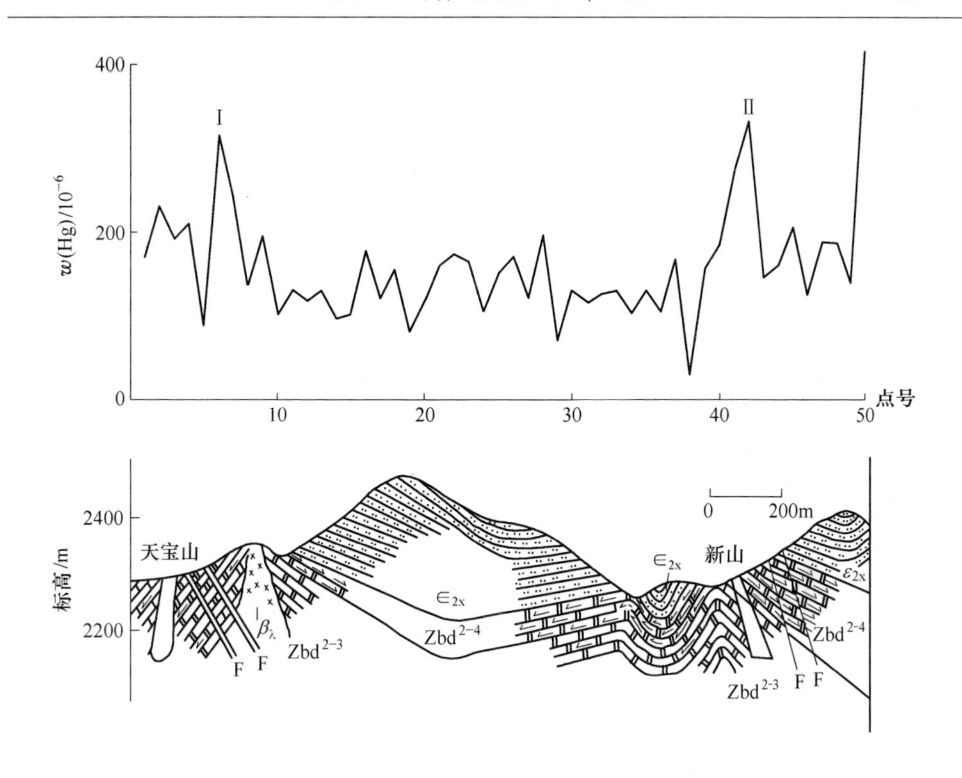

图 7-20 天宝山-新山地质剖面图与汞异常特征图

7.2.2.2 热释汞找矿成果

本书涉及工作在天宝山与新山之间进行吸附相态汞测量找矿可行性试验研究。根据土壤吸附相态汞试验测得数据，在天宝山与新山之间存在有两个汞异常（见图 7-20），Ⅰ号汞异常位于 5～8 号点之间，该异常的形状是单峰状，异常宽度为 130m，异常强度最高达 302×10^{-6}（6 点号），高出异常下限（150×10^{-6}）2 倍，Hg 最高浓度点下面正好是铅锌矿体的赋存部位，由天宝山 2 号矿体引起；Ⅱ号汞异常位于 43～47 号点之间，异常强度较大，异常宽度为 100m，异常强度最大为 418×10^{-6}（45 点号），高出异常下限值 3 倍，该异常形态为双峰异常，由新山矿体引起。在已知铅锌矿体上方测出了明显汞异常，说明土壤吸附相态汞测量法在该区寻找隐伏铅锌矿是可行的，效果较好，值得推广使用。

7.2.3 结论

（1）通过与已知矿对比，说明电吸附法和热释汞法能反映已知矿，表明该方法是有效的。

（2）从异常形态上看该区可能存在多条北东-南西向的隐伏断层。

（3）确定了乌鸦箐北、马脖子梁子等八个找矿有利地段。尤其是在马脖子梁子地段有可能找到富矿体。

7.3　湘西渔塘铅锌矿田太阳山矿区

7.3.1　地质简况

矿区位于一级褶皱摩天岭背斜北西翼的次级狮子山背斜轴部，断裂发育，以北东向断裂为主。矿区主要出露寒武系下统清虚洞组地层，次为中统高台组及中-上统娄山关群地层，它们之间均为整合接触关系。第四系地层在地势低洼处零星分布，与下伏各地层之间均为角度不整合接触关系（见图7-21）。

矿区地层由老至新依次是：寒武系下统清虚洞组（$\in_1q$）、寒武系中统高台组（$\in_2g$）、寒武系中-上统娄山关群（$\in_{2-3}ls$）和第四系（Q）。其中清虚洞组为区内铅锌矿的容矿地层，含矿岩性主要为生物礁灰岩。矿体形态简单，以似层状为主，次为脉状。似层状矿体在容矿层中均大致顺层产出，产状与围岩基本一致；脉状矿体在容矿层中均穿层产出。矿化以锌为主，富镉；次为铅，在容矿层中分布较普遍，局部有钼矿化分布。

矿区已圈定矿体36个，矿体以隐伏矿为主，共22个隐伏矿体，矿体形态简单，以似层状为主，共28个，次为脉状形态，共8个。似矿层状矿体在容矿层中均大致顺层产出，产状与围岩基本一致。走向以北北东-北东向为主，次为北西向，南北向与东西向矿体少量。倾向以北西向为主，次为南西向，而向南东、向北、向西倾的矿体少量。倾角一般为4°~8°，十分平缓（见图7-21），局部因断裂构造影响，可变陡至15°~25°，矿体埋深多小于300m；矿区脉状矿体在容矿层中均穿层产出，产状与围岩不一致，为高角度斜交关系。走向北东，倾向北西或南东，倾角一般为70°~80°。

7.3.2　多种非常规地球化学方法剖面试验

针对该矿区进行了化探土壤次生晕、吸附烃、吸附相态Hg、电吸附等多方法化探勘查技术实验、优化。已知矿体埋深多小于300m，各方法技术参数如下：

（1）土壤次生晕剖面。B层取样，点距40m，加工小于120μm（120目），分析项目Ag、Cu、Pb、Zn、As、Sb、Bi、Hg、Mo及吸附相态Hg等10项。

（2）吸附烃、吸附相态汞剖面。B层取样，点距40m，加工380~250μm（40~60目），分析项目甲烷、乙烷等5项。

（3）电吸附剖面。取样布置同次生晕，加工180~120μm（80~120目），分析项目Au、Ag、Cu、Pb、Zn、As、Sb、Bi、Hg等9项。

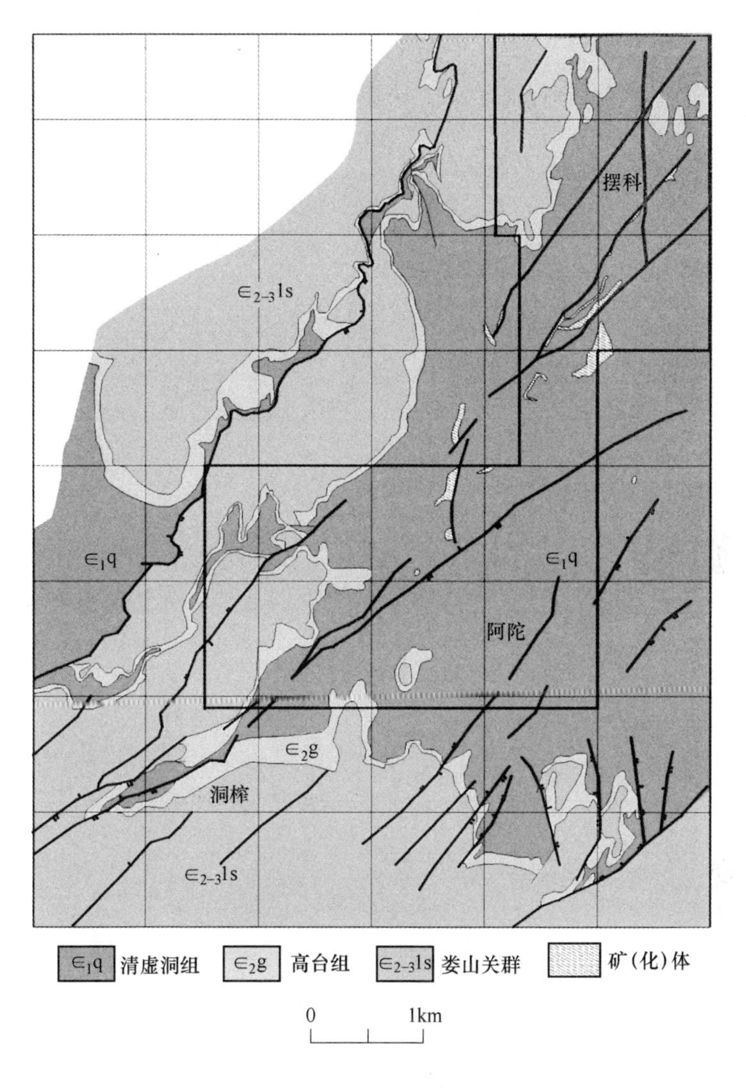

图 7-21 湘西太阳山铅锌矿床地质简图

7.3.2.1 多种方法在已知矿体上方的试验

A 吸附烃和吸附相态汞

已知矿体剖面 20 线剖面吸附烃、吸附相态汞异常特征：各项吸附烃具有相似的剖面曲线形态，呈锯齿峰状，峰部可能与断裂体系相关，总体表现为在矿体有埋深较大的西段异常明显，在矿体埋深较浅的东段异常反映微弱，说明在该矿区吸附烃具有矿体头部外晕特征。吸附相态汞在矿体上部异常明显，与矿体的规模、贫富有一定的相关性，可作为重要的示矿标志（见图 7-22）。

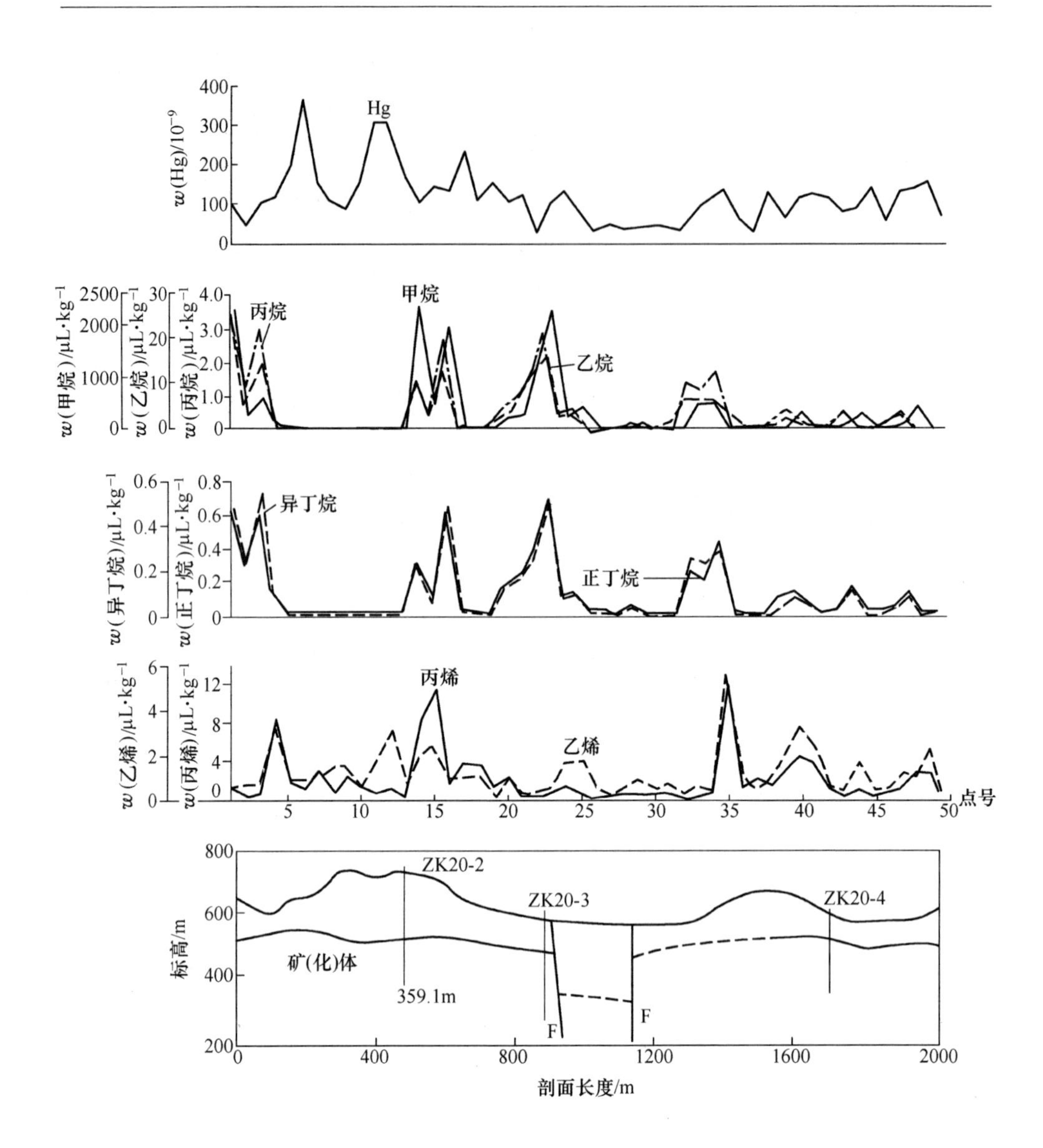

图 7-22　太阳山矿区 20 线吸附烃、汞剖面

B　土壤次生晕

已知矿体剖面 20 线剖面土壤次生晕异常特征：Zn、Cu、As 在已知矿段有异常反映，以 Zn 的异常最明显，异常曲线形态与矿化强度、埋深有较好的对应关系。在剖面东段具明显的 Pb、Zn、Cu 异常，可能反映该段矿化有差异，有明显的铅矿化。Co、V 除个别点状尖峰状异常外，几乎呈平滑的背景曲线；Ni、Bi、Ba、Ag 呈锯齿状曲线，无明显的异常反映（见图7-23）。

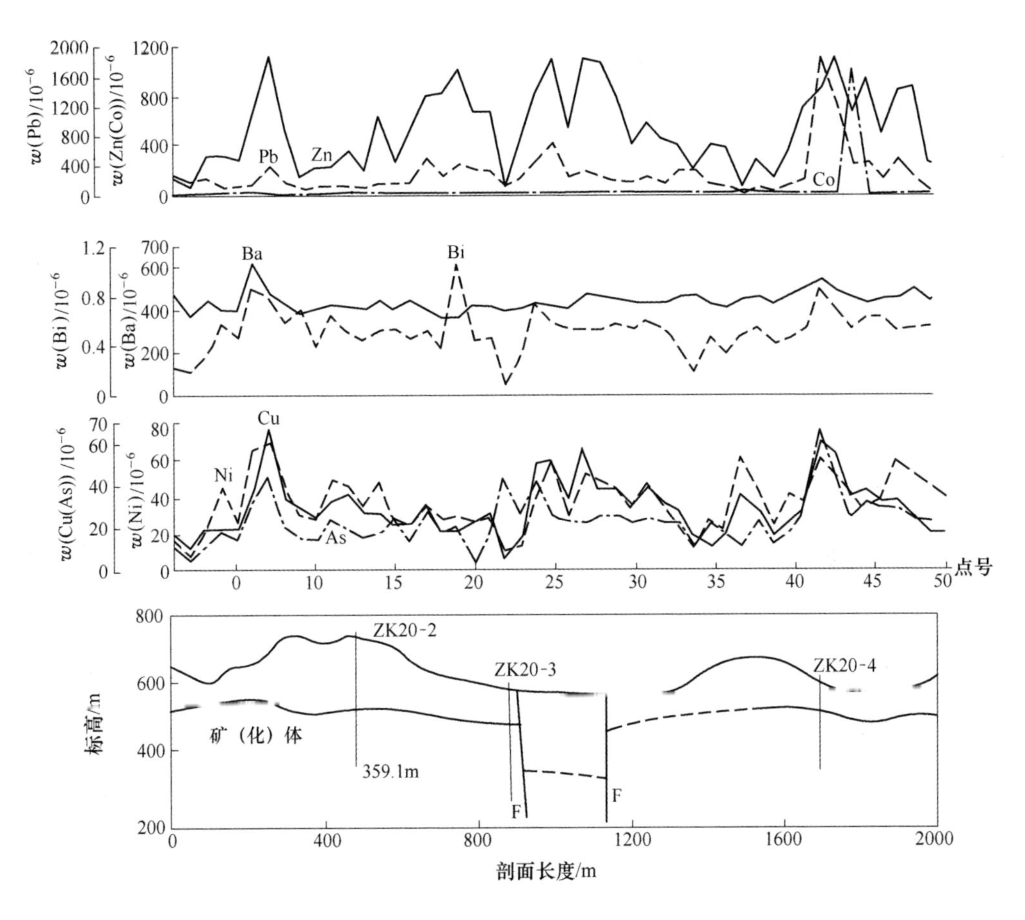

图 7-23 太阳山矿区 20 线次生晕剖面

C 岩石原生晕

已知矿体剖面 20 线剖面岩石原生晕异常特征：矿体埋深大于 150m 矿段，Zn、Pb 等成矿元素没形成原生晕异常，与该类矿床成矿温度低、围岩矿化蚀变范围小一致。东段矿体埋藏浅，有明显的 Zn-Pb-As-Ba-Sr 等多元素综合异常，说明在矿体浅埋藏地段（埋深小于 150m）有明显的成矿多元素异常反映。Zn、Pb、As、Ba、Co 还呈现点状尖峰状异常，反映与成矿有关的断裂裂隙（见图 7-24）。

D 土壤电吸附

已知矿体剖面 20 线剖面土壤电吸附异常特征：电吸附 Cu、Pb、Zn、Ag 在矿体上有明显的综合异常（见图 7-25），与次生晕异常相比异常形态较规则，与已知矿体对应较好，说明该方法能更有效指示该类型铅锌矿体。

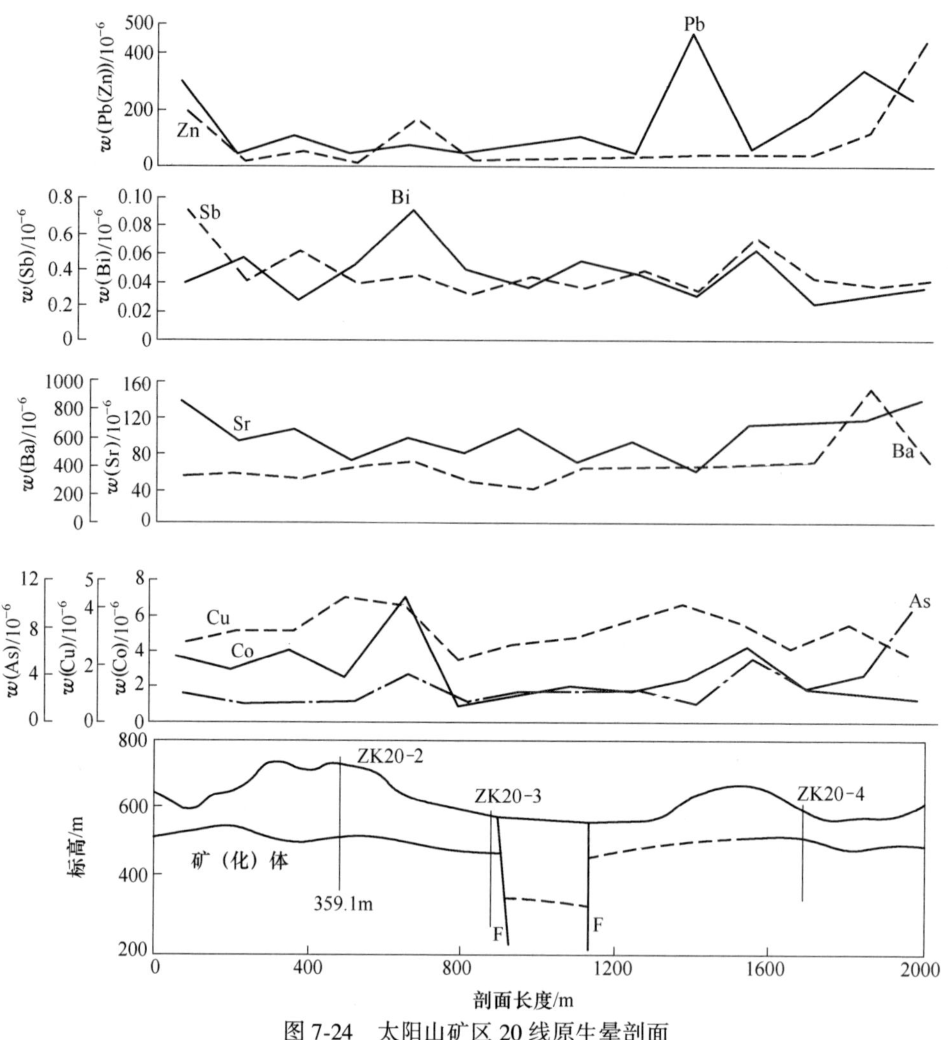

图 7-24　太阳山矿区 20 线原生晕剖面

7.3.2.2　多种方法在未知区域的有效性验证

为验证方法的有效性，在未知的 22 线剖面进行了相同技术指标的吸附相 Hg、吸附烃、电吸附、次生晕测量，并对推断的矿化异常进行了钻探验证。

A　吸附烃、吸附相态汞

未知剖面 22 线剖面吸附烃、吸附相态汞异常特征如图 7-26 所示。整条剖面吸附相态汞异常较明显，呈西强东弱形态；各项吸附烃具有相似的剖面曲线形态，呈锯齿峰状，峰部可能与断裂体系相关，总体表现西段（0～700m，长度大于 700m）、东段（1600～2000m，长度大于 400m）两段较明显异常。推测深部有隐伏矿体存在，西段矿化较强。

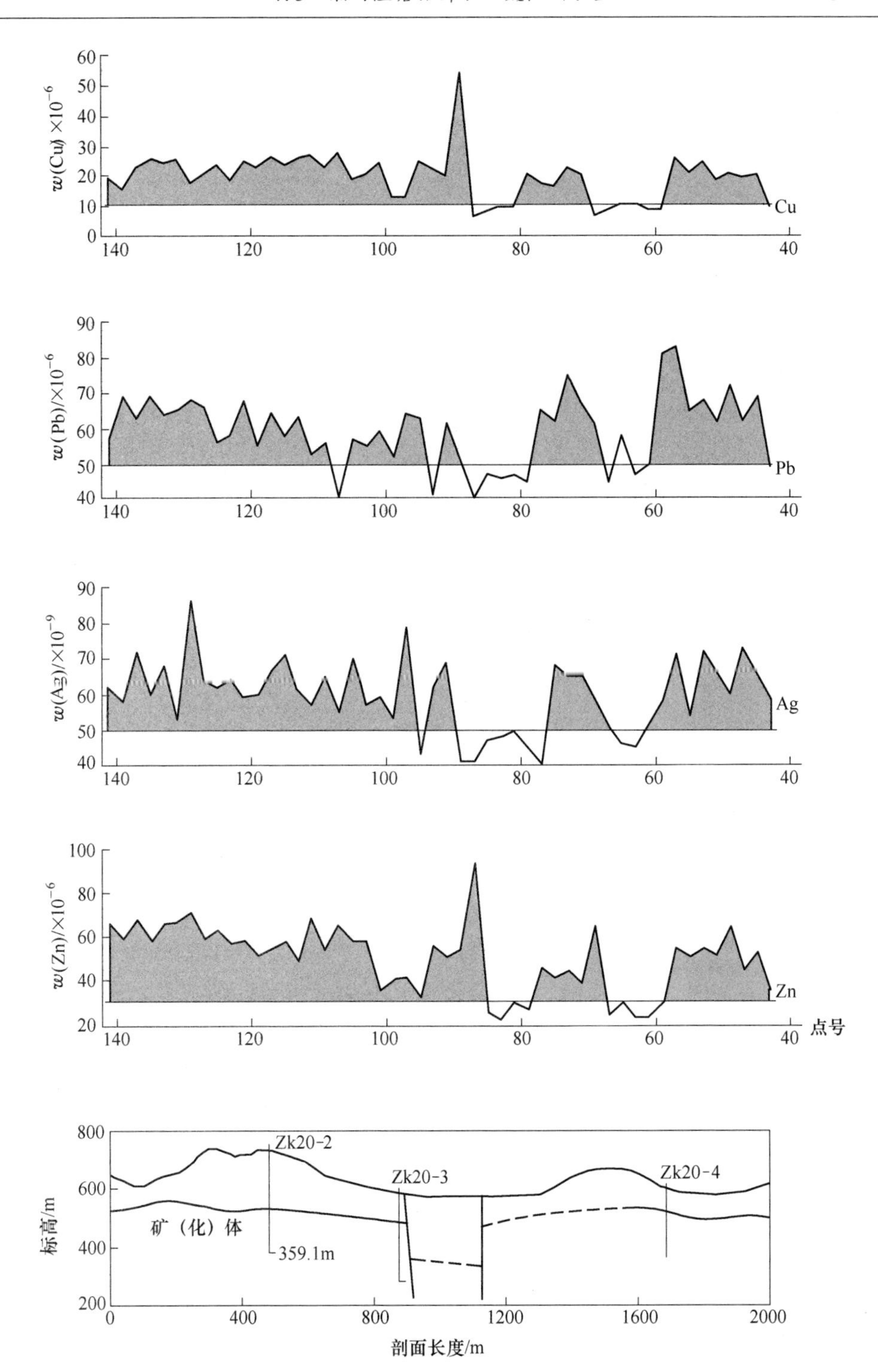

图 7-25 太阳山矿区 20 线电吸附剖面

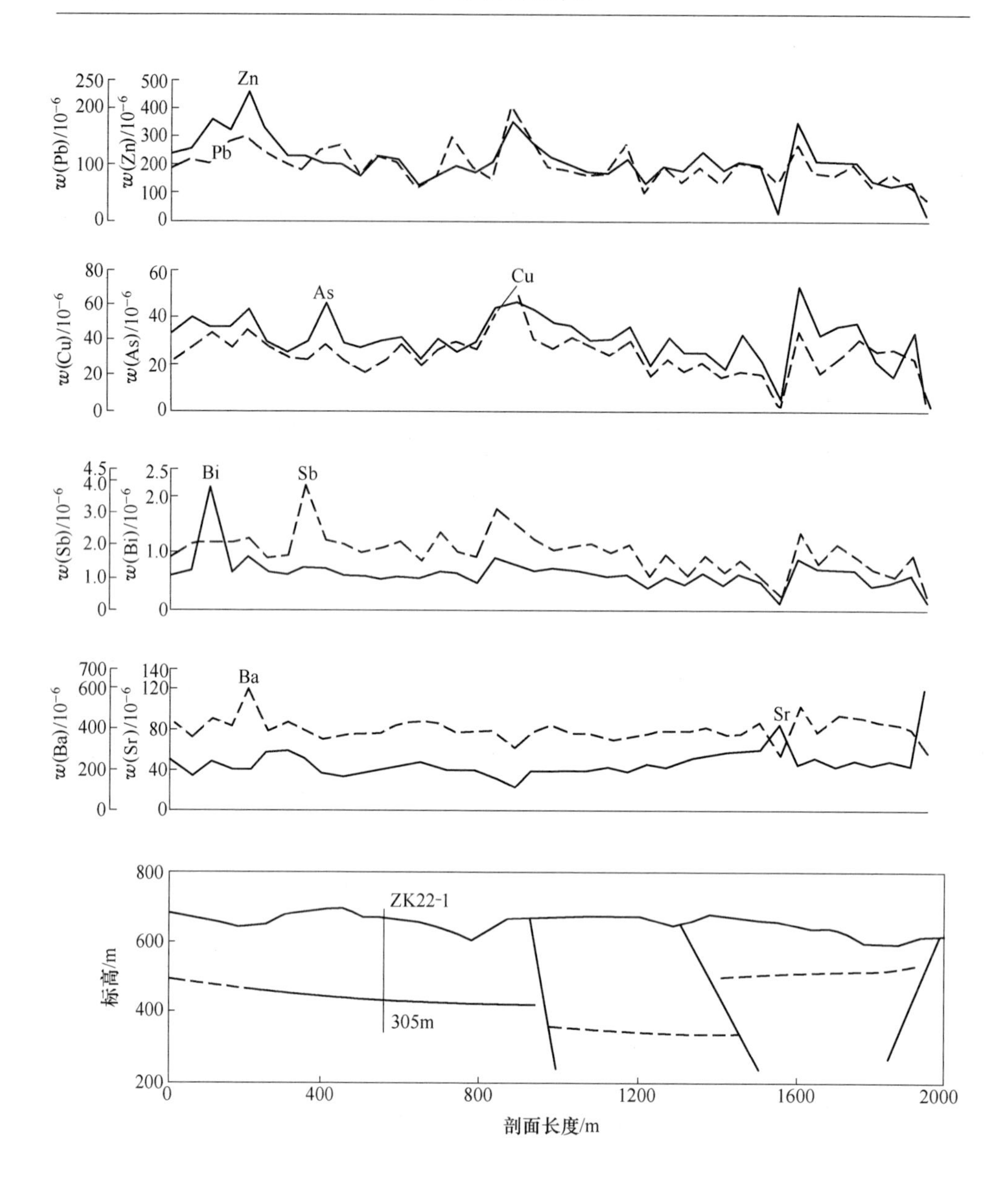

图 7-26　太阳山矿区 22 线次生晕剖面

B　土壤次生晕

未知剖面 22 线剖面土壤次生晕异常特征如图 7-27 所示。Zn-Ag 有明显的异常，异常总体为西强东弱的特征，Pb 反映为总体平滑的弱异常特征，其他元素异常不明显，个别呈点状尖峰异常。推测深部隐伏矿体的矿化总体为西段矿化较强，东段相对较弱。

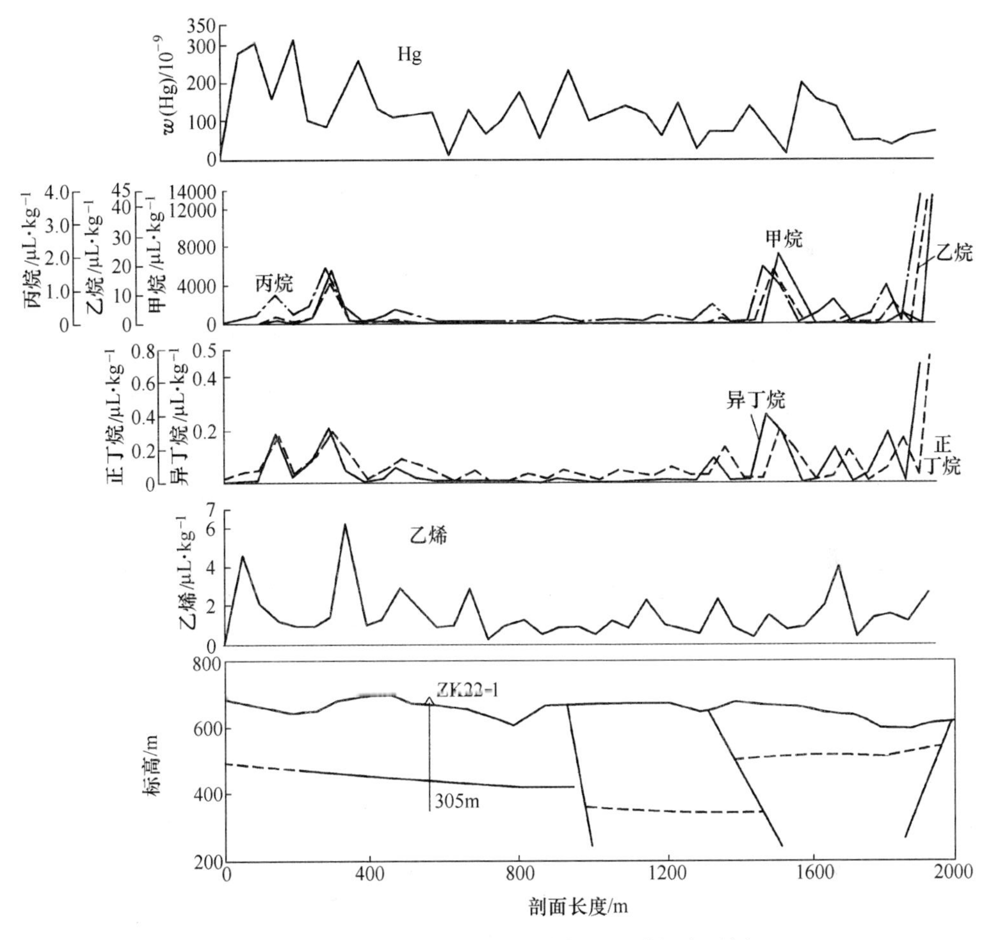

图 7-27 太阳山矿区 22 线吸附烃、吸附相态汞剖面

C 土壤电吸附

未知剖面 22 线剖面土壤电吸附异常特征如图 7-28 所示：电吸附 Cu、Pb、Zn、Ag 存在明显的综合异常，各元素异常特征、形态相似，与次生晕异常相比异常形态较规则。异常总体表现西段（0～900m，长度大于 900m）、东段（1600～2000m，长度大于 400m）两段明显异常。推测深部有隐伏矿体存在，西段矿化较强。

7.3.3 钻探验证结果

在未知 22 线剖面获得的相似的化探综合异常特征，推断在该剖面埋深 0～250m 处有一层平缓的矿化层存在，矿化强度总体西强东弱，在测线 1000m、1400m 处断裂带深部存在脉状矿体，综合各方法的异常特征在剖面测线 580m 处设计钻孔进行验证，推测的矿化层埋深在 180～280m 之间，结果在深 248m 处见

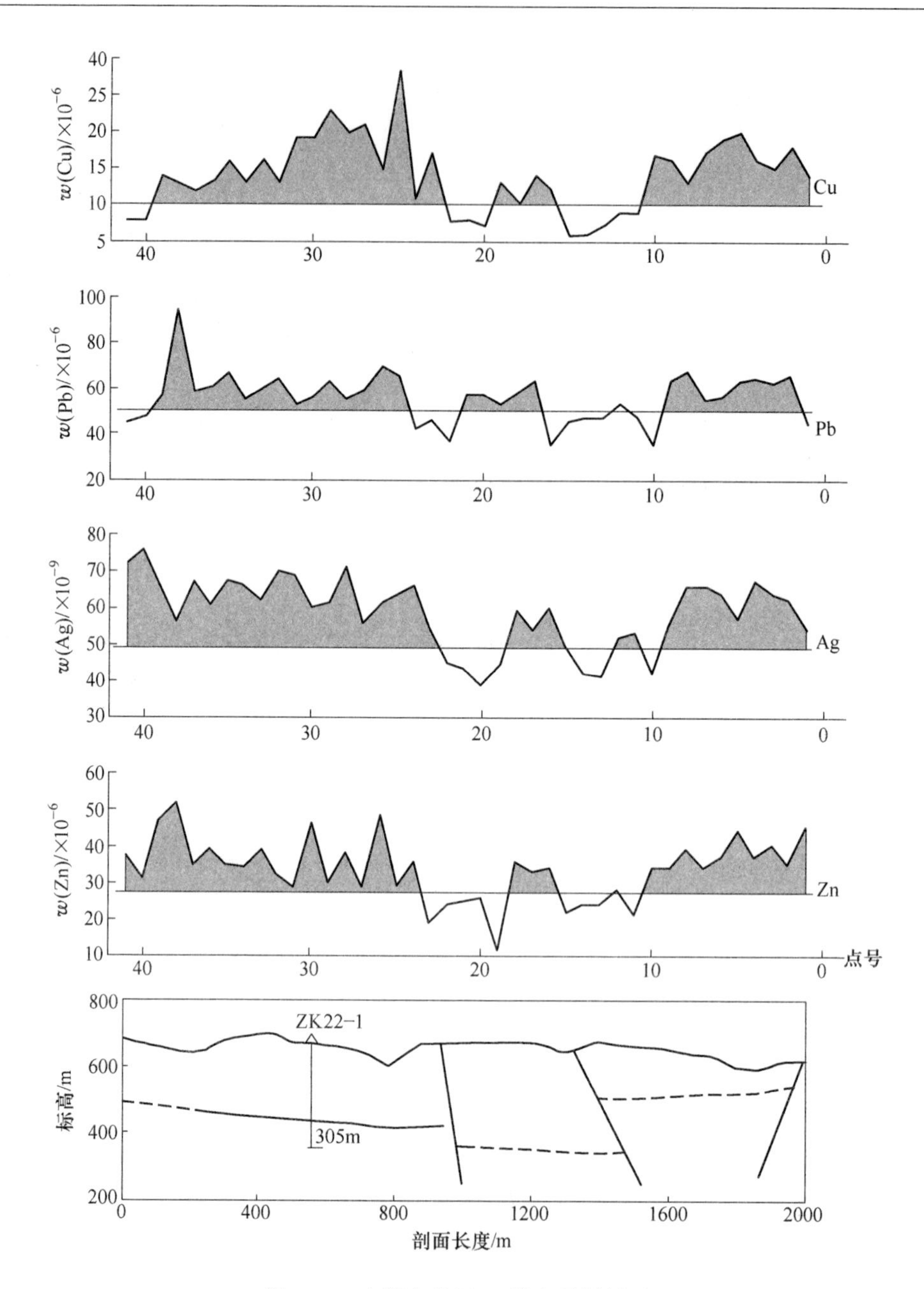

图 7-28　太阳山矿区 22 线电吸附剖面

铅锌矿体，矿体厚度为 3.6m，品味 Pb 0.8%、Zn 2.3%。说明上述多种化探方法在该矿区是有效的。其推测 1000~1300m 处可能存在厚大矿化体，可能为陡倾脉状矿体叠加，应进行钻探验证。

7.4　黔南牛角塘铅锌矿田老虎冲矿区

7.4.1　地质简况

贵州都匀牛角塘锌矿地质略图如图 7-29 所示。老虎冲铅锌矿区王司背斜南段曼洞深大断裂北西侧，区内褶皱构造不发育，断裂构造发育。北东向曼洞深大断裂控制牛角塘矿田铅锌成矿。矿区出露地层有寒武系下统清虚洞组（$\in_1q$）、中统高台组（$\in_2g$）、石冷水组（$\in_2s$）和中上同娄山关群（$\in_{2\text{-}3}ls$）及第四系。其中，清虚洞组（$\in_1q$）分为七个岩性段，从上到下岩性为深灰色、浅灰色厚层细粒白云岩，灰色细粒白云质灰岩、下部深灰色厚层粗粒白云岩，局部夹少量深灰色、灰黑色薄层页岩。其中灰色细粒白云灰岩为主要含矿层，其上分布有厚度不等的鲕粒灰岩。厚度为 200~300m。

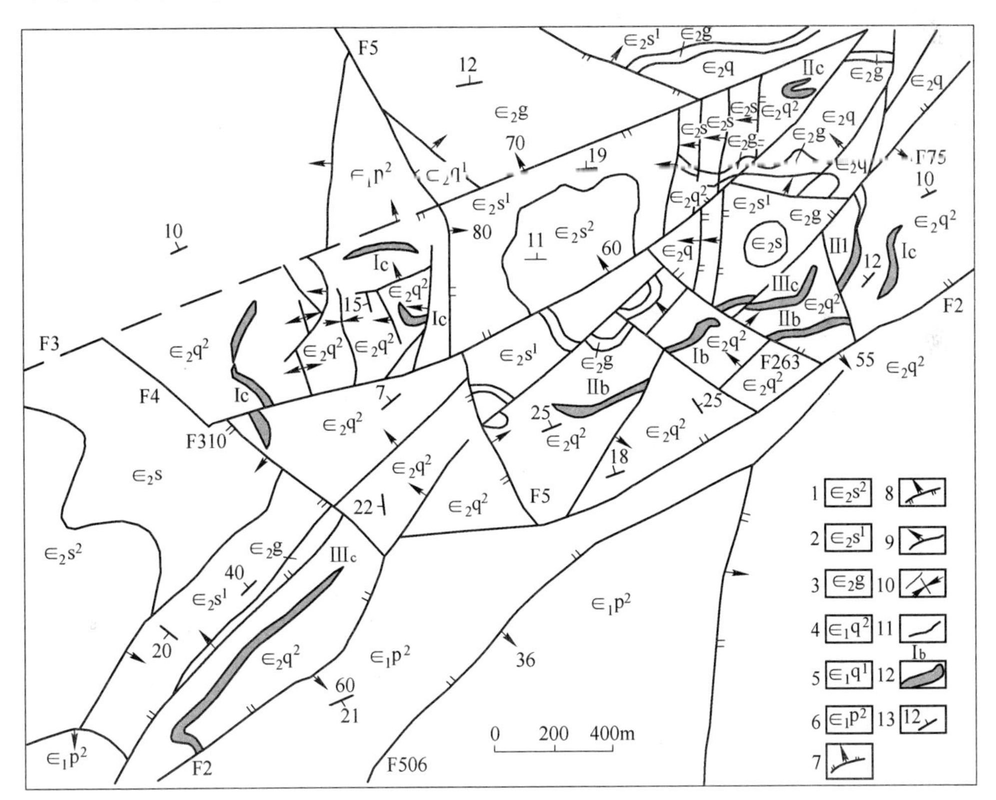

图 7-29　贵州都匀牛角塘锌矿床地质略图

1—中寒武统石冷水组二段；2—中寒武统石冷水组一段；3—中寒武统高台组；4—下寒武统清虚洞组二段；5—下寒武统清虚洞组一段；6—下寒武统杷榔组二段；7—正断层；8—逆断层；9—性质不明断层；10—背斜和向斜；11—岩层界线；12—矿体及编号；13—岩层产状

7.4.2 多种非常规地球化学方法剖面试验

针对该矿区进行了化探土壤次生晕、吸附烃、吸附相态 Hg、电吸附等多方法化探勘查技术实验、优化。已知矿体埋深多小于 350m，对深部大于 500m 的空间成矿性未进行方法探测。

矿体主要呈似层状产于下寒武统清虚洞组上部灰色厚层细粒白云质灰岩、白云岩中，受地层层位控制明显，已发现五个矿化层，一般第一矿层与第二矿层相距 90m 左右，第二、第三矿层相距 30m 左右，第三、第四矿层相距 25m 左右，第四、第五矿层相距 25m 左右。矿体呈似层状、豆荚状、透镜状，在矿化层顺层断续产出。

7.4.2.1 多种方法在已知矿体上方的试验

A 吸附烃、吸附相态汞

矿体剖面 15 线剖面吸附烃、吸附相态汞异常特征：各项吸附烃具有相似的剖面曲线形态，呈锯齿峰状，峰部可能与断裂体系相关，在已知矿体上方处甲烷外，其他烃类有明显异常，说明在该矿区吸附烃具有矿体头部外晕特征，异常特征呈锯齿尖峰状，与矿体相连的断裂关系密切。吸附相态汞在矿体上部异常不明显，但异常分布较吸附烃类宽广，与矿体的规模、贫富有一定的相关性，可作为重要的示矿标志（见图 7-30）。

B 土壤次生晕

矿体剖面 15 线剖面土壤次生晕异常特征：Zn、Pb 具相似异常曲线，在已知矿段有较弱异常反映，以 Zn 的异常较明显。在剖面东南段具高值异常，Zn 多大于 1000×10^{-6}，推断该段矿体埋深较浅，部分可能出露地表受浮土掩埋，与地质推断该段矿体埋深较大明显不符，在物探剖面得到证实。Cu 异常较弱，但分布较宽，明显差异是剖面西北端有较明显的异常；As、Sb 在已知矿体上有较明显异常，Bi、Ba、Co、Ag 等呈具少量点状尖峰异常的背景曲线，异常特征不明显。说明在已知矿体上有 Cu-Pb-Zn-As 综合异常（见图 7-31）。

C 土壤电吸附

矿体剖面 15 线剖面土壤电吸附异常特征：电吸附具有强化成矿元素异常信息作用，在已知矿体上有明显的电吸附 Cu、Pb、Zn、Ag 综合异常。在剖面东南段仅见 Ag 异常，而 Cu、Pb、Zn 异常弱小，与土壤次生晕异常明显不同，推断剖面东南段深部应无规模型矿体存在；在剖面西北端有明显的电吸附 Cu、Pb、Zn、Ag 综合异常，与土壤次生晕异常明显不同，推测该段深部应有矿体存在（见图 7-32）。

7.4.2.2 多种方法在未知区域的有效性验证

为验证方法的有效性，在未知的 18 线剖面进行了相同技术指标的吸附相态

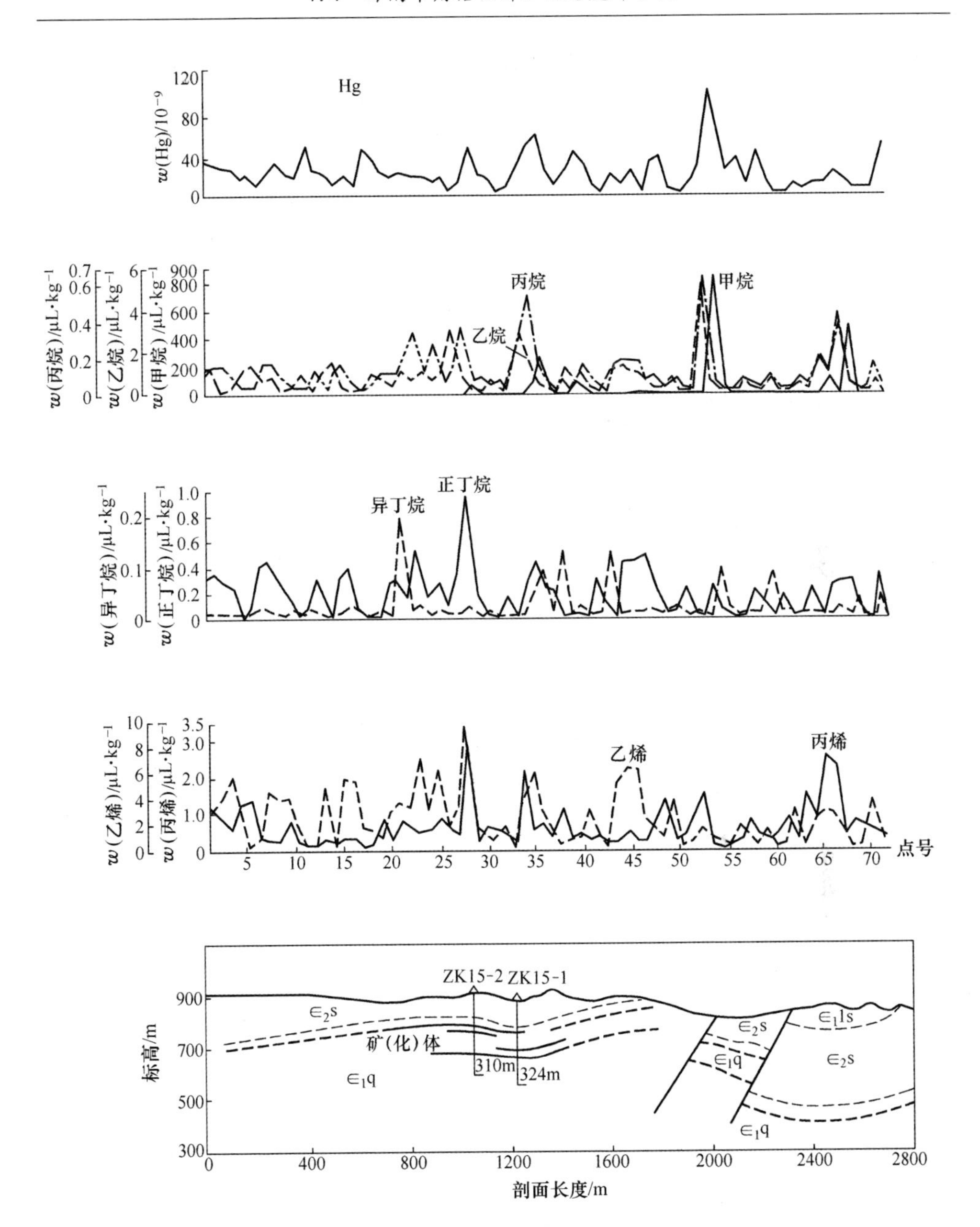

图 7-30 老虎冲矿区 15 线土壤吸附汞烃剖面

Hg、吸附烃、电吸附、次生晕，并对推断的矿化异常进行了钻探验证。

A 吸附烃、吸附相态汞

未知剖面 18 线剖面吸附烃、吸附相态汞异常特征如图 7-33 所示，吸附相态汞在剖面测线 400～800m 段、1800～2200m 段出现异常较明显；烷烃类吸附烃除少量点状尖峰异常外，无异常显示。烯烃类吸附烃在剖面西北段（0~800m段）、东南段（1600~2200m 段）具有相似的异常显示。说明该剖面深部矿化较弱。

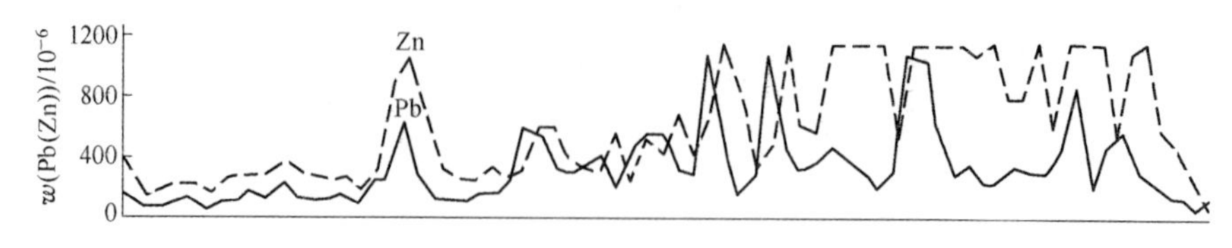

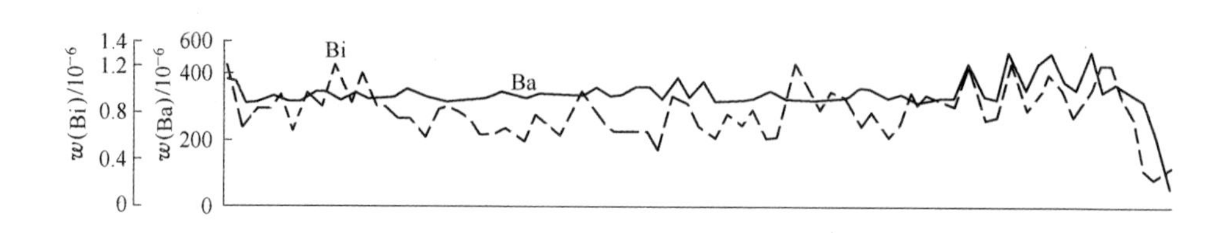

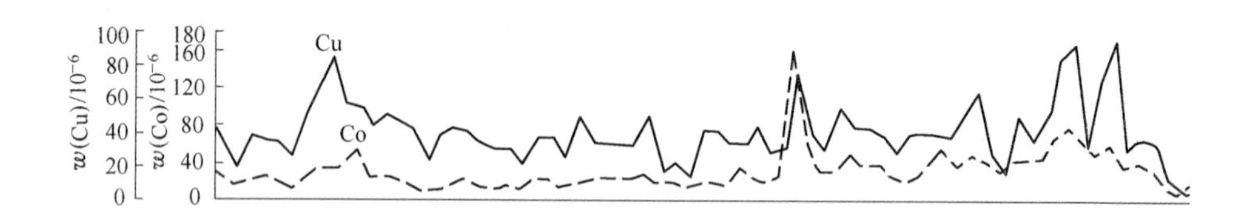

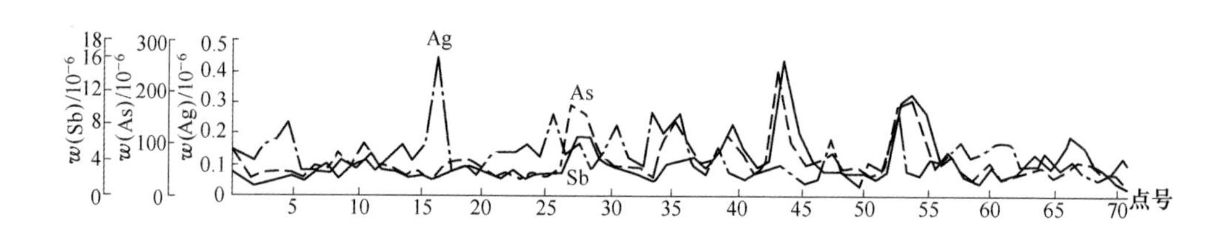

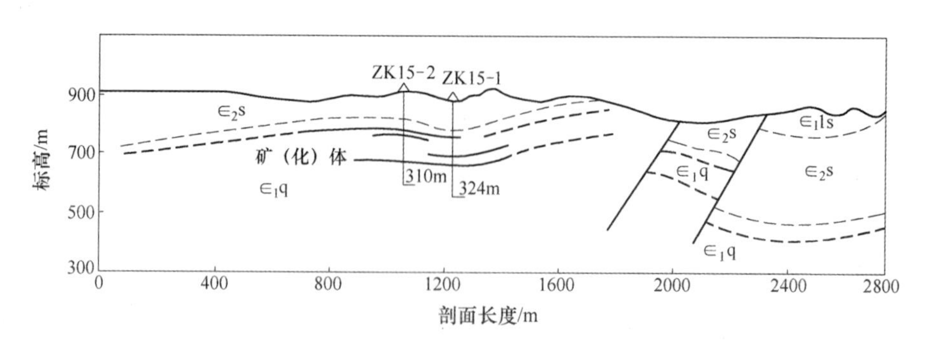

图 7-31　老虎冲矿区 15 线次生晕剖面

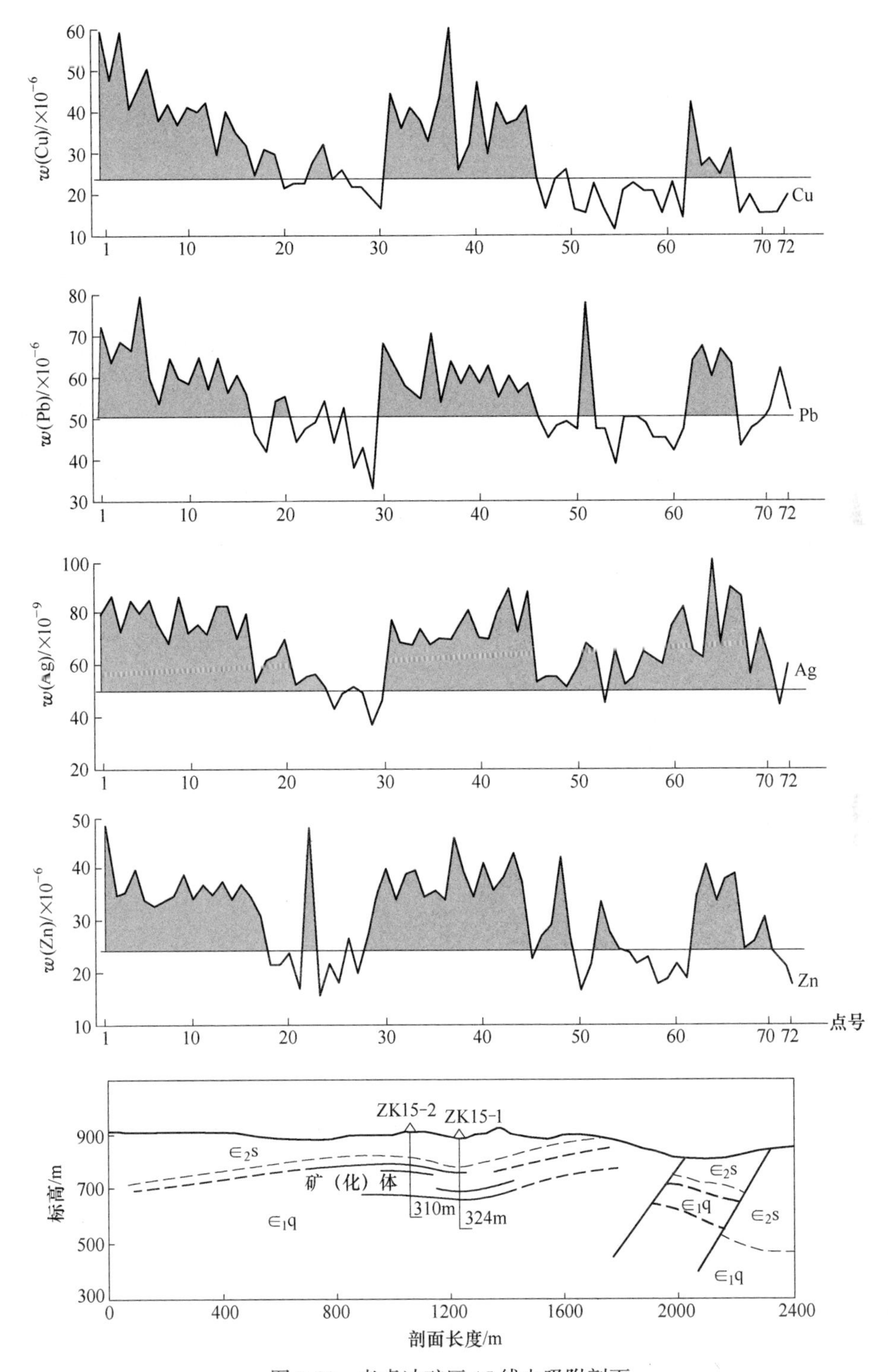

图 7-32 老虎冲矿区 15 线电吸附剖面

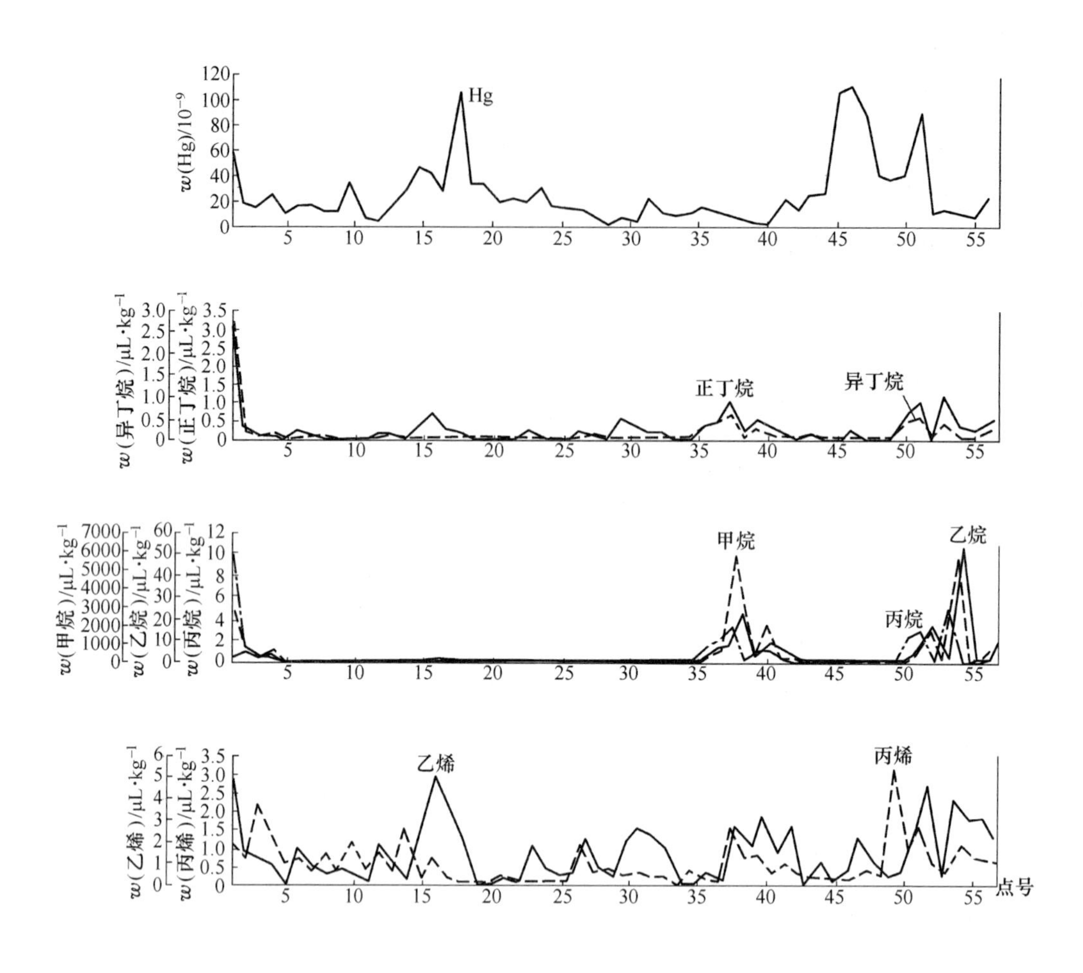

图 7-33　老虎冲矿区 18 线土壤吸附汞、吸附烃剖面

B　土壤次生晕

未知剖面 18 线剖面土壤次生晕异常特征如图 7-34 所示，在剖面西北段（0~800m 段）、东南段（1600~2200m 段）具有 Cu-Pb-Zn-As 综合异常，在东段出现 Zn 的高值宽大异常，与 15 线剖面相似，说明该段矿体埋藏浅或出露地表。其他元素异常不明显。

C　土壤电吸附

未知剖面 18 线剖面土壤电吸附异常特征如图 7-35 所示，在剖面 0~1400m 段土壤电吸附 Cu、Pb、Zn、Ag 存在明显的连续的综合异常，各元素异常特征、形态相似，与次生晕异常相比异常形态较规则，异常显示更明显。推断该段深部存在较连续的矿化层。

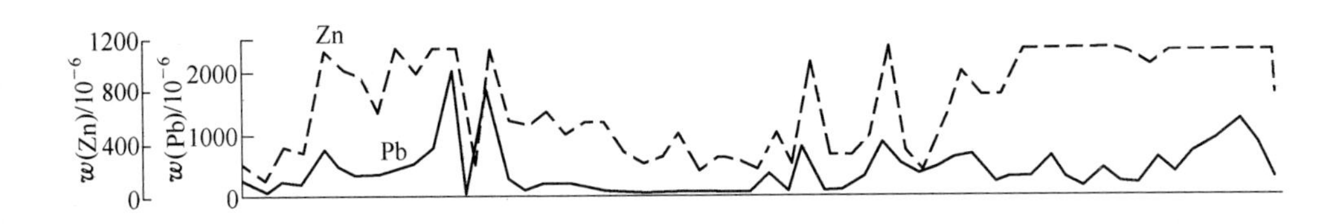

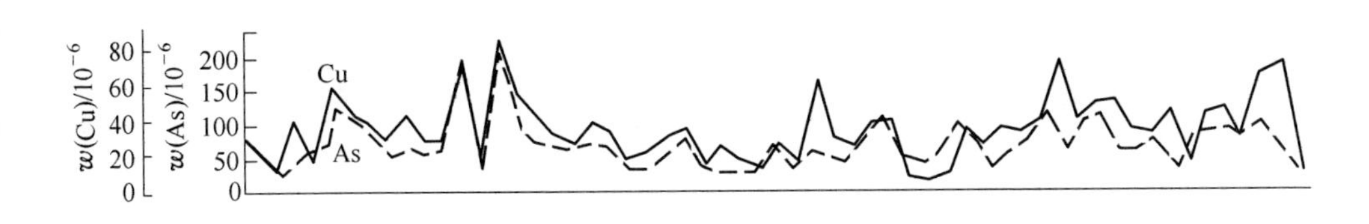

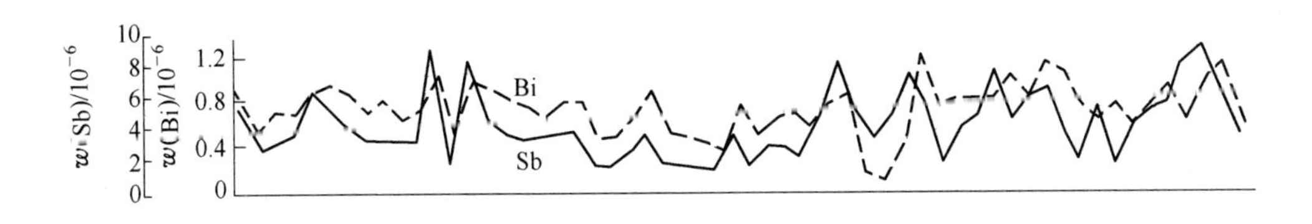

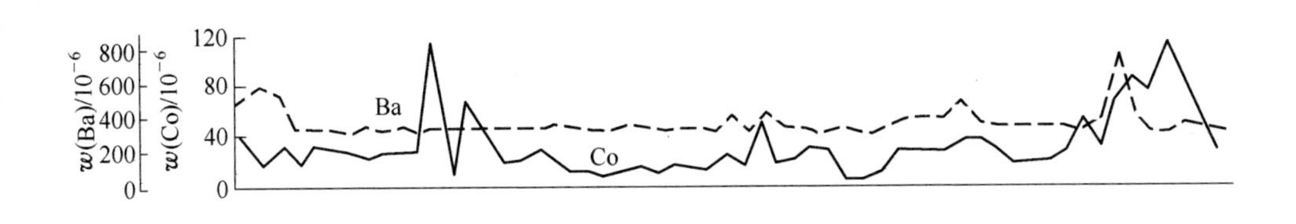

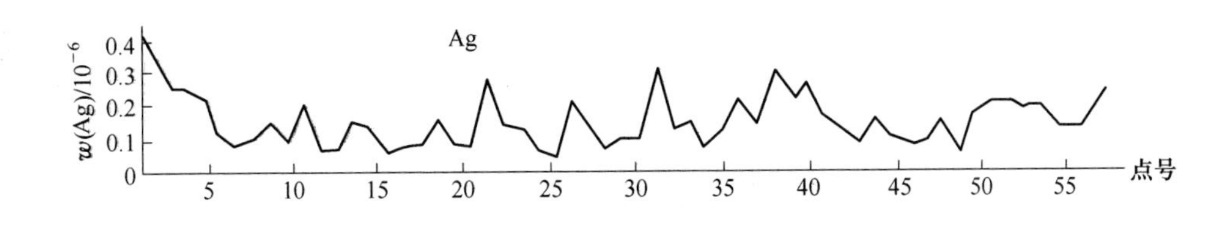

图 7-34 老虎冲矿区 18 线次生晕剖面

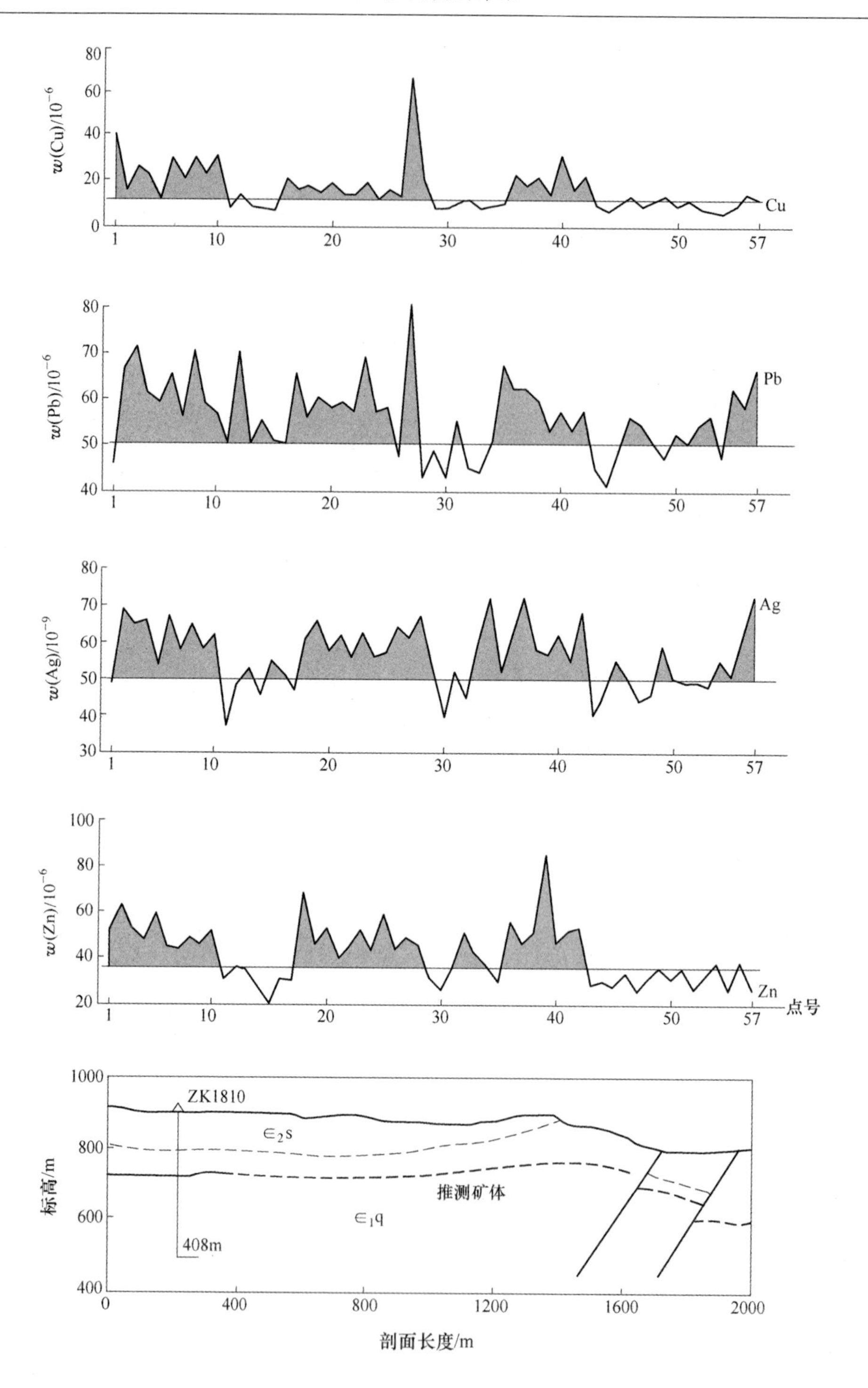

图 7-35　老虎冲矿区 18 线电吸附剖面

综上所述，未知 18 线剖面深部矿化层分布较稳定，埋深在 100~250m 之间，结合土壤电吸附、土壤次生晕、土壤吸附相态汞异常分布特征，推断在剖面测线 0~1400m 段深部矿化较强。在剖面测线 220m 处设计钻探验证。

7.4.3 钻探验证结果

在未知 18 线剖面测线 220m 处钻探验证结果在孔深 90~220m 段位含矿的浅灰色细粒白云灰岩层，见 3 层矿（化）体，第一矿化层在 98m 处，矿化体厚 1.6m，Zn 0.8%~1.36%；第二矿化层在 156m 处，矿化体厚 3.6m，Zn 0.8%~4.36%；第一矿化层在 198m 处，矿体厚 2.3m，Zn 1.2%~2.8%；说明方法在该矿区是有效的。

7.5 凡口铅锌矿区

7.5.1 地质简况

凡口铅锌矿区位于粤北曲仁上古生界断陷盆地北缘。区域性大断裂在粤北地区相当发育，控制了粤北地区中-大型矿床的产出。从构造线方向上看，即有东西向组、北东-北北东向组、南北向组及北西向组。凡口超大型铅锌矿床恰位于近东西向的临武-仁化基底大断裂带和近南北向的凡口-大宝山隐伏基底构造（成矿）带的交汇处。此外，北东向北江深大断裂和北西向的大义山-仁化大断裂及上述两大基底断裂的次级断裂对矿床的就位起了关键性的作用。近南北向的隐伏断裂在区内最为发育，生成于加里东期、海西期，控制了盆地的形成，在印支-燕山期再次活动，以逆断层为主，规模通常较大，与成矿关系密切。燕山后期及喜马拉雅期产生的大多为正断层，其中部分为前期断裂复活而成，形成断裂型凹陷红层盆地。近东西向的断裂以平移断层及正断层为主，一般规模较小，往往切断近南北向的断层。

矿区出露寒武系、泥盆系、石炭系、二叠系等地层。许多内生金属矿产大多赋存于上古生代地层里，其中，中泥盆统东岗岭组、上泥盆统天子岭组和下石炭统石磴子岭组的不纯碳酸盐岩是本区沉积改造型铅锌铜多金属矿床最主要的赋矿层位。区内构造复杂，褶皱、断裂构造发育，矿体产于一定层位，明显受断裂构造控制。

凡口矿区主要包括水草坪、铁石岭、富屋、凡口岭等四个矿床，其中水草坪和凡口岭矿床产于凡口倾伏向斜的西南翼，铁石岭和富屋矿床产于凡口倾伏向斜的北东翼。以水草坪矿床规模最大，其资源总量占已发现资源的 90%以上。

7.5.2　多种非常规地球化学方法剖面试验

针对凡口矿区运积物覆盖区，本书应用五种地球化学找矿方法集成：包括有根据成矿元素以可溶形式迁移，选择提取成矿金属离子的电吸附找矿法；根据金属矿床中烃类气体具有很强的穿透和迁移能力，选择烃气测量法。根据金属矿床伴生汞的转化迁移，控温测定吸附相态汞的热释汞法；根据矿体溶解物迁移转化结果，测定土壤水溶液的电导率法；根据金属矿床中放射性物质的迁移规律选择氡气测量法。这些方法主要为了解决覆盖区寻找隐伏矿床问题，使综合化探方法更加完善、优选评价，达到方法集成化。

根据矿区矿体分布及构造特征，布设 S-N 向 62 线和 E-W 向 212 线两个剖面，首先通过对不同典型环境中已知矿体上各种方法探测结果的对比，优化各种技术的技术参数，选择能相互取长补短的最优化技术组合。然后通过已知推未知，划定综合异常区。工作布置如图 7-36 所示。

7.5.2.1　多种方法在已知矿体上方的试验

根据地面各种物化探方法的测量、验证、效果评价，结合地质情况，在矿区 62 线和 212 线布设两个物化探测量综合剖面，进行综合研究和对比。

A　62 线已知矿上方的化探异常特征

62 线已知矿上方的化探异常特征见图 7-37。

（1）整体上看，已知矿上方化探异常高于无矿地段。

（2）电吸附指标在已知矿体 29～48 号测点上方，出现了呈锯齿状的电吸附 Cu、Pb、Zn 异常和较连续的 Ag 异常，并且其三个峰值点对应关系较好，与已知矿脉群位置上下吻合。

（3）烃类组分总含量高，在已知矿的上方，总烃 $\Sigma_{烃}$ 为背景值的 2～3 倍，异常发育明显，形成不对称对偶双峰式异常，且有双峰之间相对低值区与矿体的主要赋存部位或矿化富集地段相对应。

（4）Hg 出现连续高值异常区，显示峰值达 202ng/g，并与矿体的主要赋存部位相对应，氡气也在断层上方有一定体现。两者主要是构造的指示。

B　212 线已知矿上方化探异常规律

212 线已知矿上方化探异常规律见图 7-38。

（1）已知矿上方化探异常明显高于无矿地段。

（2）电吸附指标在已知矿体 49～74 号测点上方，显示一定强度的 Cu、Pb、Zn、Ag 元素组合异常，其中 Ag 异常最为发育，衬度值高。

（3）烃类组分异常形态相似，形成对称对偶双峰式异常，且有双峰之间相对低值区与矿体的主要赋存部位或矿化富集地段相对应。烃类组分异常范围较大，

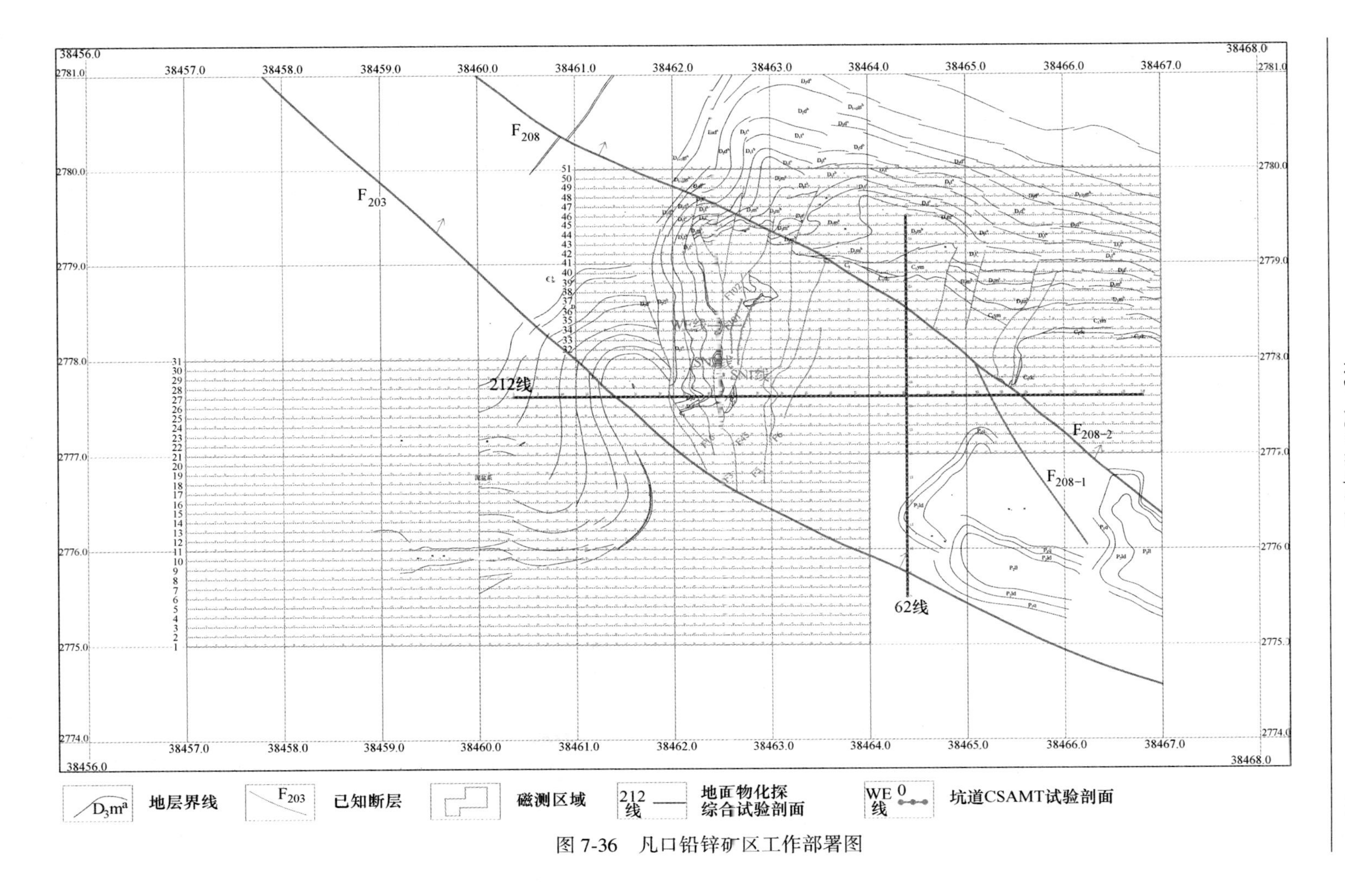

图 7-36 凡口铅锌矿区工作部署图

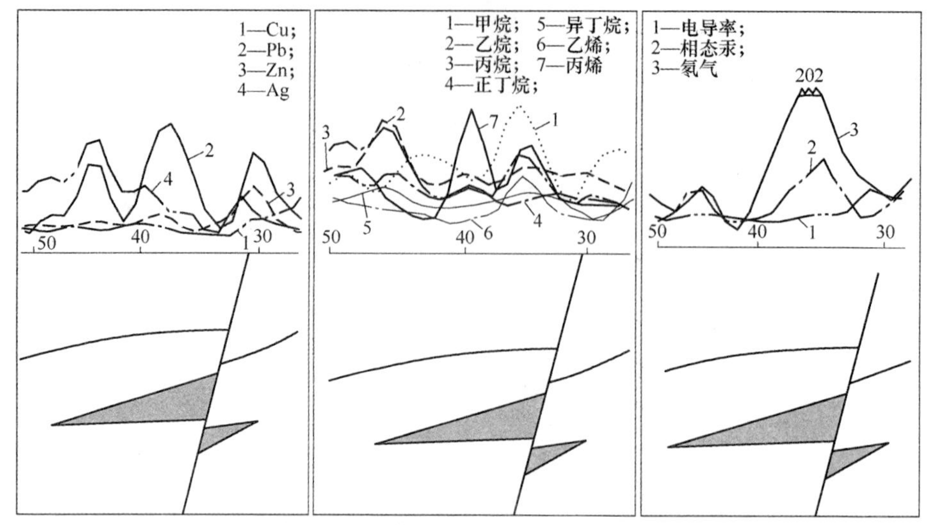

图 7-37　62 线已知矿上方化探异常分布

并且明显与铅锌矿化带具有相同或紧密相邻的空间对应关系。

（4）Hg 出现连续高值异常区，异常值平均为 800ng/g，指示构造断层对应的位置；电导率与氡气则显得比较平缓。

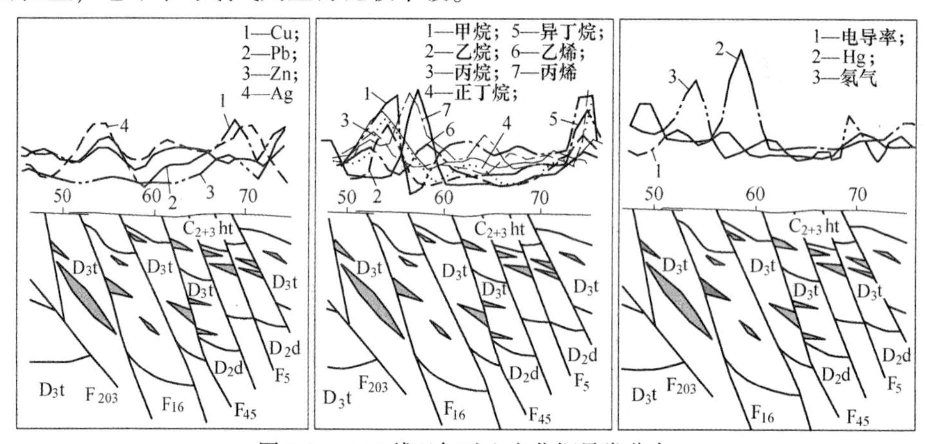

图 7-38　212 线已知矿上方化探异常分布

在靠近已知矿地段附近的无矿地段，对比已知矿的各个指标发育特点可知，多个指标含量线表现为低于背景值的低缓区，成矿元素 Cu、Pb、Zn、Ag 与其他活动态组分的异常特点均表现为低值异常。

7.5.2.2　剖面化探异常特征

A　62 线化探勘查技术方法研究

（1）电吸附法。62 号线为一条南北向的剖面线，穿过富屋矿床的已知矿体。

在已知矿体 29~48 号测点上方，出现了呈锯齿状的电吸附 Cu、Pb、Zn 异常和较连续的 Ag 异常，并且其三个峰值点对应关系较好，已知矿脉群位置上下吻合。根据已知矿体电吸附异常特征进行推测：1）推测在已知矿体的南侧 58~67 号测点下方，可能存在一处富 Cu、Pb、Zn、Ag 的盲矿体，其矿体受层控因素影响应向下倾伏。2）在南部 67~100 号测点之间，Cu 和 Ag 的异常明显值升高，Pb、Zn 异常值明显降低，推测在已知矿体南侧深部应该存在以 Cu 和 Ag 为主，Pb、Zn 为辅的矿化带。3）在已知矿体北侧 23~1 号测点之间 Pb、Zn 异常明显升高，而 Cu、Ag 异常明显下降，推测在已知矿体北侧浅部应存在以 Pb、Zn 为主，Cu、Ag 为辅的矿化带。由此可综合推断为：本剖面线金属元素自南向北、自下而上出现 Cu-Ag-Zn-Pb 金属分带现象（见图 7-39）。

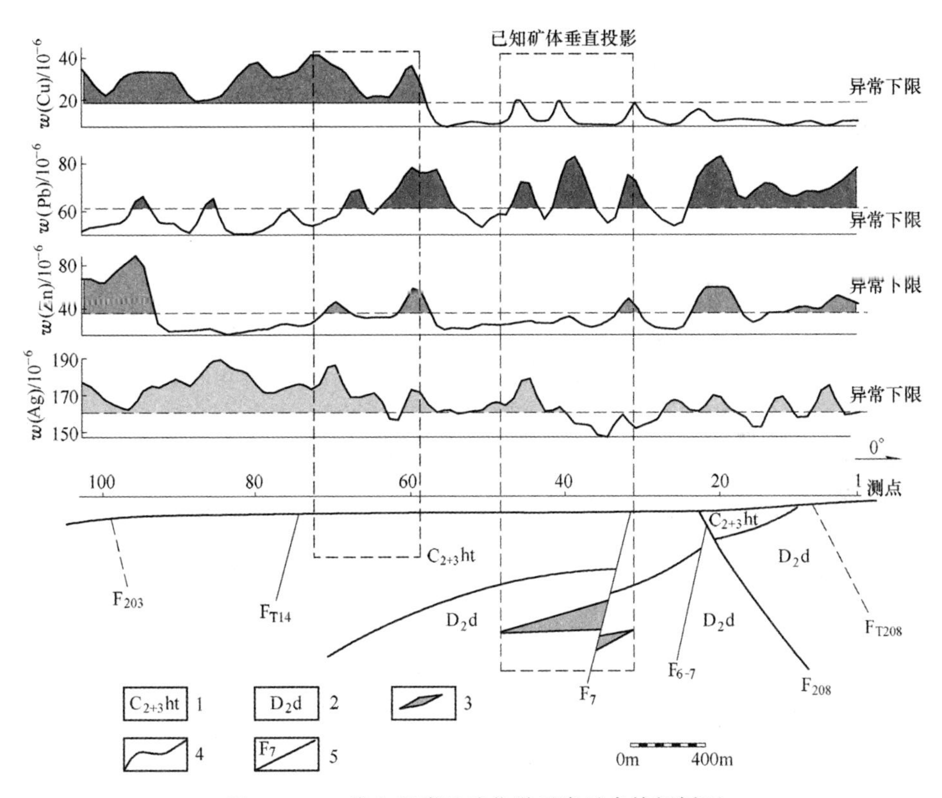

图 7-39　62 线电吸附地球化学元素异常特征剖面

1—壶天群：白云岩、白云质灰岩；2—东岗岭组：泥质页岩、粉砂岩夹白云岩、白云质灰岩；3—矿体；4—地层界线；5—断层及编号

（2）烃气测量法。在已知矿 30~48 号测点上方，烃类组分显示相对较弱的组合异常，各个指标形成两侧凸起的双峰异常，显示了烃类指标与已知矿体有一定的相关吻合。在未知矿区 62~78 号测点上方，烃类组分均有峰值，总烃值高，

各指标异常的分布特征非常类似，组分叠合度极高，具有重要的找矿指示意义。另外，未知矿区 1～17 号测点上方也有吻合较好的烃类组分组合异常（见图 7-40）。

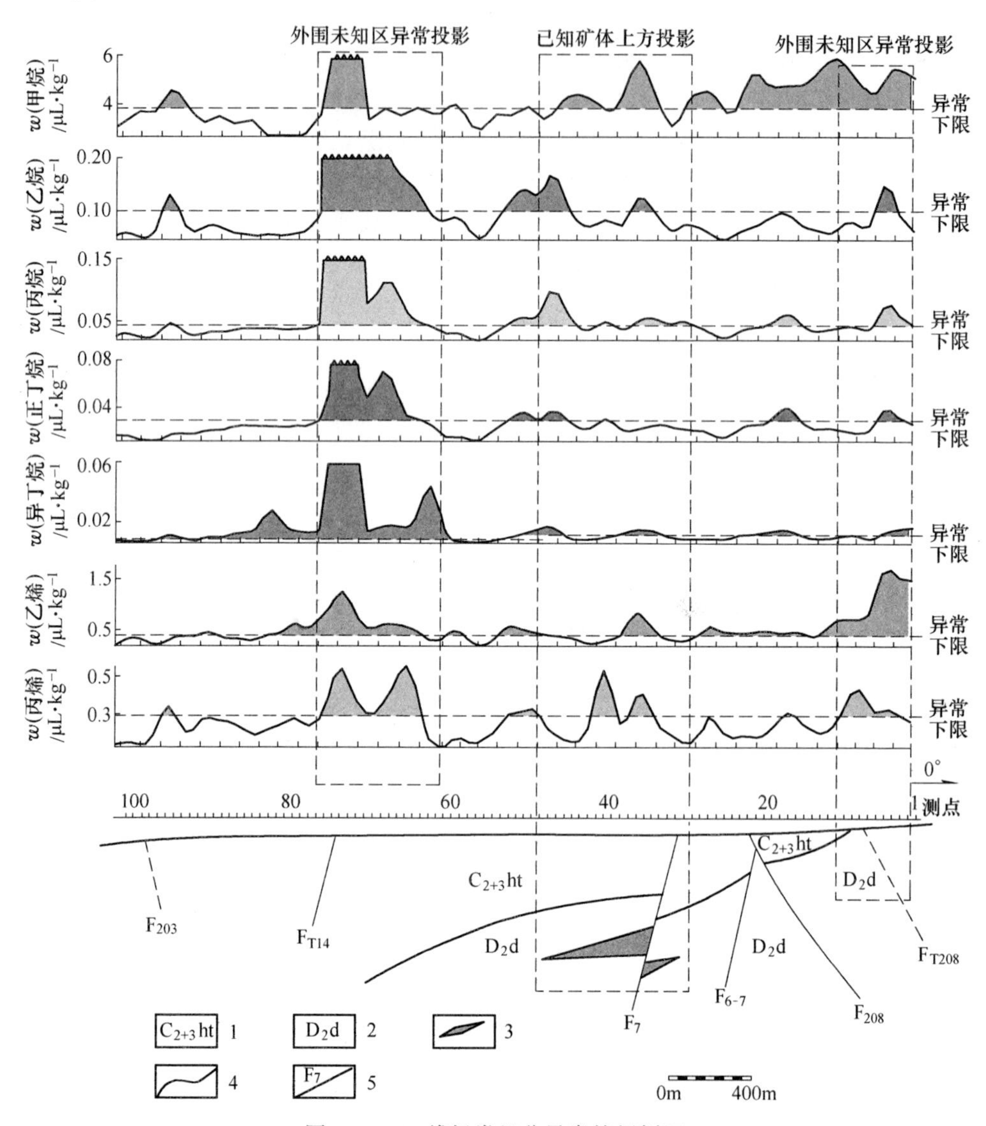

图 7-40　62 线烃类组分异常特征剖面

1—壶天群：白云岩、白云质灰岩；2—东岗岭组：泥质页岩、粉砂岩夹白云岩、白云质灰岩；3—矿体；4—地层界线；5—断层及编号

（3）汞气测量法、土壤电导率法。在已知矿 29～48 号测点上方，仅 Hg 元素能较好地反映，Hg 含量有较高的峰值，而电导率（κ）异常显示微弱，规律性不明显（见图 7-41）。

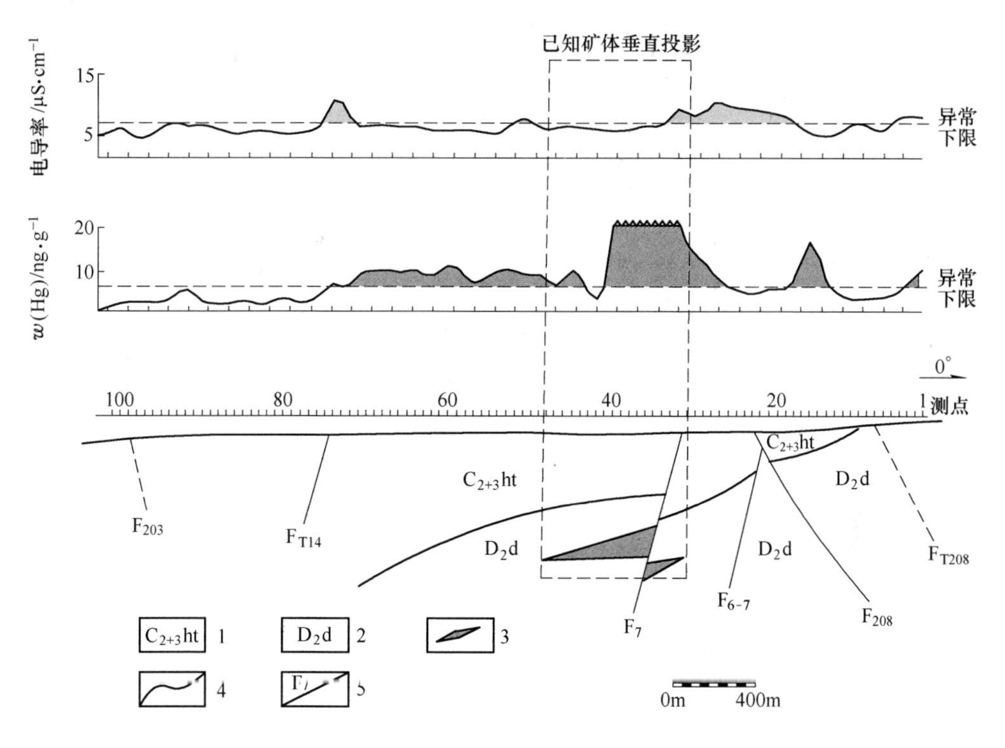

图 7-41　62 线汞气、土壤电导率异常特征剖面

1—壶天群：白云岩、白云质灰岩；2—东岗岭组：泥质页岩、粉砂岩夹白云岩、白云质灰岩；3—矿体；4—地层界线；5—断层及编号

B　212 线化探勘查技术方法研究

（1）电吸附法。212 线为一条东西向剖面线，横穿水草坪矿床和铁石岭矿床。在已知矿体 49~74 号测点上方，电吸附显示一定强度的 Cu、Pb、Zn、Ag 元素组合异常，元素叠合性好，与已知矿脉群位置上下吻合。其中 Ag 异常最为发育，衬度值高；在未知矿区 120~135 号，Cu、Pb、Zn、Ag 元素组合也比较发育，显示出高含量特征，各元素叠合性好，指示一定找矿意义。在铁石岭矿床附近的 145~160 点位间 Cu、Zn 元素异常值高，推测此处深部发育 Cu 矿化带。在已知矿体西侧 1~9 号测点上方，电吸附显示微弱的 Cu、Pb、Zn、Ag 元素组合异常，该异常可能与地球物理测量推测的基底大断裂 FT203 有关。

根据南北向展布的 62 线和东西向展布的 212 线，推断受 F3、F5、F101、F103 和 F45 断裂带控制已知矿体呈 NW 向展布，推测铁石岭矿床及其南部的深部存在 Cu 或 Ag 矿体，水草坪矿床为原生 Pb、Zn 矿集中区，凡口岭和富屋矿床应为氧化矿集中分布区（见图 7-42）。

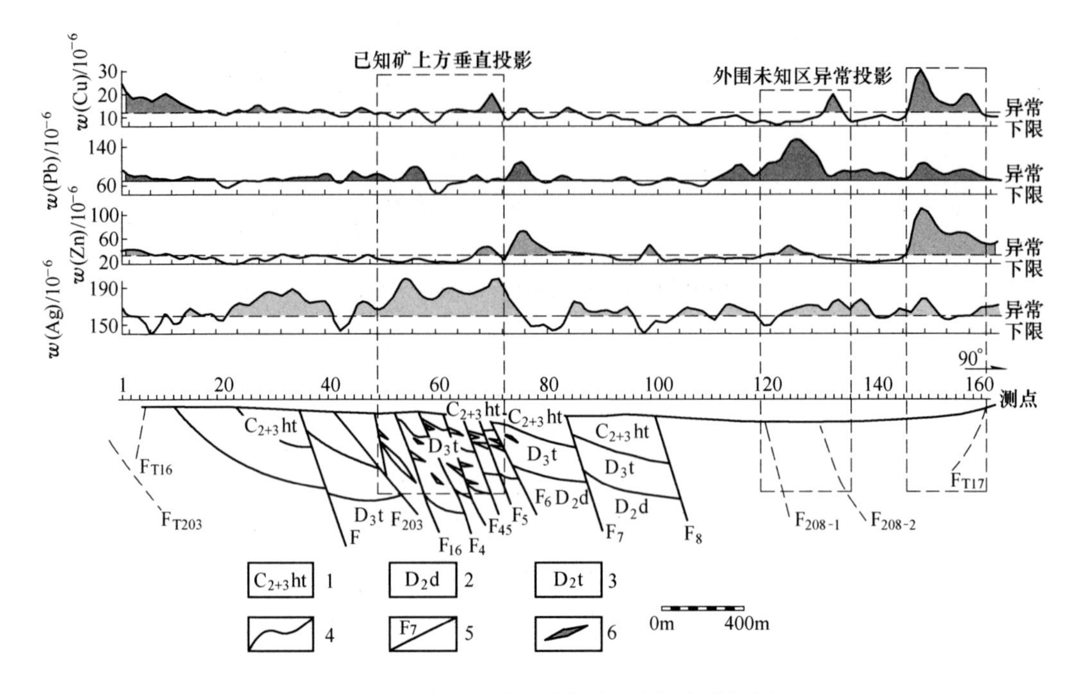

图 7-42　212 线电吸附地球化学元素异常特征剖面

1—壶天群：白云岩、白云质灰岩地层；2—东岗岭组：泥质页岩、粉砂岩夹白云岩、白云质灰岩；3—天子岭组：鲕状灰岩、鲕粒瘤状灰岩夹泥灰岩；4—地层界线；5—断层及编号；6—矿体

（2）烃气测量法。在已知矿体 48~75 号测点上方，烃类组分显示较好的组合异常，烃类组分均有峰值，总烃值高，各组分异常分布特征类似，套合性好，各个指标形成对称的双峰异常，显示了烃类指标与已知矿体相对应的吻合度高。在未知矿区 121~156 号测点上方，烃类指标异常的分布特征也非常类似，各组分叠合度高，且甲烷、丙烯有较高的浓集，也具有重要的找矿指示意义（见图 7-43）。

（3）汞气测量法、土壤电导率法。在已知矿 29~48 号测点上方，Hg、电导率（κ）均显示一定的异常强度，但异常位置相对有所侧移，异常形态与已知矿体的展布也不尽吻合。在未知矿区 106~136 号测点上方，Hg、电导率（κ）异常显示比较强，尤其是 Hg 指标，相比已知矿体上方异常更为发育，显示很高的峰值。这两个指标分布位置大致一致，宏观上单个异常位置发生侧移，但各指标之间有一定的叠合度，具有一定的找矿指示参考意义（见图 7-44）。

以上的两种方法效果之中，汞气异常显示了其与已知矿体吻合度较高的效果，而电导率（κ）异常较微弱。

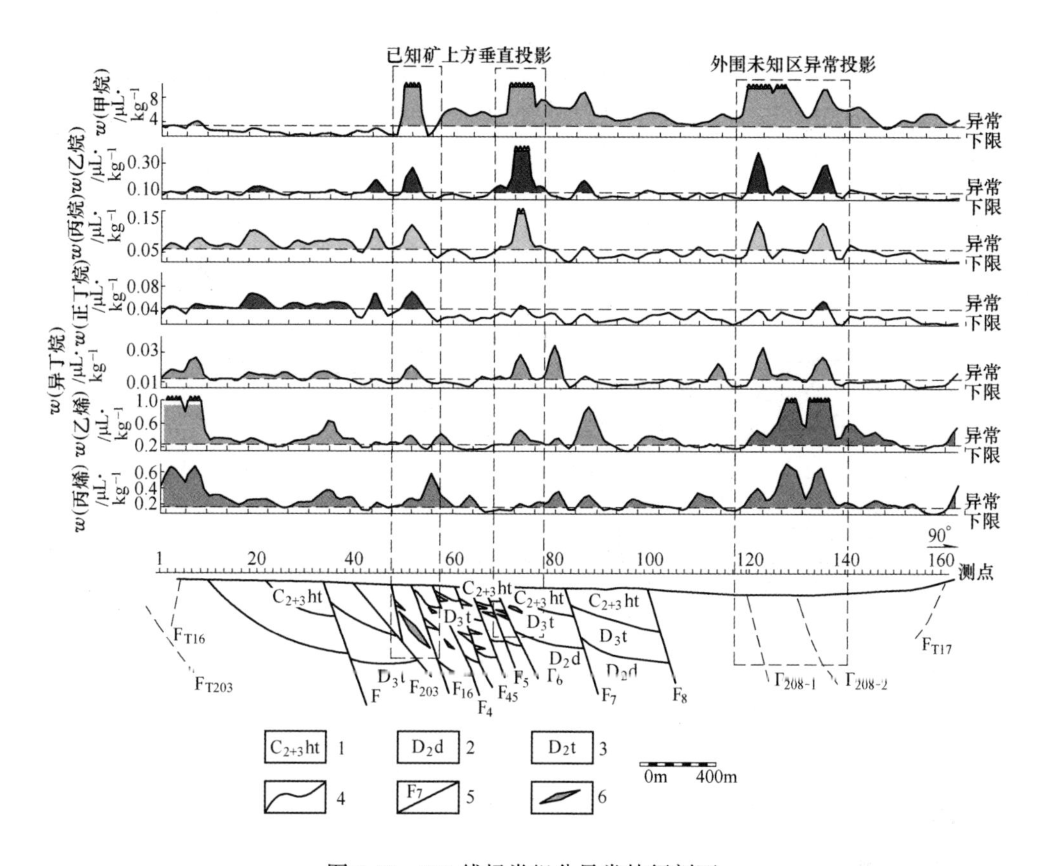

图 7-43 212 线烃类组分异常特征剖面

1—壶天群：白云岩、白云质灰岩地层；2—东岗岭组：泥质页岩、粉砂岩夹白云岩、白云质灰岩；3—天子岭组：鲕状灰岩、鲕粒瘤状灰岩夹泥灰岩；4—地层界线；5—断层及编号；6—矿体

7.5.3 化探方法评述

7.5.3.1 电吸附方法评述

电吸附方法表明，其所测定的四项指标 Cu、Pb、Zn、Ag 元素总体异常较发育，在已知矿体上方具有明显的峰值异常特征。并且四项指标的异常套合度较好。

结合现矿区实际开发情况分析，在已发现的 4 个矿床中，水草坪矿床为铅锌矿的主要开采对象，虽对铁石岭矿床认识不够，但发现比水草坪矿床具有富铅、富铜、富银的特点，尤其是发现了单独的铜矿体，这与电吸附推测的 62 线南部和 212 线东部具有发现铜矿或银矿的潜力的推测是一致的。在凡口岭和富屋矿床

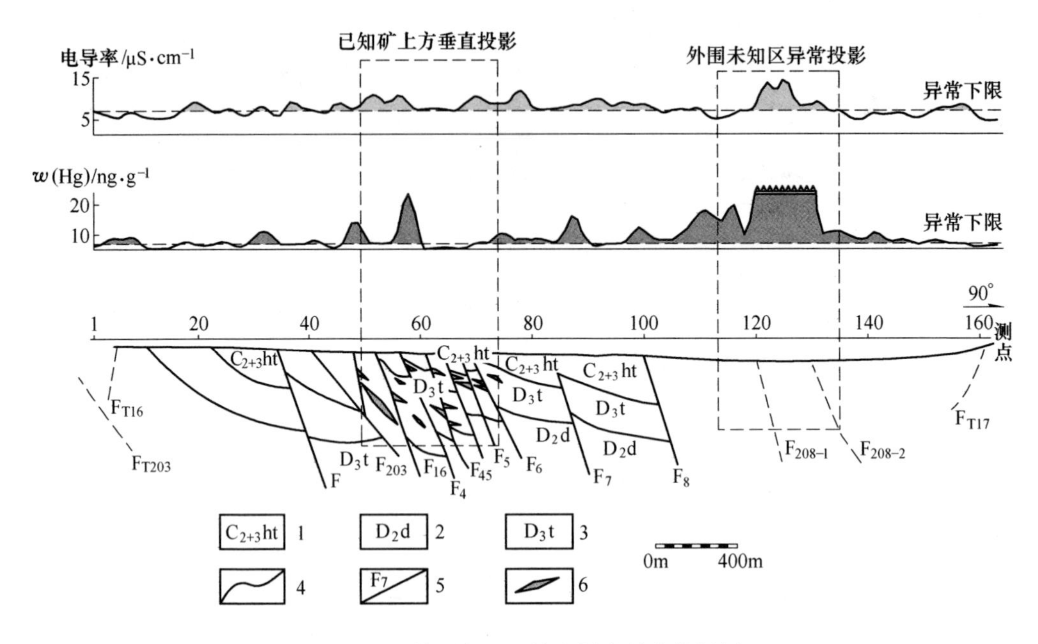

图 7-44　212 线汞气、土壤电导率异常特征剖面

1—壶天群：白云岩、白云质灰岩地层；2—东岗岭组：泥质页岩、粉砂岩夹白云岩、白云质灰岩

3—天子岭组：鲕状灰岩、鲕粒瘤状灰岩夹泥灰岩；4—地层界线；5—断层及编号；6—矿体

地表见铁帽，仅有一些埋深浅小矿脉，以粉状铅锌矿为主，这与 62 线推测北侧存在 Pb、Zn 矿化带一致。

7.5.3.2　有机烃方法评述

有机质在矿床中的作用是十分复杂的，它与金属矿床的最初富集、运移、沉积成岩作用等各个环节都有着密切的关系。以上的研究表明，凡口铅锌矿中有机质在金属的成矿作用过程中起到了重要的作用。

中、晚泥盆世凡口海盆内海生生物极其繁茂，尤其是藻类植物空前发育。自然界许多生物具有通过生物化学作用向周围环境吸取某些金属元素的能力，并形成其体内某种机体以维持生命，草莓状黄铁矿的存在就是很好的证明，草莓状黄铁矿的存在是生物-有机质在沉积作用早期参与成矿作用的重要标志。

有机质在成矿热液的作用下发生热裂解和热变质，其裂解产生的甲烷和新生成的干酪根等有机化合物作为还原剂，使硫酸根还原成硫化氢，还原生成的硫化氢进一步与成矿金属离子反应生成金属硫化物沉淀，并最终富集成矿。

在热液作用期，大量含矿酸性热液流体从古深海底岩层缝隙喷溢，含有成矿元素的卤水流体因海潮作用向浅海扩散，使海水毒化，造成海洋中古水生生物大量死亡，当这些生物腐烂后形成有机质中的羧基、羟基、羰基、胺基等直接与成矿金属元素作用形成溶解度和热稳定性较大的有机配合物或螯合物，如醋酸铅 $Pb(CH\text{-}COO)_2$、乳酸-Zn、苯醌-Zn、氨基酸-Zn 等配合物，这些配合物的生成大大促进成矿金属元素的活化与迁移，从而使成矿元素富集起来。

以上特征表明，凡口矿区内成矿过程中确实存在有机质的参与，铅锌多金属的有机配离子可能是区内成矿物质在热液中得以大规模活化转移和富集成矿的重要形式之一，作为有机质衍化产物的烃类气体是其成矿过程中的重要伴生气体组分。同时，由于烃类气体具有很低的沸点和很高的蒸气压，使其具有很强的穿透和迁移能力，它们在区内伴随成矿物质就位析出富集的过程中，在浓度与压力差的驱动下由矿化体向外逐渐渗透和扩散运移，穿过巨厚盖层在矿化体的上方和周围围岩形成一个保留至今的以矿体为中心的烃类晕异常峰。因此，利用烃气测量技术在本区开展深部找矿评价是可行的，且烃类组分异常可作为本区找矿预测的重要指示标志。

7.5.3.3 汞气、土壤电导率方法评述

土壤电导率找矿法与电吸附找矿法所测定的电性物质是一致的，都是带电离子，只是电吸附测得的是离子在介质中的富集含量，而电导率则是测得离子在溶液中的电性强弱，各种元素组分被迁移进入土壤层后，使得岩石和土壤中原有的物化参数发生变化。因此，电导率异常应是多种离子成晕的产物，也是一个示矿信息较强的物理化学综合指标。利用测定土壤水溶液的电导率（κ）来发现矿体研究表明，电导率的形成机理不是简单的宏观原电池的作用，而是一个近似于盐晕形成机理的比较复杂的过程。矿体物质将在多种因素的作用下发生溶解，其周围为强矿化水。这种水由于离子浓度高和矿体溶解时形成 H^+ 或 OH^-，而在矿体附近形成电导率异常。

同样，凡口盆地处于一个地球化学障的环境之中，地球化学还原障的建立，是导致成矿元素富集就位的主要因素。并且，因为地球化学障的存在，使得活动组分（带电离子）无法穿过上方的厚覆盖层到达地表形成对应的地球化学异常，也就无法形成明显的土壤电导率异常。

凡口汞气测量异常研究则表明，低温热液矿床中汞元素含量比高温热液矿床高，且硫化物矿床中汞含量高于非硫化物矿床，含汞溶液易在构造通道中迁移，近地表易被围岩、土壤吸附，如黏土、锰质胶体和有机质所吸附，并形成土壤汞气异常。由此可见，研究土壤中汞元素含量分布情况可以为寻找硫化物矿体提供间接证据。由于汞元素能以气体形式在裂隙、断裂中进行迁移，因此汞元素分布可以作为寻找断裂或含矿构造的重要依据。

凡口铅锌矿伴生了汞矿产，特别是与同生断裂控制有关的铅锌矿床（主要是

锌），汞常常与铅锌呈相近正相关。另外，汞气组分不受地球化学障的影响，可穿越地球化学障和厚覆盖层到达地表形成清晰的汞异常，对指示断裂构造控制的铅锌矿体、汞矿体有很重要的意义。

7.6　个旧超大型锡铜多金属矿集区

7.6.1　地质简况

个旧超大型锡铜多金属矿集区是滇东南成矿带上最主要的成矿区之一，隶属云南省个旧市管辖。矿集区面积约 1700km^2，是一个以 Sn 为主，同时伴生有 Cu、Pb、Zn、W、Ag、Bi、In 等 20 多种有色及稀有金属矿产资源的聚集地。其西面、西北面以南盘江断裂的南延部分为界，东侧以甲介山断裂为界，紧邻蒙自断陷盆地，南面以北西向的红河深断裂为界与哀牢山壳块毗邻，中部则由南北向的个旧深大断裂将个旧矿集区分割为东西成矿特征明显不同的两个部分，已知的区内各大型、超大型矿床均分布在个旧东区。

在个旧东区内，以碳酸盐岩类为主的沉积岩系厚度巨大，褶皱、断裂构造发育，印支期海相火山活动及燕山中晚期花岗岩浆侵入活动频繁、强烈，锡铜多金属矿床明显受到时空、岩浆岩、地层、构造条件等的控制。区内矿产储量巨大、多金属矿床类型繁多，自北向南依次有马拉格、松树脚、高松、老厂以及卡房五大锡铜多金属矿田（见图 7-45）。

个旧矿集区的构造形迹主要为断裂及褶皱，尤其断裂构造特别发育，围绕个旧西区岩浆岩大杂岩体四周分布。在东区则以南北走向的个旧断裂、甲介山断裂与其所夹持的近东西向构造交汇而呈现似梯子格状。多组构造的叠加、复合，不仅构成了个旧地区网状构造格架，同时也控制了本区矿产资源的分布。发育在东区的五子山复式背斜及其次级褶皱与北东向、近东西向断裂相互配置及其与花岗岩、有利地层的交割关系等，不但为深部岩浆侵位提供了有利空间及成矿作用集中的场所，并对矿田、矿床以至矿体起到了具体的定位作用，个旧东区绝大部分矿床基本上均产于这些有利部位。如东区的几个主要大型矿田基本沿五子山复背斜轴部分布，并限制在南北向与近东西向构造交汇而成的“梯子格”内。

个旧矿集区是一个多期次、多旋回的岩浆活动中心。按时间顺序可分为海西旋回、印支旋回和燕山旋回，前两旋回以火山喷发-喷溢为主，燕山旋回以酸性-碱性岩浆侵入活动为主。海西旋回的火山岩包括石炭纪和二叠纪火山岩，其中二叠纪火山岩沿个旧矿区北、西、西南边缘环绕矿区分布；印支旋回火山岩分布于中三叠统地层层位，由早到晚可分为三期，即安尼期、拉丁早期和拉丁晚期-诺利克期，构成三条北东向火山岩带分布于矿区东南；燕山旋回以酸性岩、碱性岩为主，构成了出露面积约 320km^2 的等轴状杂岩体，分布于矿区中央。上述各期

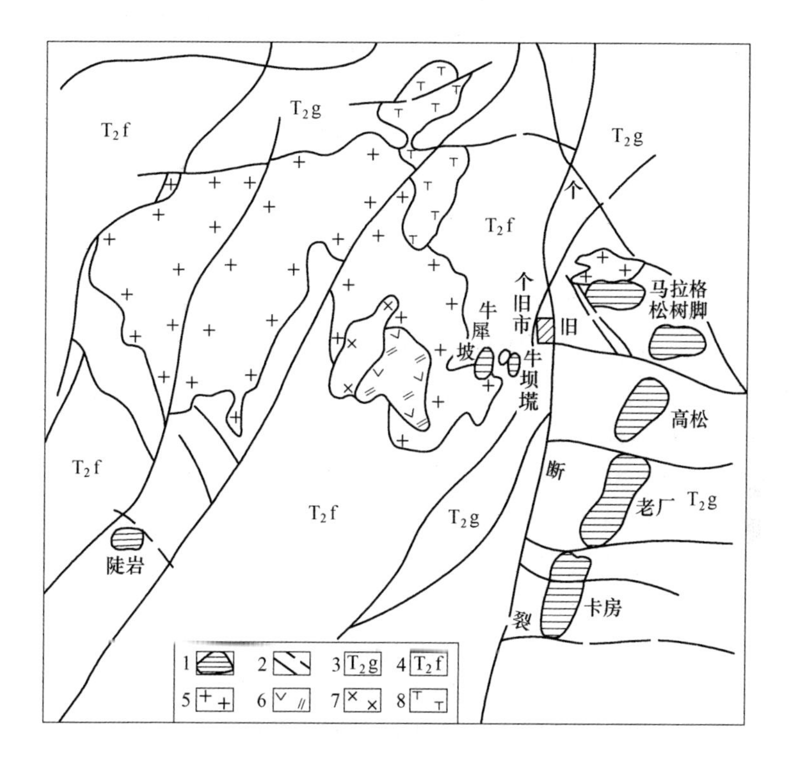

图 7-45 个旧矿集区主要矿田空间分布

1—主要矿田；2—矿区主要断裂；3—中三叠系个旧组；4—中三叠系法郎组；
5—花岗岩体；6—二长岩；7—辉长岩；8—碱性岩

岩浆活动，以印支期基性火山喷溢和燕山期花岗岩浆侵入活动与成矿关系最为密切。

在个旧矿集区内，出露的地层以三叠系为主，其中，中三叠统个旧组地层是区内主要赋矿层位。中生界以下的地层多出露于区域外围，仅在区域的西北及西南部有少量二叠系火山岩系分布。

7.6.2 个旧矿集区已知矿体上的化探方法有效性试验

在个旧矿集区已知矿体上方针对层间热液氧化矿床和矽卡岩型矿床运用烃类组分、微量元素、电吸附等深穿透化探方法进行方法有效性试验。

7.6.2.1 烃类组分、微量元素的有效性试验

各烃类组分在个旧松树脚矿床不同地质体中的含量变化特征见表 7-2。烃类组分在不同地质体中的变化规律如下。

表 7-2　各烃类组分在个旧松树脚矿床不同地质体中的含量　　(μL/kg)

地质体	CH_4	C_2H_6	C_3H_8	iC_4H_{10}	nC_4H_{10}	C_2H_4	C_3H_6	Hg
硫化物型矿体（4）	39.2	2.52	0.90	0.09	0.26	3.72	1.65	5.3
氧化型矿体（17）	487.9	2.17	0.57	0.09	0.14	1.67	5.54	13.3
矽卡岩型矿体（3）	49.9	4.46	2.04	0.19	0.71	6.35	4.85	4.29
强蚀变围岩（8）	41.4	1.08	0.47	0.09	0.12	1.63	1.79	8.04
弱蚀变围岩（10）	18.9	0.84	0.38	0.07	0.10	1.59	1.53	8.99
花岗岩（1）	69.9	7.66	2.57	0.13	0.90	9.20	6.63	3.94

（1）就轻烃甲烷而言，其含量具有由氧化型矿体→花岗岩→矽卡岩型矿体→强蚀变围岩→硫化物型矿体→弱蚀变围岩逐渐降低的变化规律，其中，氧化型矿体明显高于其他地质体。

（2）就重烃组分和烯烃而言，具有花岗岩明显高于其他地质体的变化特征。在矿体与围岩之间，亦具有由矿体→强蚀变围岩→弱蚀变围岩逐渐降低的变化规律。

（3）吸附相态汞则具有氧化型矿体和蚀变围岩较高，硫化物型矿体、矽卡岩型矿体和花岗岩中较低的变化特征。

通过在不同类型原生锡多金属矿（如代表层间热液矿床类型的松矿 10 号矿体的 1630 和 1720 中段；代表花岗岩接触带矽卡岩矿床类型的高松矿田 1800 中段 4 支 1 穿）上的方法有效性试验证明：有机烃指标和微量元素在矿体上异常明显，并且不同类型矿体上各指标元素的异常形态和组合规律具有不同特征。

A　层间热液氧化矿床（以松树脚矿田 10 号矿体 1630 和 1720 中段为例）

松树脚矿田 10 号矿体 1630 中段，从图 7-46 和表 7-3 看出：

（1）综合矿化指数 K_1 和 K_2 在矿体上异常明显、异常强度高（分别是围岩的 16.5 倍和 8 倍），两者的异常与矿体位置相对应，综合矿化指数 K_1 的异常范围（12~27）大于 K_2 的异常范围（12~25），说明不同期次矿化的范围和叠加空间的差异。

（2）伴生元素：As、Hg 和综合矿化指数相似，异常与矿体位置相对应，矿体上异常很发育（分别是围岩的 30 倍和 7.2 倍），说明深部矿体规模大，取样所在位置处在矿体头部，矿体在下部还应有很大的延伸。

（3）有机烃组分：轻烃在矿体上异常明显、异常强度高，其富集系数为 14（富集系数=异常平均值/围岩平均值），与矿体位置对应好，而且高值异常出现在围岩与矿体的交界部位。重烃在矿体与围岩交界处虽也有显示，但异常不明显（富集系数 1.1）。轻烃/重烃是烃指标来源和分异特征的直观表现，从图中可以看出轻烃/重烃在矿体上异常非常明显（富集系数为 13.7）、异常强度高，轻重烃组分分异明显，矿体中烃指标明显偏“轻”，说明成矿热液运移距离远，这也预示深部成矿的空间和范围较大。

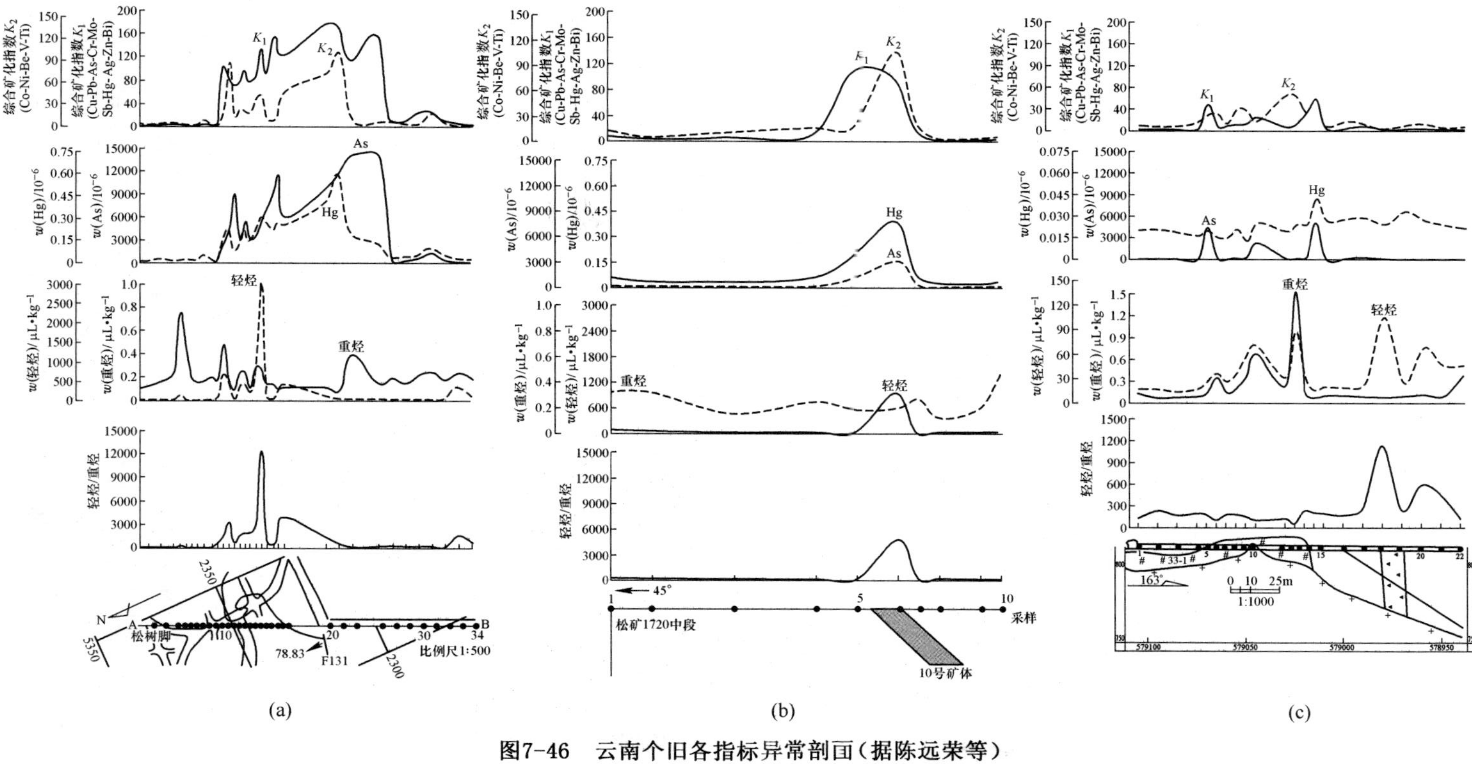

图7-46 云南个旧各指标异常剖面（据陈远荣等）

（a）松树脚矿田10号矿体1630中段；（b）松树脚矿田10号矿体1720中段；（c）高松矿田1800中段4支1穿

表 7-3　个旧不同类型锡矿各指标特征对比统计

元素和指标		层间氧化矿			接触带矽卡岩矿			背景围岩特征对比
		矿体异常平均值	围岩平均值	富集系数	矿体异常平均值	围岩平均值	富集系数	氧化矿围岩/矽卡矿围岩
有机烃	轻烃	549.4	39.23	14	5.9	4.5	1.3	1.42
	重烃	0.313	0.316	1.1	0.71	0.19	3.64	1.63
	轻重比值	144.1	20.1	7.2	18.8	18.1	1.04	1.11
综合矿化指数 K_1		115.4	7	16.5	22.4	3.1	7.26	2.25
综合矿化指数 K_2		37.8	4.7	8.02	29	7.1	4.1	0.66
Hg		0.231	0.032	7.22	0.022	0.023	1	1.31
As		7603	255.6	29.7	176.4	42.4	4.2	1.58
特征归纳		矿体的成矿元素富集系数高，矿体前缘晕指标和矿头晕指标异常发育，分带明显，轻重烃分异明显，显示成矿热液来源深部并迁移距离远，说明深部矿体规模和成矿潜力很大			矿体富集系数低于氧化矿，矿体前缘晕指标和矿头晕指标异常不发育，轻重烃组分异不明显，说明成矿热液来源较近而没能出现运移分异现象，成矿热液已演化到晚期阶段，为成矿空间的底部位置。可见其深部矿体规模和成矿潜力不大			各元素指标平均值差异不大

松树脚矿田 10 号矿体 1720 和 1630 中段属同一矿体的不同中段，并且垂向距离相差不远，所以其各元素指标具有相似的化探异常特征和组合规律（见图 7-46）。

B　花岗岩接触带矽卡岩类型的矿床（以高松矿田 1800 中段 4 支 1 穿为例）

从图 7-46 可以看出：

(1) 综合矿化指数 K_1 和 K_2 在矿体上异常明显（富集系数分别是 7.3 和 4.1），异常与矿体位置相对应（5~14 号点）。

(2) 矿体的轻烃指标在矿体上有弱异常显示，并与矿体位置相对应，但其异常强度（富集系数仅为 1.4）远不如松树脚矿田 10 号矿体 1630 和 1720 中段的轻烃异常明显；而重烃指标表现为明显异常（富集系数为 3.6）；从代表烃指标分异特征的轻烃重烃比值看，矿体上无异常显示，说明轻重烃组分没有明显分异现象。

(3) 作为矿前晕的 Hg 在矿体上无异常显示，仅在薄层氧化矿的 14 号点上有弱显示。几乎没有异常显示（富集系数为 1）。As 在矿体上异常明显，并且高值异常出现在矿体边沿与围岩和花岗岩体接触部位，其富集系数为 4.2。

通过表 7-3 还可看出：两种类型矿体围岩各元素指标平均值差异不大，但两种类型矿体的异常平均值差异较大，各元素指标氧化矿明显高于矽卡岩型矿（综合矿化指数：4.26 倍；As：43 倍，Hg：10.5 倍;）而重烃却低于矽卡岩型矿（为 0.5 倍）。

通过在松树脚矿田 10 号矿体（层间氧化矿）的 1630 和 1720 中段以及高松矿田 1800 中段 4 支 1 穿（接触带矽卡岩型矿）不同类型矿体的实际化探工作，说明有机烃结合微量元素的化探方法有效并且对矿体反映良好，并且在不同类型的矿体及其围岩上，各元素指标具有不同的异常特征和组合规律，为今后进一步研究物质来源和成矿规律打下基础。

7.6.2.2 电吸附方法的有效性试验

A 松树脚矿田 10 号矿体 1630 中段电吸附特征

从图 7-47 看出：主成矿元素 Sn 在矿体上方异常明显、异常形态分明，异常主要集中在 10~24 号点之间，分布位置与矿体矿化基本吻合。伴生元素：Cu 与 Sn 异常形态一致分布位置也相同，而 Zn、Pb 在矿体上方异常明显、异常差异度较 Sn、Cu 要小，异常主要集中在 7~24 号点之间，分布位置与矿体矿化基本吻合。异常范围比矿体揭露位置相对要宽，且矿体上异常峰谷差异明显，推测深部具有较大的工业矿体。

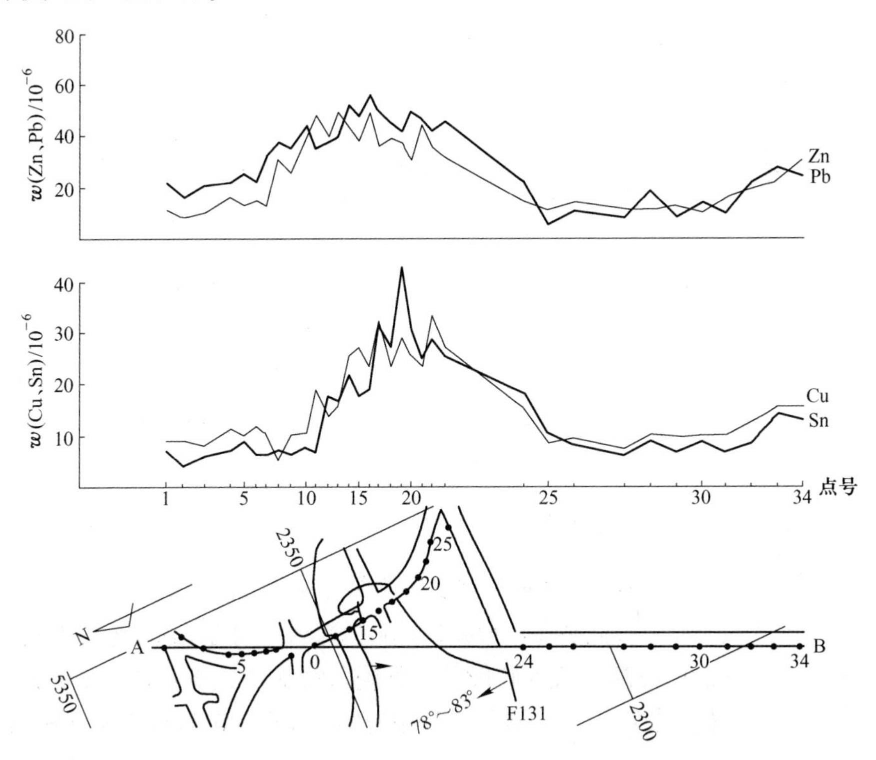

图 7-47 松树脚矿田 10 号矿体 1630 中段电吸附异常

B　高松矿田1800中段4支1穿和33号矿体电吸附特征

从图7-48看出：主成矿元素Sn在矿体上方异常明显、异常形态分明，异常主要集中在1~16号点之间，呈高背景多峰异常，分布位置与矿体矿化基本吻合。伴生元素：Cu、Zn、Pb在矿体上方异常明显，异常也主要集中在1~15号点之间，分布位置与矿体投影位置基本吻合。异常在矿体揭露位置和覆盖位置均相对高出背景，在矿体揭露处异常峰谷差异明显，在隐伏矿上则呈高背景特征。

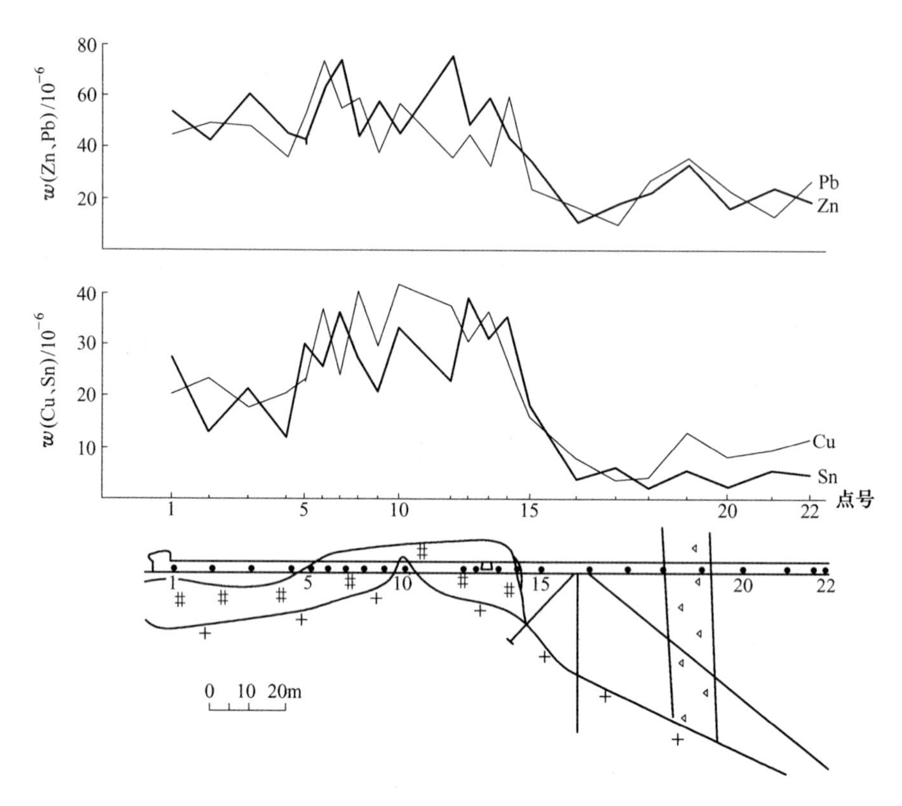

图7-48　高松矿田1800中段4支1穿和33号矿体电吸附异常

7.6.2.3　有效性试验评价

综合前述内容可将不同类型的矿体各元素指标异常特征概括如下：

（1）层间氧化矿。代表主成矿元素的矿化指数 K_1 和代表深部来源矿化指数 K_2 在矿体上都异常强度高，表示矿化好、规模大的矿体是多来源、多期次的叠加成矿作用的结果。高轻烃、弱重烃，烃组分偏“轻”；矿体前缘晕元素Hg和矿头晕元素As异常强度高。

（2）矽卡岩型矿。两类综合矿化指数 K_1、K_2 以及矿头晕元素 As 在矿体上都有异常显示，但异常较弱。矿体前缘晕元素 Hg 无异常显示；有机烃指标表现为弱轻烃，高重烃异常，矿体与围岩的轻重烃组分比值无差异。属于矿体前缘晕的 Hg 和有机烃指标出现无异常或显示弱异常的现象，恰好反映了矽卡岩型硫化物矿体处在成矿热液演化的晚期，并在空间位置上处于底部的事实。

可见上述指标对矿体的规模大小，成因和矿化类型具有客观的反映，深部隐伏矿体的成矿特征与综合矿化指数、Hg、As、轻烃、重烃、轻烃重烃比值等指标有着密切联系。在不同类型矿体上各指标表现出不同的异常特征和组合规律，可作为成矿作用和矿化类型的重要评价依据。对是否存在隐伏矿体的推测和评价标准，一方面要考虑综合矿化指数、Hg、As、轻烃、重烃、轻烃重烃比值等指标元素是否具有好的异常显示，另一方面还要看各异常的形态和空间展布位置上的对应配比关系。

（3）电吸附方法不管是在层间氧化矿还是矽卡岩型矿，主成矿元素 Sn 在矿体上方均具有异常明显、异常形态分明的特点，并且分布位置与矿体矿化基本吻合，伴生元素在矿体上方也具有明显的异常特征，并且分布位置与矿体位置基本吻合，说明电吸附方法在该区具有很好的应用效果。

7.6.3 个旧锡矿阿西寨地段找矿探查技术应用

7.6.3.1 地质简介

个旧矿集区阿西寨地段地质特征如图 7-49 所示。阿西寨测区位于高松矿田东部、阿西寨村以北，行政区划属于个旧市老厂镇管辖。测区内地形起伏不大，基岩出露较好，植被覆盖中等，有简易公路通往离测区。工作区范围北起麒麟山断裂，南至背阴山断裂，西起芦塘坝断裂，东至阿西寨后山，面积 $8km^2$。

矿区内不同方向的构造均较发育。主要表现为北东向、北西向、北北西向和北西西向的断裂构造纵横交错。其中，北东向的断裂构造主要为麒阿西断裂，北西向及北西西向断裂较发育，自北向南主要包括麒麟山断裂、马吃水断裂、高阿断裂以及炸药库断裂；北北西向断裂主要为麒阿断裂、阿西寨断裂。

矿区地层大致呈北西向展布，属于阿西寨宽缓向斜的北西倾起端，向斜核部出露地层为个旧组马拉格段 $T_2g_2^4$、$T_2g_2^3$，两翼地层依次为马拉格段 $T_2g_2^3$、$T_2g_2^2$、$T_2g_2^1$ 地层，在测区北西边部还有个旧组卡房段 $T_2g_1^6$ 层出露，岩层较为平缓，北东翼稍陡。测区外围北西侧麒麟山一带有灰绿色蚀变玄武岩出露（$T_2g_2^1$ 层内）。其中，马拉格段地层主要以白云岩为主，卡房段 $T_2g_1^6$ 则常见白云岩与灰岩互层产出。测区内未见任何岩浆岩出露。

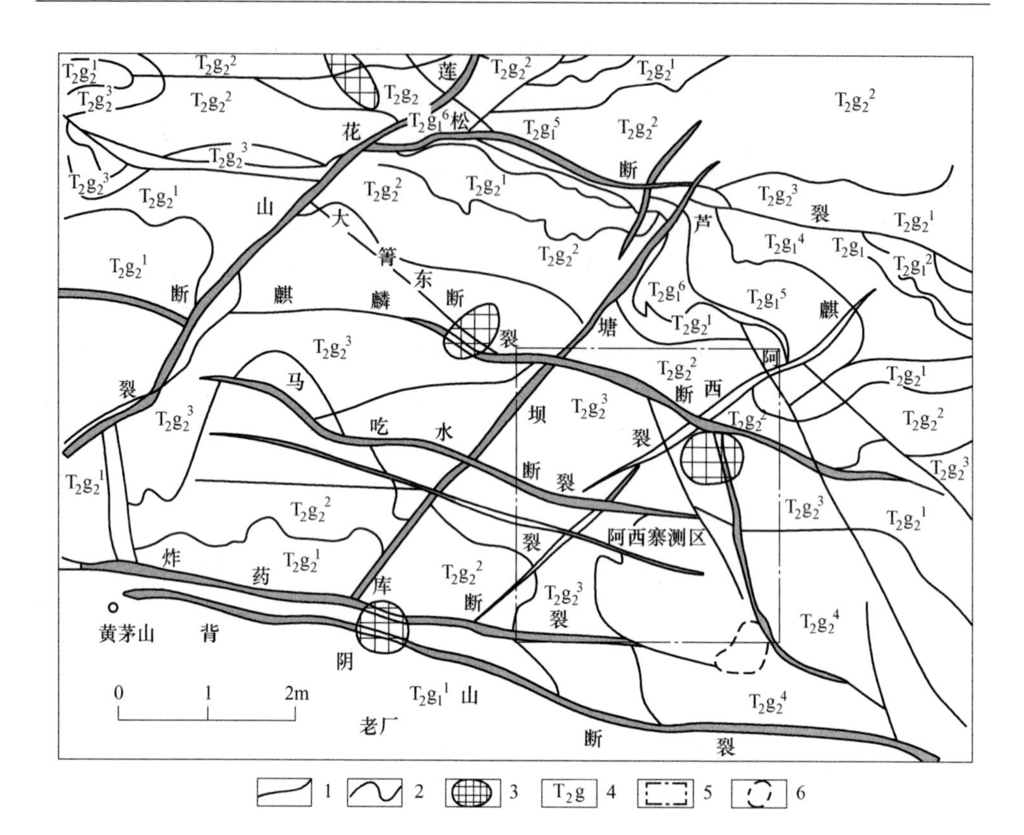

图 7-49　个旧矿集区阿西寨地段地质特征

1—断裂（带）；2—地层界线；3—稳伏花岗岩凸起；4—中三叠统个旧组；5—化探测区范围；6—废渣场

7.6.3.2　烃类组分及微量元素测量

A　松矿阿西寨 1920 中段

根据松矿阿西寨 1920 中段各元素指标的相关聚类特征，分为代表主成矿元素组合的综合矿化指数 K_1（Cu-Pb-Sn-V-Ag-Zn-Sb），和代表深部来源特征的综合矿化指数 K_2（Co-Ni-Cr-Ti）。

如图 7-50 所示，与前述松矿已知矿体相比，1920 中段有机烃异常发育，尤其是轻烃，而综合矿化指数 K_1、K_2 以及 Hg、As 的异常强度低（远低于已知矿体）。其原因可能是距矿体较远。下面将根据各指标的异常强度、形态、空间位置展布特征综合推测深部成矿前景：

（1）0~4 号点。综合矿化指数 K_1、K_2 都有较强的异常显示，反映深部矿化热液活动较强，并且有来源于深部的矿化叠加作用；Hg、As 有较强的异常显示并且异常范围大，轻烃、重烃和轻重烃比值也有异常显示，并且与矿化指标异常具有镶嵌结构，说明深部成矿流体来源比较丰富，成矿潜力大，所以该范围是良

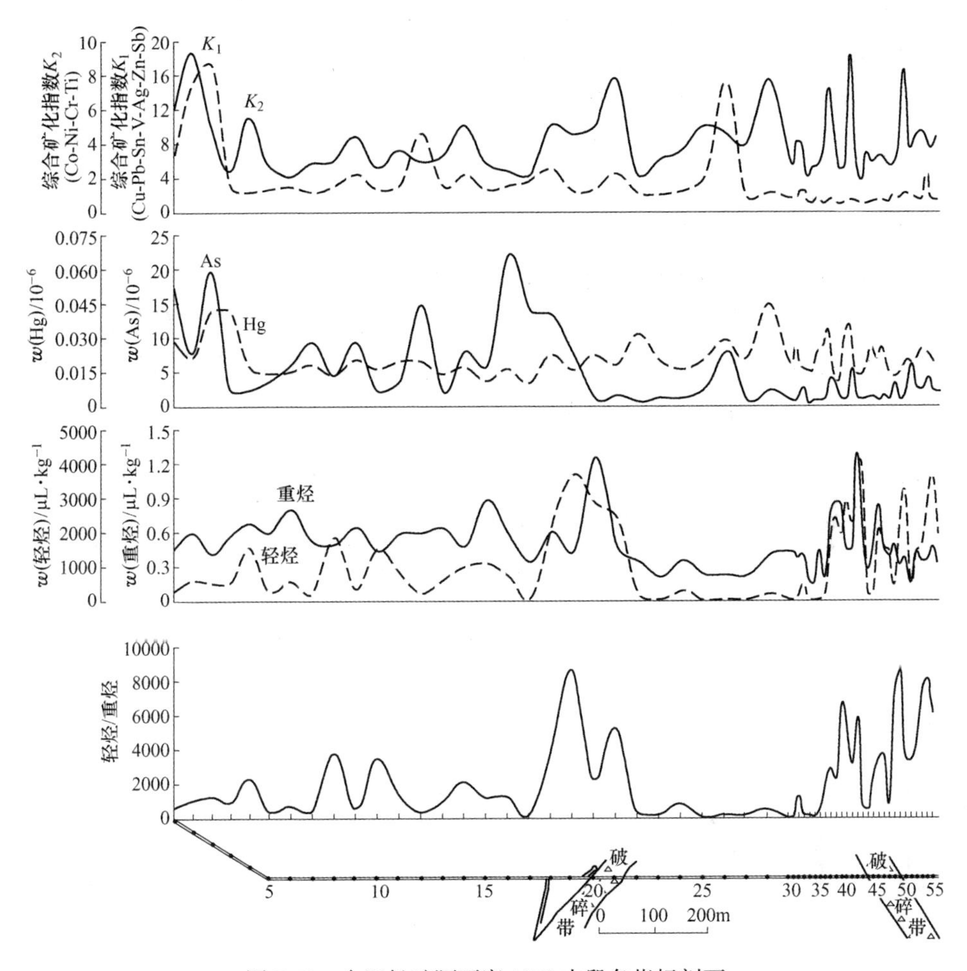

图 7-50 个旧松矿阿西寨 1920 中段各指标剖面

好的成矿有利远景区。

（2）12 号点。综合矿化指数 K_1 表现为单点异常，除 As 也有一相应单点异常外，其余指标无明显异常显示，表明该处深部成矿潜力不大。

（3）18~21 号点。该区段处于破碎带边缘，该范围内综合矿化指数 K_2、轻烃、重烃和轻重烃比值都表现为异常强度大，异常位置重合性好；Hg 也有相应异常显示，但异常强度不高；As 虽异常明显，但异常位置偏向 16 号点。反映了该处受断裂破碎带影响大，热液活动较强，并且有来源于深部的成矿热液的叠加，但综合矿化指数 K_1 为低缓双峰异常显示，反映该处有成矿热液活动，但其深部成矿规模不会太大。

（4）26 号点。单点异常，综合矿化指数 K_1、K_2、Hg 以及 As 都有明显异常显示并且异常位置吻合性好；但有机烃指标几乎无异常显示。这表明其周围空间可能存在一小的矿化体。

(5) 54 号点。有机烃指标异常明显，异常强度高；该位置处在断裂破碎带边沿，而综合矿化指数 K_1、K_2、Hg、As 虽都有异常显示，但异常范围小、强度弱。所以推断该处深部成矿潜力不大。

综合考虑异常形态、强度和展布等因素后，初步推测 0~4 点区段为具有较大成矿潜力的成矿有利区域，在今后工作中要引起高度重视。

B　松矿阿西寨 1920 中段钻孔 ZKH-1

如图 7-51 所示，虽然在 1920 中段向下 150~190m 之间部分点有异常显示，各指标异常的空间分布位置也吻合，但异常强度低，反映矿化程度较弱，同时烃异常只以单点弱异常出现，所以，根据 1920 中段向下 340m 的各指标异常变化特征，认为该区段没有隐伏矿体形成的迹象。

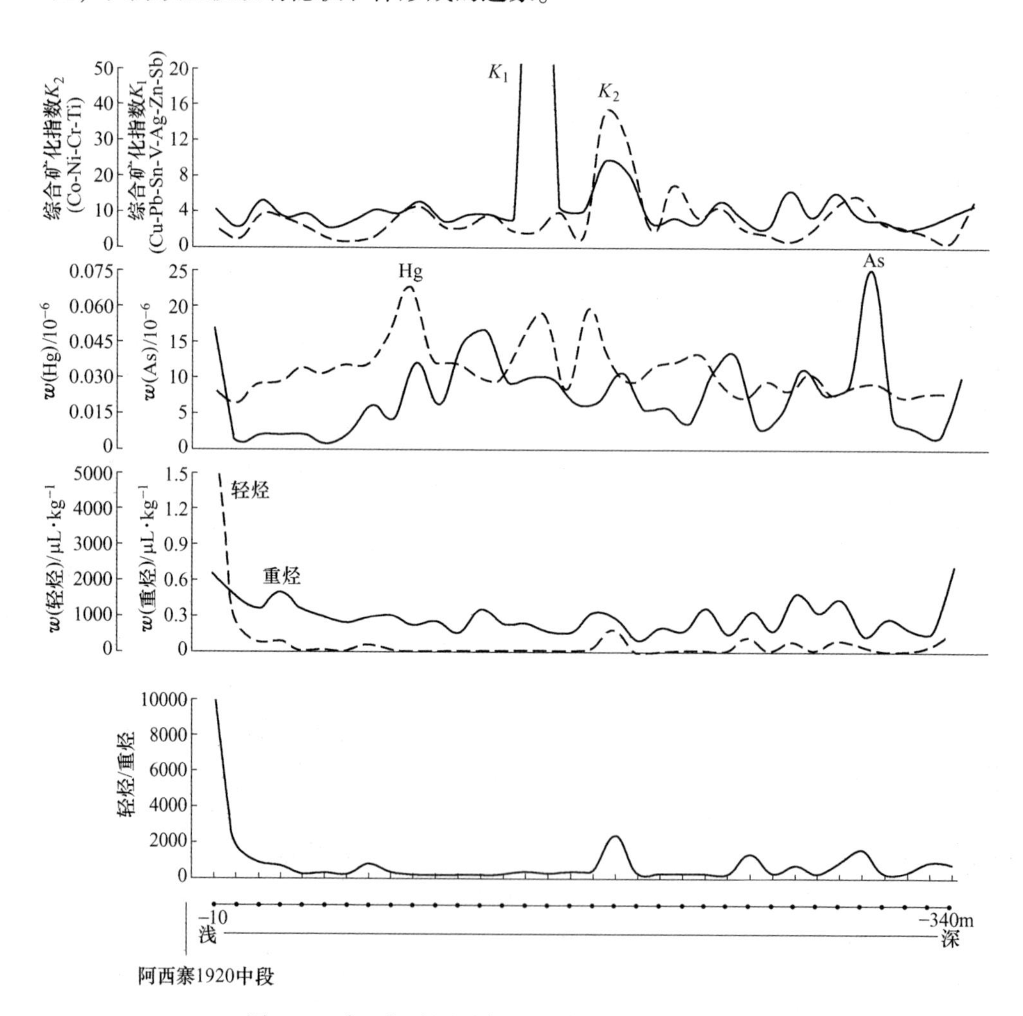

图 7-51　个旧松矿阿西寨 1920 中段 ZKH-1 各指标剖面

7.6.4　个旧锡矿驼峰山地段找矿探查技术应用

7.6.4.1　地质简介

驼峰山—阿西寨地区地质如图 7-52 所示，驼峰山地段位于高松矿田西南部的驼峰山北部至大箐南山一带。整体上限制在莲花山断裂以东、芦塘坝断裂以西、炸药库断裂以北、麒麟山断裂以南的地区，即上述两组断裂相交汇所构成的格子状范围内。

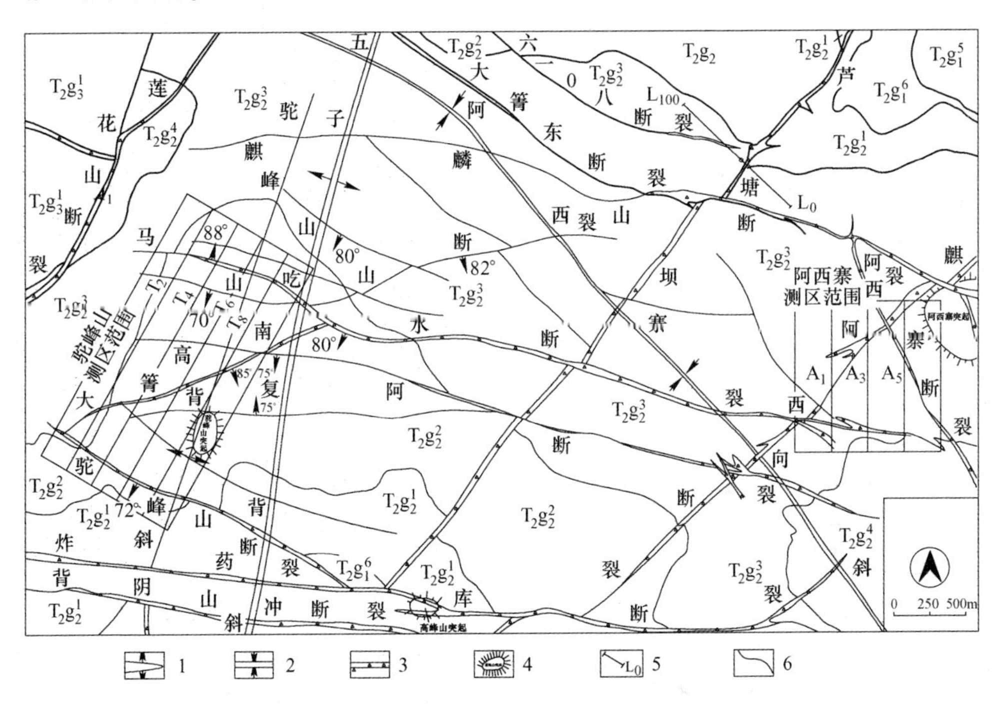

图 7-52　驼峰山—阿西寨地区地质简图

1—背斜及名称；2—向斜及名称；3—断裂带及名称；4—花岗岩体突起位置；5—实验剖面位置；6—地层分界线

矿区内主干构造有轴向呈 NNE 走向的驼峰山背斜、近东西向的断裂（以马吃水断裂和驼峰山断裂规模最大）、北东向断裂（主要为大菁南山断裂）、北东东向断裂（主要为高阿断裂）和北西向、北北西向的次级小断裂。

矿区内出露地层为中三叠统个旧组马拉格段第一、二、三层，即 $T_2g_2^1$、$T_2g_2^2$ 及 $T_2g_2^3$。其中以马拉格段第二层（$T_2g_2^2$）为主，约占测区总面积的 80%，主要为灰色、浅灰色中厚层状含灰质白云岩，夹大小不等的灰岩透镜体；马拉格段第一层（$T_2g_2^1$）主要分布在测区南部外围，并在测区西南部有小面积出露，岩性主要为深灰色、灰色厚层状白云岩及含灰质白云岩；马拉格段第三层（$T_2g_2^3$）分布于测区西部及西部外围，岩性主要为灰、浅灰色中厚层至厚层状含灰质白云岩，夹少量白云质灰岩透镜体。从地表出露地层分析，下面肯定存在有利成矿的层位——卡房段第六层（$T_2g_1^6$）和第五层（$T_2g_1^5$），依据区域地层厚度推算，最有利成矿的 $T_2g_1^6$ 应距地表 800m 左右。矿区未见岩浆岩出露。

7.6.4.2　烃类组分及微量元素测量

个旧驼峰山地段 1950 中段西巷成矿预测：根据驼峰山矿段 1950 中段西巷各元素指标的相关聚类特征，分为代表主成矿元素组合的综合矿化指数 K_1(Ag-Cu-Pb-Mn-Mo-Sn-Sb)，和代表深部来源特征的综合矿化指数 K_2(Co-Ni-V-Ti-Cr)。

通过驼峰山矿段 1950 中段西巷各指标异常图的对照比较（见图 7-53 和图 7-54），综合矿化指数 K_1、K_2 以及 Hg、As 都有明显异常显示，而且轻烃和轻烃/重烃比值也有异常显示，将各类指标均有较好异常显示且分布空间较吻合的区域或其相邻的区域定为成矿异常远景区。如图所示，在该区被划定为最有利的成矿远景区有三个，分别编号为Ⅰ、Ⅱ、Ⅲ。Ⅰ号远景区位于大箐南山断裂和高阿断裂的交汇处；Ⅱ号异常远景区位于马吃水断裂北东断裂的三角交汇处；Ⅲ号远景区则在马 A-48~57 号点之间。这三个区域均有利于成矿，在今后的工作中值得高度重视。

7.6.5　找矿成果

7.6.5.1　白龙井地段

根据综合推测结果，老厂分矿于 1785 中段由南西向北东方向（即由 D10 线向 D1 线方向）实施坑钻工程，目前已进入综合推测的 D-Ⅱ异常区（D10~D8 线），经实际钻探工程验证（见表 7-4）：

（1）在 D10 线实施了 CK04-F22、CK04-F23 和 CK04-108 三个孔，其中前两个孔见矿，见矿高程在 1697~1417m 之间。

（2）在 D9 线实施了 CK04-F28、CK04-F27、CK04-906、CK04-906-1、CK04-F11 和 CK04-F05 六个孔，其中前四个孔见矿，见矿高程在 1510~1400m 之间。

7.6.5.2　大白岩地区

针对 0 线工程验证情况，有 5 个钻孔见硫化矿，见矿铜品位及厚度分别为：Cu 1.25%，厚度为 6m；Cu 2.25%，厚度为 6.5m；Cu 1.24%，厚度 6m；Cu 1.77%，厚度为 2m；Cu 1.34%，厚度为 9.38m。

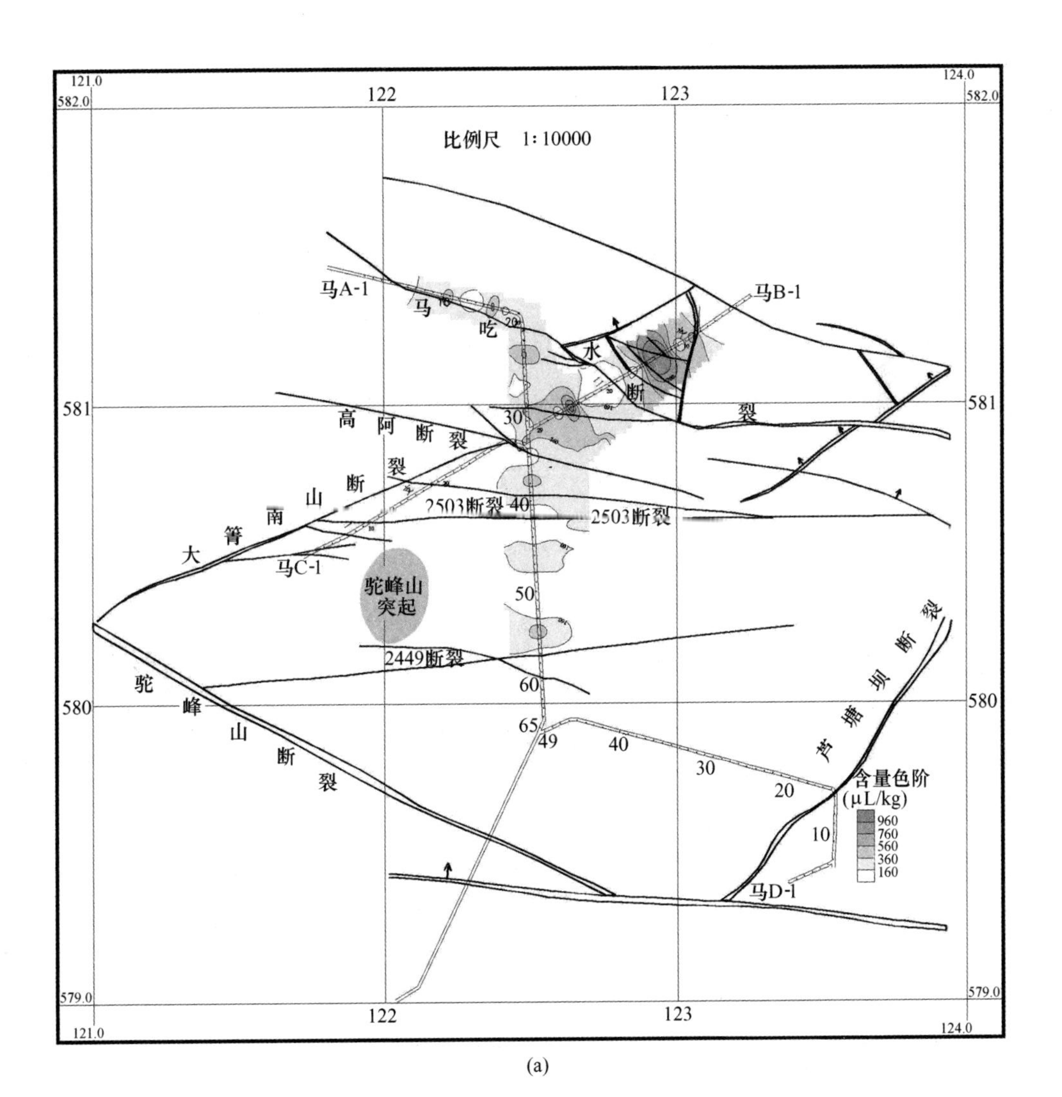
比例尺 1∶10000
马A-1
马B-1
马C-1
马D-1
马吃水断裂
高阿断裂
大箐南山断裂
2503断裂
2449断裂
驼峰山突起
驼峰山断裂
芦塘坝断裂
含量色阶
(μL/kg)
960
760
560
360
160

(a)

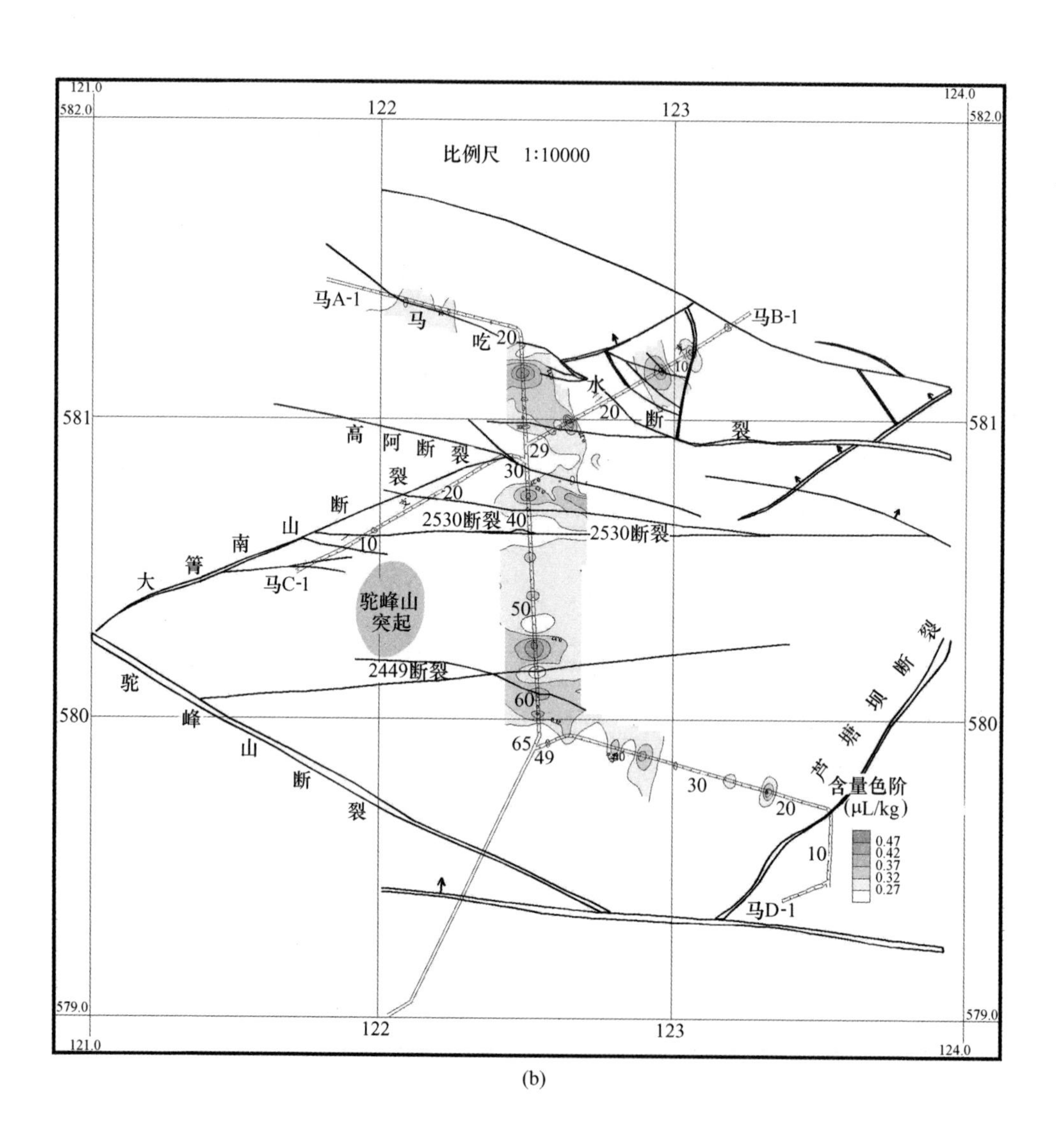
比例尺　1:10000
马A-1
马B-1
马C-1
马D-1
马吃水断裂
高阿断裂
大箐南山断裂
2530断裂
2449断裂
驼峰山突起
驼峰山断裂
芭塘坝断裂
含量色阶
(μL/kg)
0.47
0.42
0.37
0.32
0.27

(b)

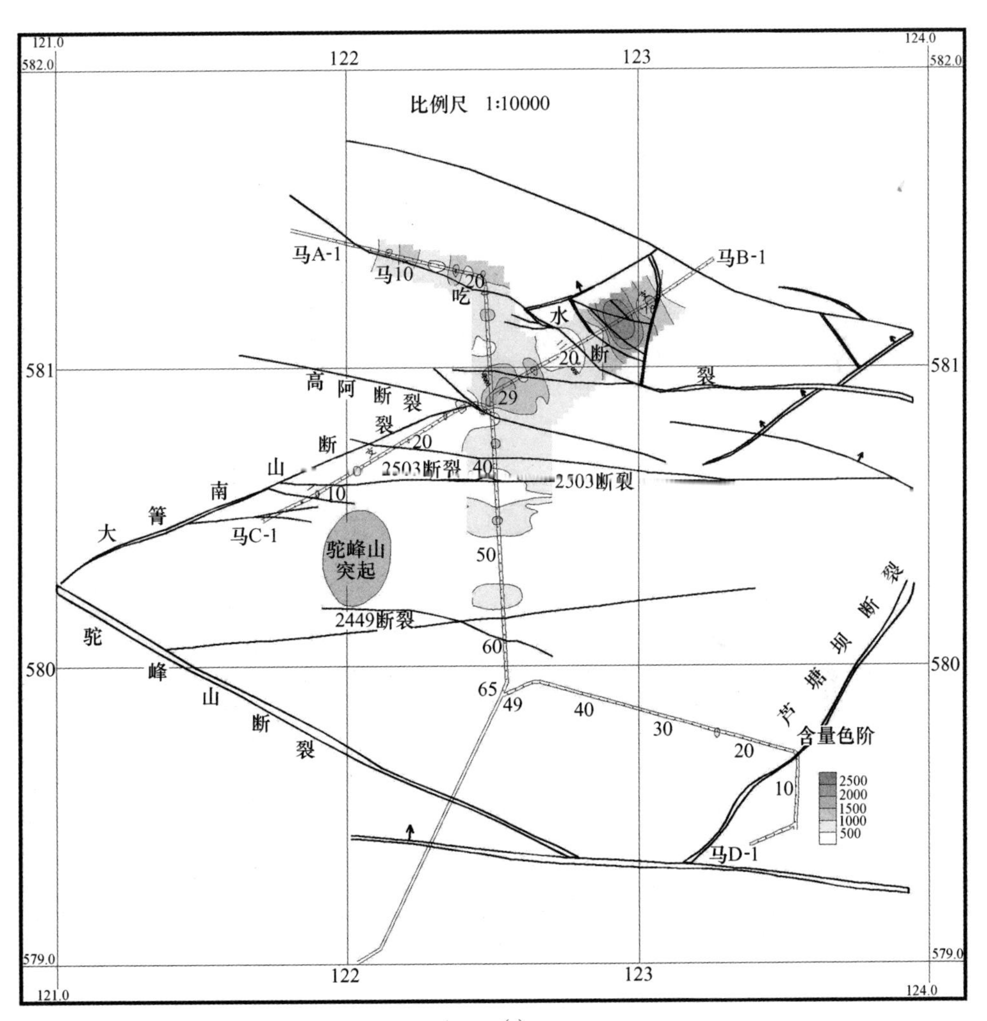
比例尺 1:10000
马A-1
马10
吃
水
断
裂
马B-1
高阿断裂
大箐南山断裂
2503断裂
2503断裂
马C-1
驼峰山突起
2449断裂
驼峰山断裂
芦塘坝断裂
含量色阶
2500
2000
1500
1000
500
马D-1

(c)

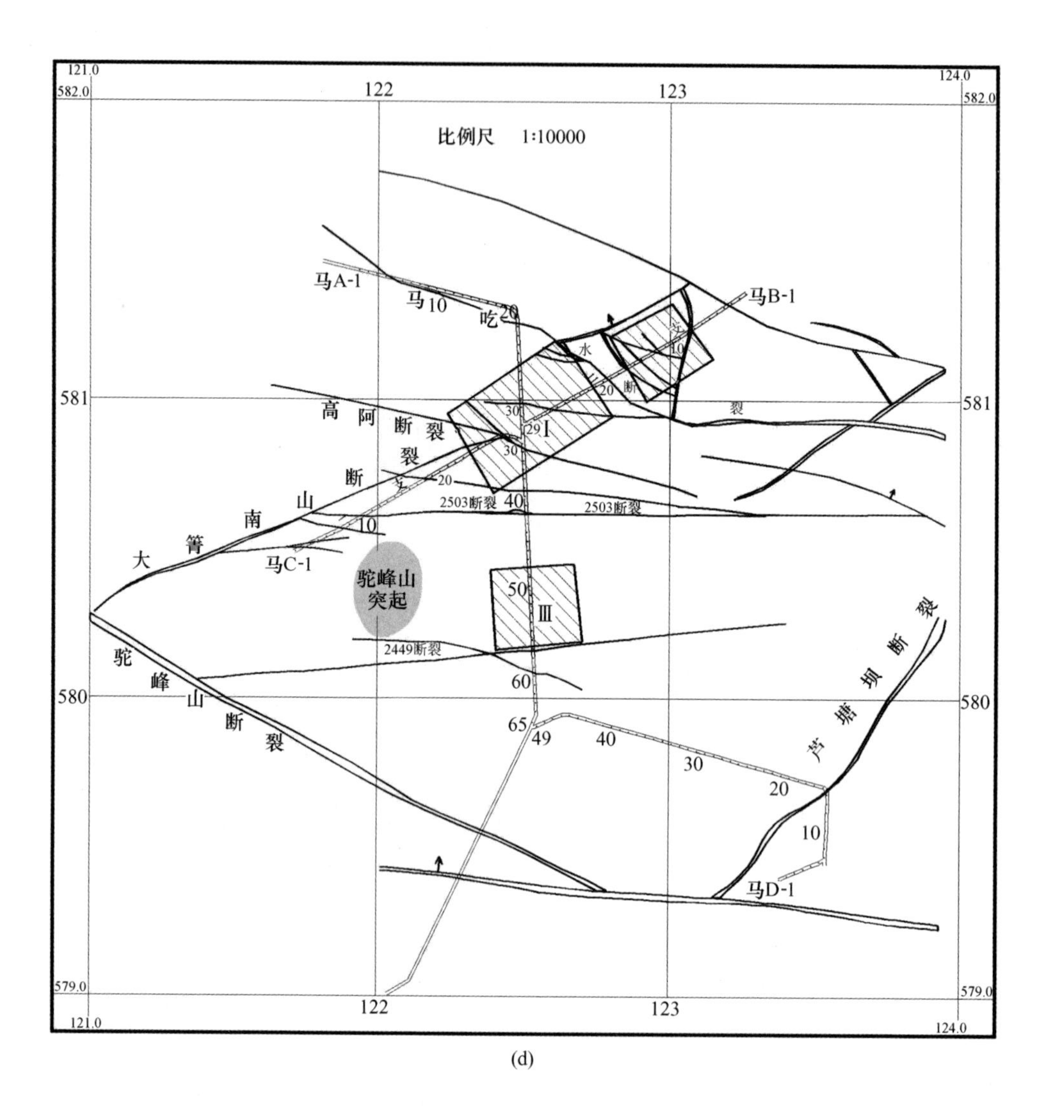

(d)

图 7-53　云南个旧驼峰山矿田 1950 中段化探异常平面（据陈远荣等）

（a）轻烃；（b）重烃；（C）轻烃/重烃；（d）预测远景区

7.6.5.3　松树脚矿区

在 1820 和 1690 中段 212 线、213 线、214 线剖面向下进行钻孔验证，在麒麟山断裂与 131 断裂夹持带及断裂带旁侧揭露 5～8 层氧化矿，见矿高程 1740～1510m，锡品位 0.231%～6.926%，见矿厚度为 1.03～12.75m。

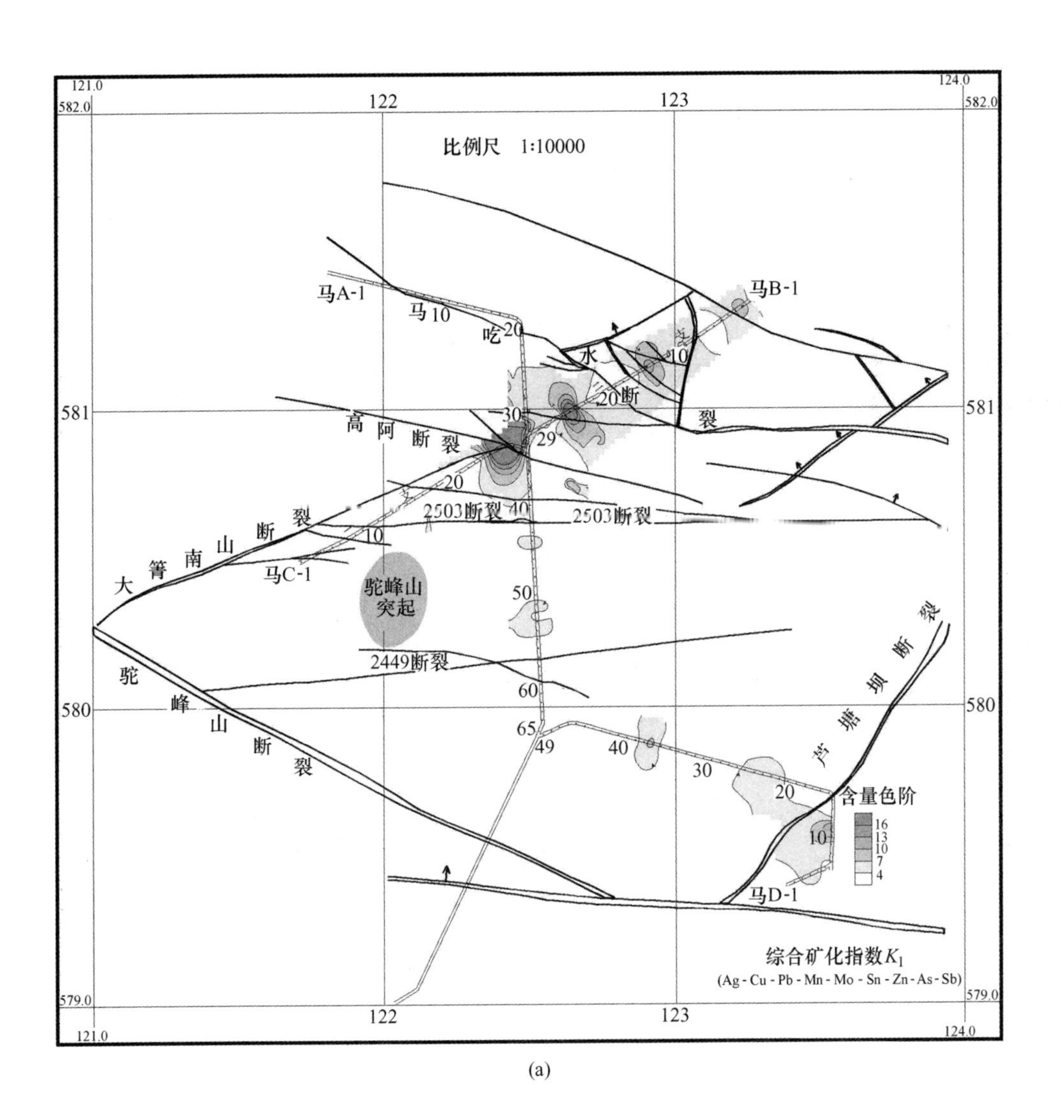
比例尺 1:10000
马A-1
马10
吃
水
断
裂
马B-1
高
阿
断
裂
2503断裂
2503断裂
大
箐
南
山
断
裂
马C-1
驼峰山
突起
2449断裂
驼
峰
山
断
裂
芦
塘
坝
断
裂
含量色阶
16
13
10
7
4
马D-1
综合矿化指数K_1
(Ag - Cu - Pb - Mn - Mo - Sn - Zn - As - Sb)

(a)

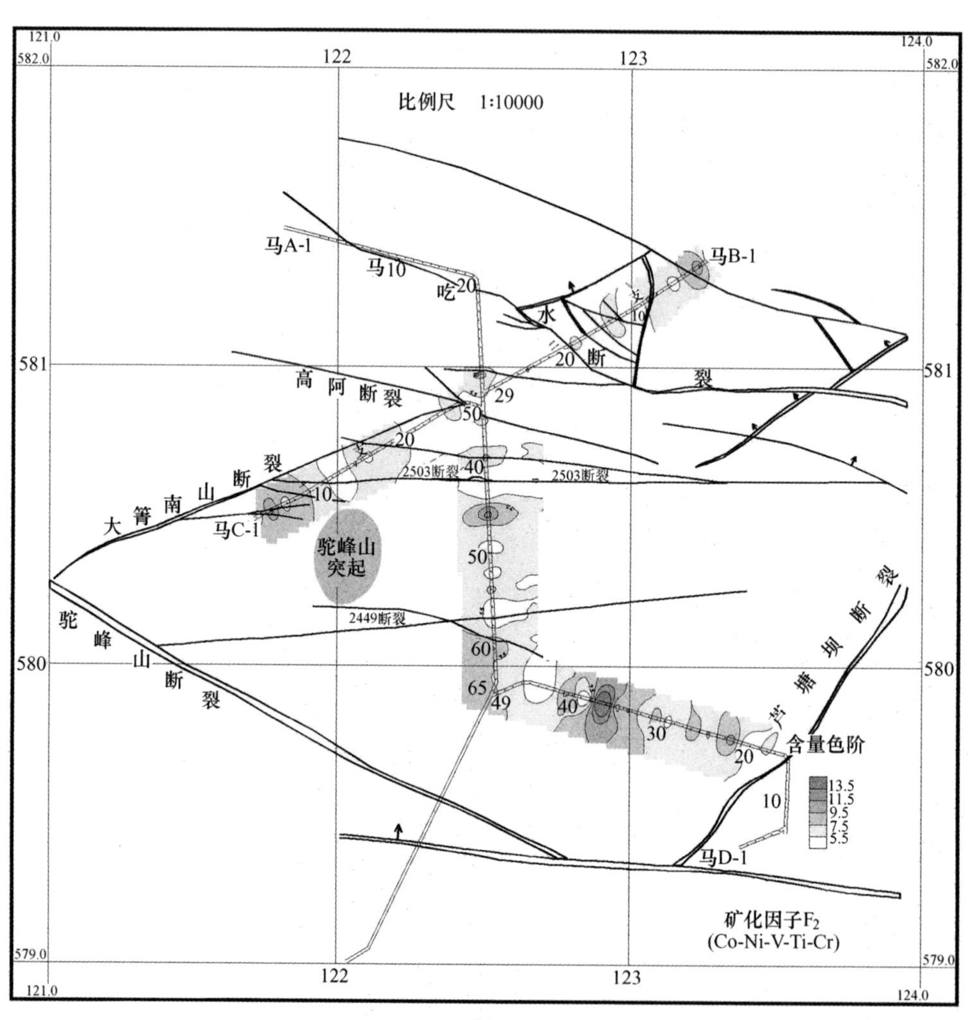
比例尺　1:10000
马A-1
马10
吃20
水
20 断
马B-1
高阿断裂
29
50
20
大箐南山断裂
2503断裂
40
10
马C-1
驼峰山突起
50
2449断裂
驼峰山断裂
60
65
49
40
30
20
芦塘坝断裂
含量色阶
13.5
11.5
9.5
7.5
5.5
10
马D-1
矿化因子F_2
(Co-Ni-V-Ti-Cr)

(b)

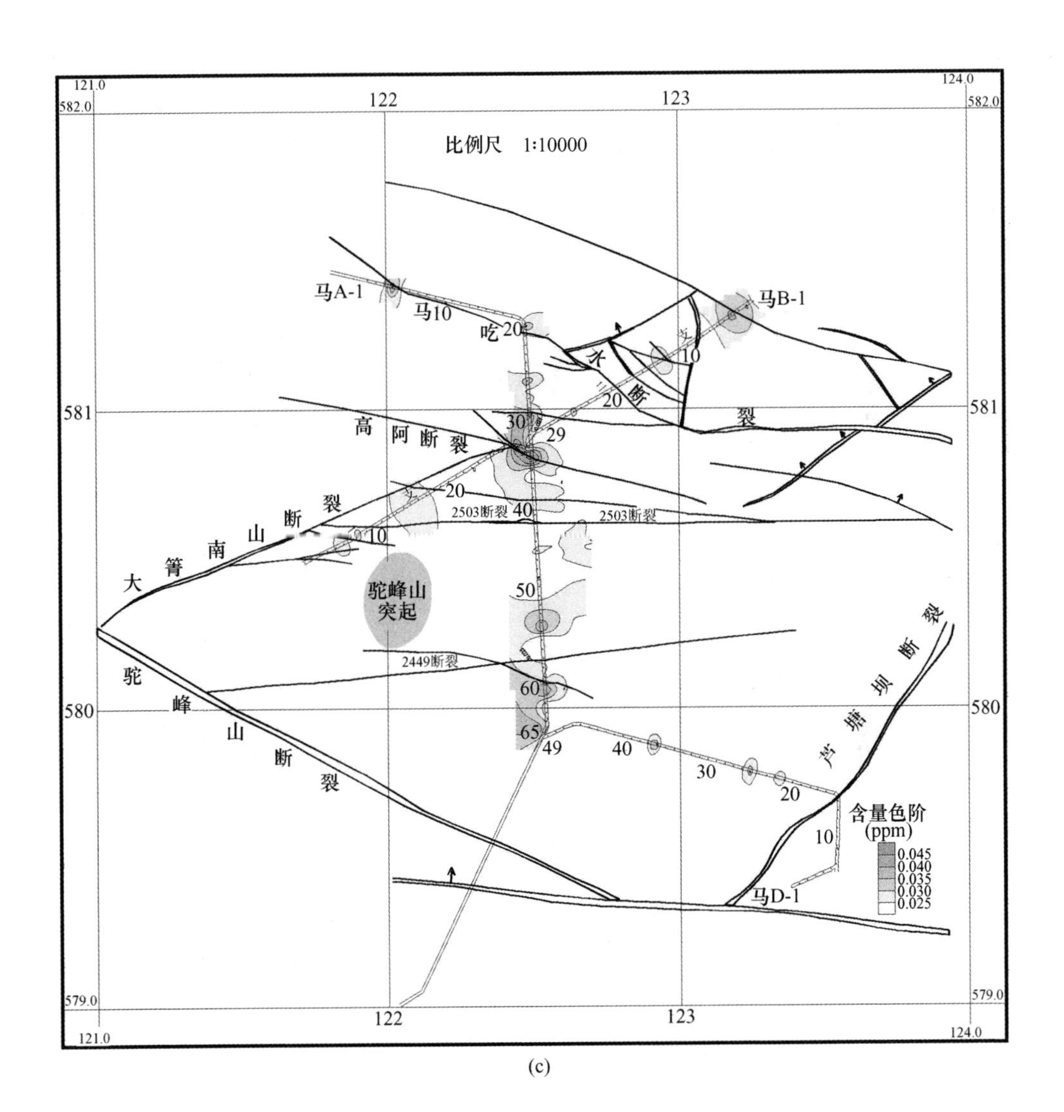

比例尺 1:10000
马A-1
马10
吃
水
断
裂
马B-1
高
阿
断
裂
2503断裂
2503断裂
大
箐
南
山
断
裂
驼峰山
突起
2449断裂
驼
峰
山
断
裂
芦
塘
坝
断
裂
马D-1
含量色阶
(ppm)
0.045
0.040
0.035
0.030
0.025

(c)

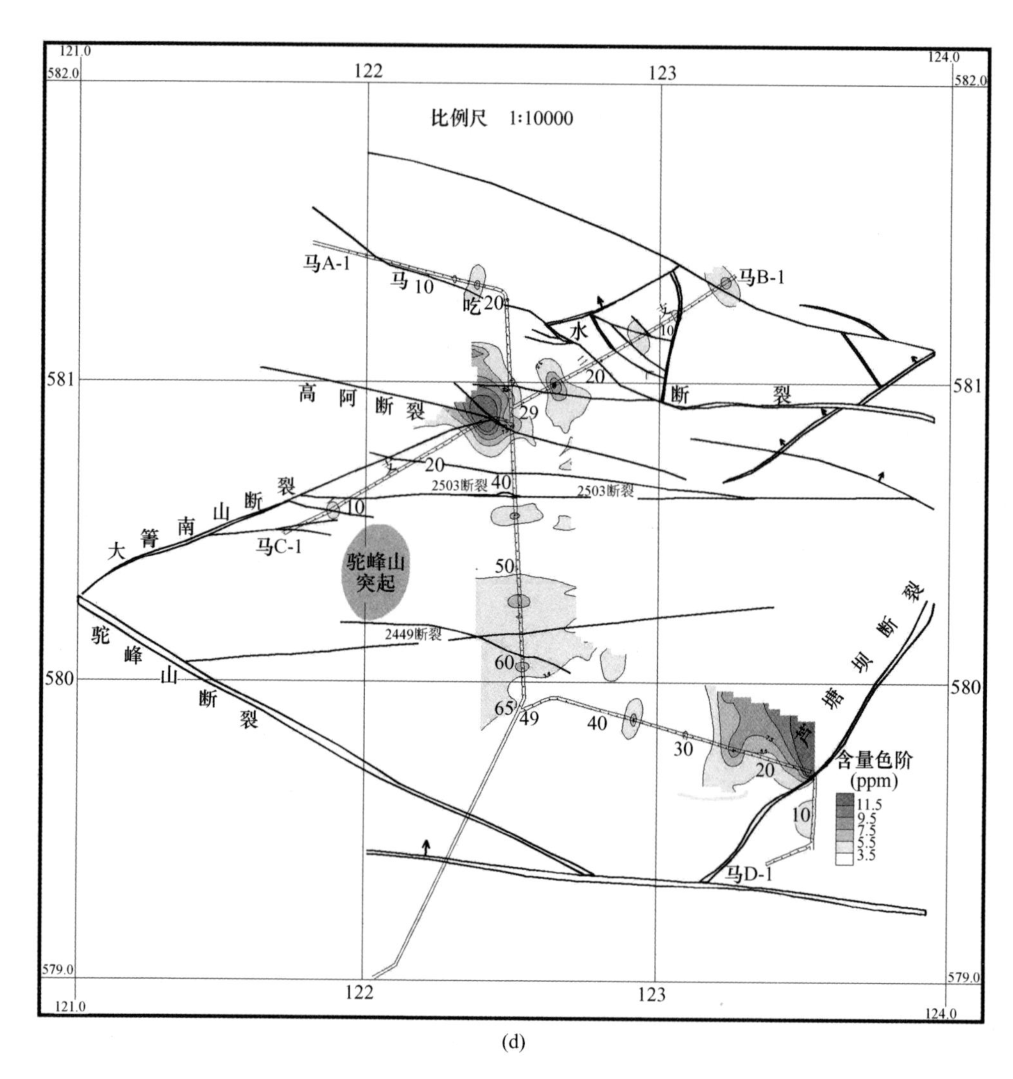

(d)

图 7-54　云南个旧驼峰山矿田 1950 中段化探异常平面（据陈远荣等）

（a）综合矿化指数 K_1；（b）矿化因子 F_2；（c）Hg 元素，（d）As 元素

7.6.5.4　骆驼峰矿区

在 12 线、13 线 1860～1700m 标高之间发现氧化矿体，矿体厚 0.1～5.4m；在 16 线 1940～1825m 标高之间发现氧化矿体，矿体厚 0.4～3.5m。并在 T10～T12 线 2000 中段发现层间氧化矿。

表 7-4 老厂东白龙井地段勘查项目钻孔见矿情况

剖面线	钻孔编号	序号	见矿厚度/m	顶板高程/m	矿石类型	平均品位/%			
						Sn 品位	Cu 品位	Pb 品位	Zn 品位
D10 线	CK04-F22	1	2. 67	1697. 2	Li+Ag	0. 986	0. 183		
		2	1. 60	1601. 11	OX	0. 057	0. 606		
		3	11. 70	1534. 17	Skp+βμs	0. 270	1. 179	4. 616	3. 884
		4	7. 21	1516. 91	Skp+βμs+r	0. 053	0. 976		0. 553
		5	2. 20	1500. 14	βμs	0. 079	0. 628		0. 451
		6	10. 66	1468. 91	Sp+βμs+r	0. 093	0. 588		0. 417
		7	15. 22	1442. 92	Skp	0. 064	1. 263		0. 351
	CK04-108	1	1. 85	1538. 45	Sp	0. 058	0. 882		0. 369
		2	3. 12	1529. 74	βμs	0. 044	0. 092		2. 428
		3	4. 60	1485. 55	βμs	0. 072	0. 051		1. 733
		4	3. 93	1478. 43	Skp+βμs	0. 057	0. 213	7. 590	2. 654
		5	8. 31	1417. 01	Skp+βμs	0. 071	0. 694		0. 220
D9 线	CK04-F27	1	1. 37	1493. 5	SK	0. 047	0. 564		0. 212
		2	3. 00	1484. 82	SK	0. 060	0. 637		0. 158
		3	4. 07	1476. 62	Skp	0. 097	4. 017	0. 711	0. 264
		4	8. 14	1464. 79	SK	0. 089	1. 675		0. 235
	CK04-F28	1	1. 00	1511. 3	SK	0. 721	0. 100		
	CK04-906	1	2. 61	1481. 37	Sp+βμs	0. 065	0. 888		0. 149
		2	7. 17	1470. 76	Skp+βμs	0. 085	0. 488		0. 187
		3	1. 10	1456. 04	βμs	0. 094	0. 617		0. 108
		4	15. 30	1430. 04	Sp+βμs	0. 090	1. 029		0. 270
		5	8. 40	1406. 34	βμs+sk	0. 083	0. 498		0. 324
		6	1. 66	1386. 95	βμs	0. 111	0. 470		0. 261
21 线	CK04-2101	1	21. 27	1271. 23	βμs	0. 080	0. 150		2. 247
		2	5. 78	1239. 96	βμs	0. 054	0. 105		0. 865

7.7　大厂锡多金属矿集区

7.7.1　地质简况

大厂锡多金属矿集区位于华南板块内杨子陆块与南华活动带之间过渡带中的江南地块西南区，丹池大断裂从该矿田东部穿越。区域上由芒场、北香、五圩等共同构成了中国最重要的锡多金属矿化聚集区——丹池成矿带。丹池成矿带是中国最重要的锡多金属成矿区（见图 7-55），北起芒场、大厂，往南延伸至芙蓉

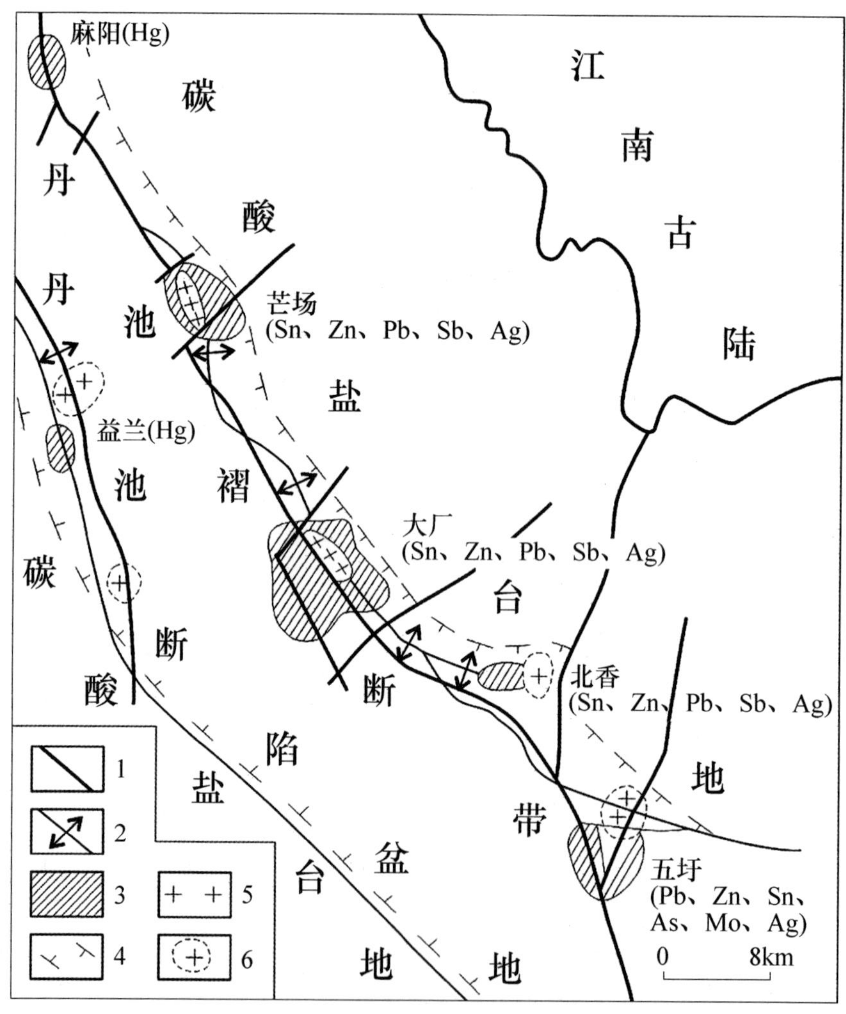

1—断裂；2—背斜；3—矿田(床)范围；4—槽分界线；5—花岗岩；6—推测花岗岩

图 7-55　丹池成矿带矿产地质图

厂、九圩一带，呈北西向带状分布，长约 100km，宽约 30km，受东西向基底断裂与北西向丹池深大断裂控制。在大地构造上，丹池锡多金属成矿带位于江南古陆西南缘、右江再生地槽北部边缘的丹池褶断带，属古特提斯构造域和太平洋构造域的复合部位。

大厂矿田位于丹池成矿带中段，丹池褶断带通过矿田中部，将矿田分为三个矿带，即西矿带、中矿带和东矿带（见图 7-56）。西矿带位于大厂褶断带，主要

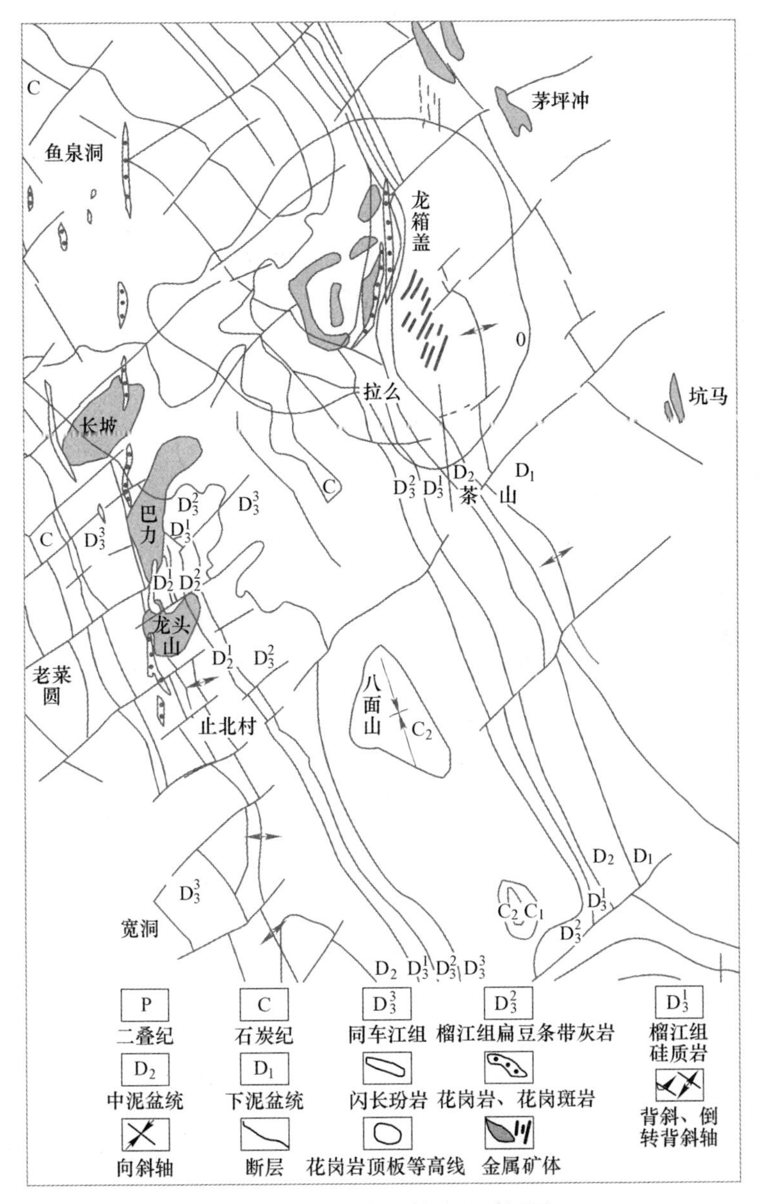

图 7-56 大厂矿田构造地质概图

由 NW 向的大厂背斜和大厂断裂组成。大厂背斜为紧密的线状褶皱，北段呈倒转背斜，龙头山以南恢复为正常背斜。该褶断带控制着长坡-铜坑、巴力、龙头山锡石-硫化物矿床。中矿带的构造以丹池复背斜和丹池断裂为主，发育有笼箱盖岩体、拉么矽卡岩型锌铜矿床和茶山钨锑矿脉。东矿带的车河背斜及灰罗、亢马断裂控制着大福楼、亢马锡石-硫化物矿床及茅坪村、六庙山等矿化点的分布。

以龙箱盖黑云母花岗岩为中心，从接触带向外依次为矽卡岩锌铜矿床→矽卡岩锌矿床→锡石-多金属硫化物矿床→辰砂-方解石矿床（局部含极少量锡石）。锡矿体在黑云母花岗岩附近常被后期的钨、锑矿床叠加穿插，在大福楼深部钻孔及灰东村一带坑道中均可见到锡石-硫化物矿体被白钨矿-萤石脉切穿；在龙箱盖顶可见到辉锑矿-石英脉切入黑钨矿-石英脉。

总体来讲，大厂矿田矿石类型可划分为锡石-硫化物型、黑钨矿-石英型（如龙箱盖两侧)、白钨矿-萤石-方解石型（如龙箱盖两侧)、辉锑矿-石英型（如茶山一带)、辰砂-方解石型（如益兰、南胃）等五大类。其中，锡石-硫化物型包括锡石-铁闪锌矿-黄铁矿-脆硫锑铅矿-方铅矿型（如长坡-铜坑锡石-多金属硫化物矿)、锡石-铁闪锌矿，磁黄铁矿—脆硫锑铅矿型（如龙头山 100 号矿体（礁内））、锡石-铁闪锌矿-黄铁矿-脆硫锑铅矿型（如生物礁上部 6 号，9 号，10 号，15 号，1 号，95 号，26 号等矿体)、铁闪锌矿-磁黄铁矿-黄铜矿-毒砂型（如拉么锌铜矿床，含锡低)、锡石-磁黄铁矿-铁闪锌矿-石英型（如大福楼、亢马)。

7.7.2　大厂矿集区已知矿体上的化探方法有效性试验

7.7.2.1　大厂长坡 455 中段箕斗井深部化探新方法（吸附烃、电吸附）试验

工作区位于大厂矿区长坡矿 455m 水平中段，箕斗井的东侧，约在箕斗井附近即 6~7 线之间。

由于是在坑道内，工作条件所限制，本次工作于 455 中段南大巷西侧进行了采样，以测试结果看，构造活动部分均出现吸附汞异常，而且其峰值大小与构造活动强弱大小成正比，构造断裂部分对吸附汞的影响，而吸附烃、电吸附各元素在已知矿体上方（见图 7-57 的 2 号、4 号点）均显示出峰值，只是峰值大小，宽度有所差异，因此，此方法在坑道内找矿是有效的。从图中显示，14 号点以东地区有一个较大的未封闭异常，异常极大值：烃类均值大于 1500μL/kg，Cu、Pb、Sn、Sb、Zn 分别为 22.5×10^{-6}、36×10^{-6}、24×10^{-6}、58×10^{-6}、31×10^{-6}，异常出现于断层上盘、异常宽度超过 40m。从异常特征看，应由 Sn 多金属硫化物似层状矿体所引起，推测异常体顶部标高约 380m。

7.7.2.2　大厂地区长坡锡矿区 405 中段南巷西侧岩石电吸附方法试验

在 405 中段南巷西侧，采集岩石样品进行电吸附找矿试验，结果在 1 号已知

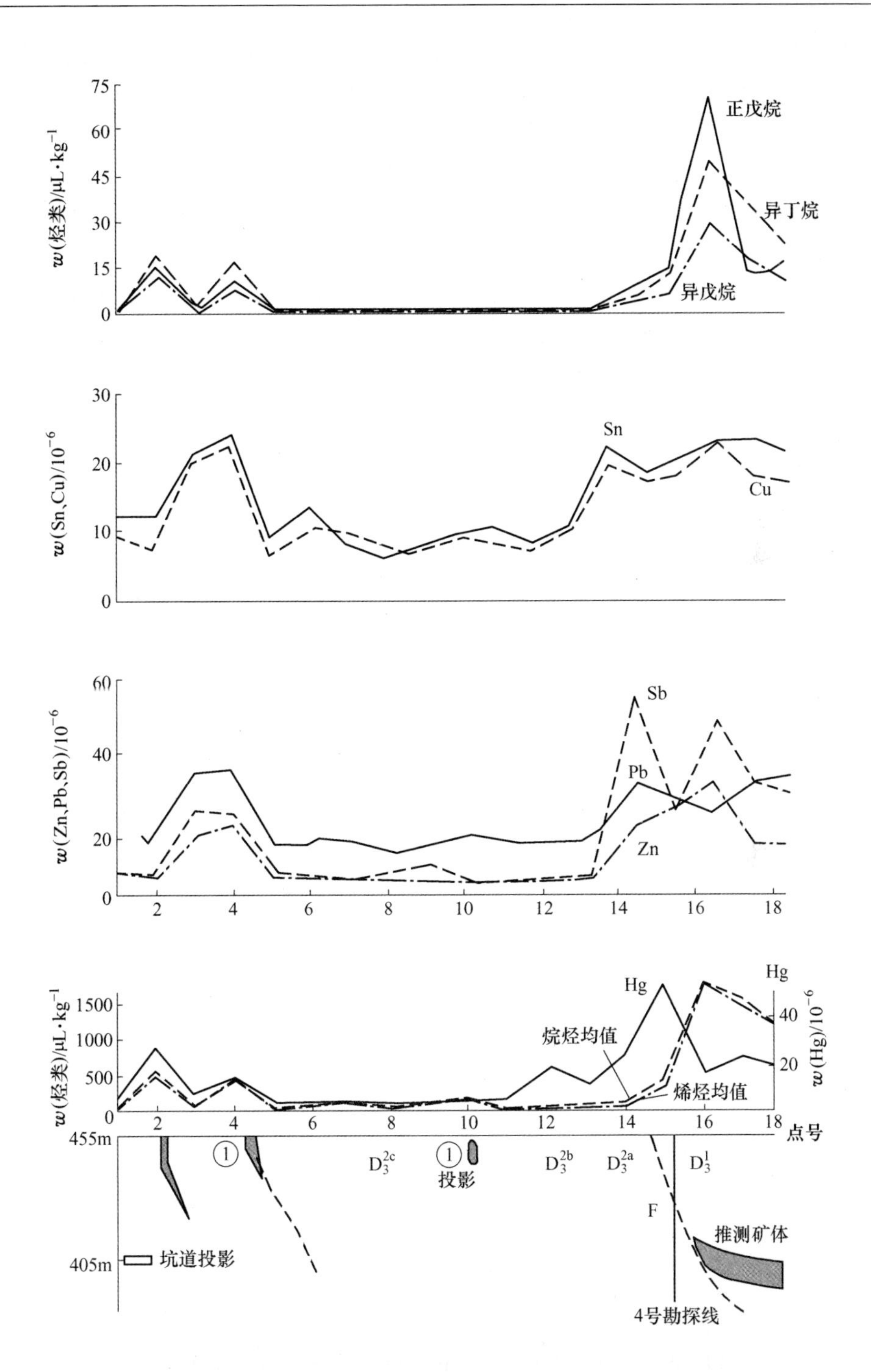

图 7-57 大厂长坡 455 中段化探新方法地质剖面图（据陈远荣等）

矿体上出现很清晰的 Cu、Pb、Sn、Sb 异常。另外，在 14~19 号点之间还出现更强的宽度更大的 Cu、Pb、Sn、Sb 异常，推测深部有更大的矿体存在。后经矿山开采，果然发现比 1 号矿体更厚大的层状矿体。这说明，岩石电吸附方法在坑道寻找盲矿中是有效的。从 Pb、Ag、Sb 的异常图（见图 7-58）上可见，这些元素的主体异常都分布在测区的东北侧，沿 NW-SE 方向展布，长度大于 2000m。各元素主体异常的宽度从几十米到几百米不等，基本上都出现在北香背斜北东翼的已知矿带上或其周围。各元素异常的主要浓集中心不在已知矿体上，而是分布在 1~6 号矿体带与 7 号矿体之间，据此推测，该处深部可能有盲矿体存在，值得进

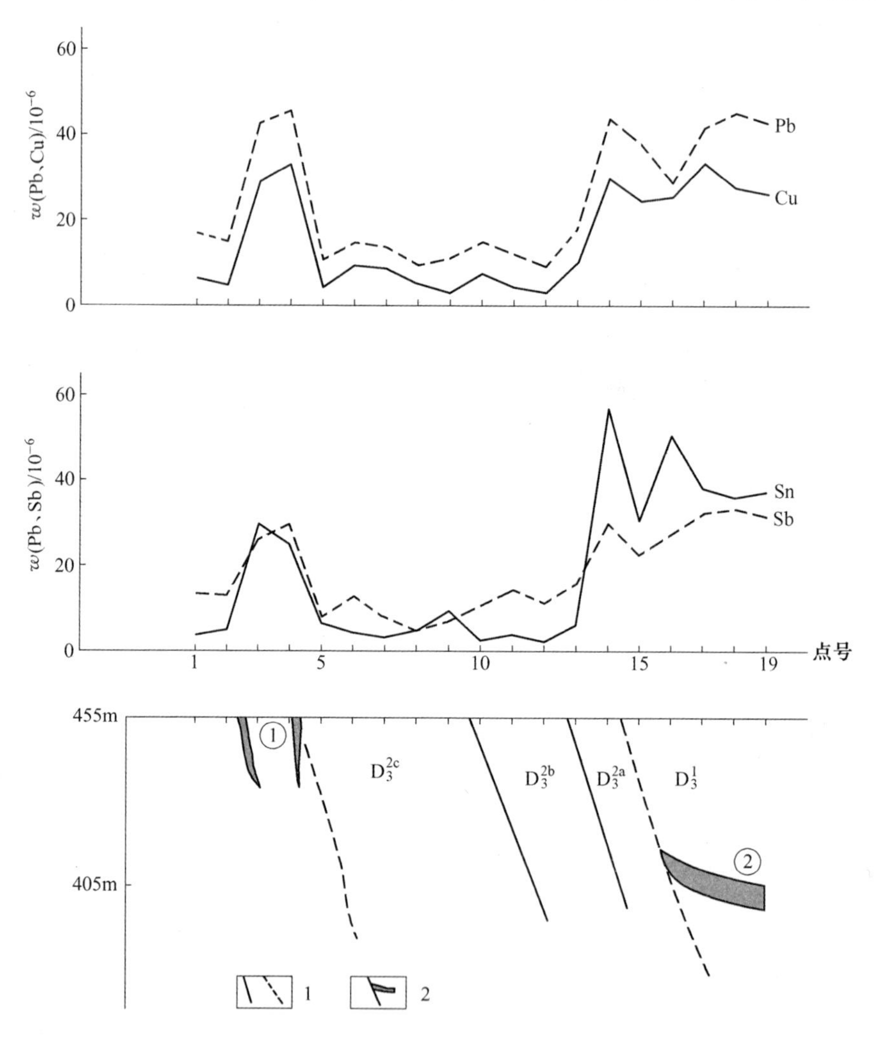

图 7-58　长坡锡矿 405 中段南巷西侧岩石电吸附异常剖面图

D_3^2—上泥盆统五指山组灰岩；D_3^1—上泥盆统榴江组硅质岩

1—断层；2—锡矿体

一步探查。

7.7.2.3 北香地区化探新方法试验

此次在北香地区仅投入了化探新方法剖面性工作，结果见表 7-5 和表 7-6，如图 7-59～图 7-62 所示。

表 7-5 北香地区 17 线、32 线土壤吸附相态汞（$\times 10^{-9}$）、吸附烃含量（μL/kg）

点号	甲烷	乙烷	丙烷	异丁烷	正丁烷	乙烯	丙烯	汞
17-1	7.767	0.245	0.117	0.103	0.034	4.298	0.732	12.91
17-2	19.278	0.183	0.056	0.051	0.027	3.781	0.534	18.4
17-3	4.061	0.161	0.057	0.062	0.016	2.764	0.571	45.48
17-4	2.997	0.115	0.036			1.258	0.35	25.87
17-5	2.637	0.189	0.076	0.05	0.023	2.956	0.6	4.84
17-6	5.071	0.207	0.093	0.059	0.034	5.53	0.703	15.89
17-7	6.185	0.18	0.064	0.05	0.028	3.741	1.043	15.53
17-8	14.627	0.255	0.079	0.065	0.0225	4.674	0.557	34.18
17-9	4.256	0.029	0.075	0.069	0.043	3.013	0.506	34.61
17-10	17.277	0.22	0.078	0.067	0.032	2.294	0.46	5.13
17-11	4.686	0.296	0.155			1.726	0.519	42.08
17-12	2.151	0.177	0.066			0.974	0.382	29.57
17-13	2.421	0.174	0.052	0.025	0.024	2.205	0.433	51.82
17-14	4.227	0.229	0.121	0.05	0.043	2.628	0.763	17.89
17-15	4.326	0.142	0.051			1.673	0.554	15.25
17-16	7.721	0.176	0.058			3.04	0.469	19.55
17-17	9.75	0.285	0.107	0.083	0.038	5.803	0.746	10.63
17-18	14.72	0.455	0.067	0.114	0.027	4.288	3.831	11.48
17-19	6.286	0.143	0.063	0.105	0.015	5.129	3.964	10.35
17-20	3.128	0.149	0.085	0.19	0.025	5.014	6.151	9.25
17-21	4.912	0.19	0.081	0.17	0.029	6.489	8.215	26.05
17-22	5.225	0.154	0.088	0.118	0.03	6.343	5.741	10.6
17-23	8.17	0.17	0.033	0.04	0.006	4.443	1.817	17.93
17-24	17.306	0.281	0.083	0.075		5.025	1.4	14.47
17-25	3.75	0.136	0.023			2.324	0.693	7.99
17-26	12.523	0.157	0.069	0.12	0.029	3.601	3.733	14.63
17-27	4.713	0.179	0.087	0.085		2.793	2.822	10.62
17-28	1.554	0.117	0.033	0.083		3.843	5.357	19.51
17-29	1.896	0.119	0.042	0.027	0.013	1.124	0.568	6.12
17-30	2.332	0.134	0.065	0.05	0.021	2.49	2.806	15.77

续表 7-5

点号	甲烷	乙烷	丙烷	异丁烷	正丁烷	乙烯	丙烯	汞
17-31	2.996	0.12	0.089	0.048	0.034	1.981	1.403	16.83
17-32	7.943	0.192	0.049	0.053	0.025	2.714	0.873	9.4
17-33	3.588	0.134	0.062	0.038	0.027	3.3	2.773	9.97
17-34	10.514	0.162	0.043	0.028		2.874	1.757	53.24
17-35	3.341	0.137	0.054			1.855	1.326	15.1
17-36	2.307	0.128	0.073	0.059		2.16	3.304	10.13

测试单位：桂林矿产地质研究院化探分析室。

表 7-6　北香地区 17 线、32 线土壤电吸附元素（$\times10^{-9}$）、吸附汞含量（μL/kg）

点号	Cu	Pb	Zn	Sb	Ag	Sn	Hg
17-1	5.95	16.30	15.51	2.14	0.287	3.93	
17-2	5.21	17.28	21.85	3.97	2.263	8.53	
17-3	6.51	18.26	25.64	11.59	0.256	7.00	
17-4	7.63	17.60	26.91	3.05	0.255	6.12	
17-5	4.65	15.97	23.75	3.97	0.241	6.78	
17-6	6.14	15.65	22.80	4.27	0.266	4.81	
17-7	3.53	16.30	21.53	2.44	0.184	5.47	
17-8	3.91	20.54	21.53	16.17	0.254	6.56	
17-9	4.09	14.67	27.54	3.66	0.112	4.81	
17-10	3.35	19.72	27.23	2.75	0.297	3.93	
17-11	4.09	14.51	18.05	2.44	0.282	4.37	
17-12	3.35	15.32	14.88	1.83	0.181	5.03	
17-13	3.35	15.00	16.46	2.44	0.203	5.47	
17-14	5.62	17.77	18.68	12.51	0.268	16.11	
17-15	7.72	21.84	23.11	10.25	0.366	19.46	
17-16	5.02	17.93	22.80	5.19	0.313	5.68	
17-17	2.42	20.05	21.53	7.02	0.253	5.25	
17-18	3.35	13.86	17.41	4.88	0.253	5.47	
17-19	3.72	16.20	23.75	8.24	0.272	10.71	
17-20	2.60	15.97	20.58	5.49	0.281	9.40	
17-21	4.32	18.26	29.76	13.12	0.374	11.80	
17-22	10.30	22.01	25.64	22.27	0.429	18.36	
17-23	4.09	20.86	19.00	6.10	0.282	5.03	
17-24	3.91	14.02	25.01	20.44	0.237	8.31	

续表 7-6

点号	Cu	Pb	Zn	Sb	Ag	Sn	Hg
17-25	3. 35	15. 79	25. 01	13. 12	0. 220	5. 47	
17-26	4. 28	14. 75	24. 69	24. 10	0. 230	7. 43	
17-27	3. 91	27. 01	27. 86	38. 77	0. 402	16. 18	
17-28	4. 09	20. 05	25. 01	21. 35	0. 350	8. 74	
17-29	3. 53	20. 54	27. 54	10. 37	0. 338	8. 09	
17-30	2. 60	16. 85	28. 49	9. 46	0. 251	5. 95	
17-31	4. 28	16. 79	20. 26	13. 42	0. 246	7. 21	
17-32	4. 09	13. 87	18. 68	12. 81	0. 285	7. 34	
17-33	3. 53	15. 65	21. 85	13. 27	0. 297	6. 60	
17-34	2. 98	15. 65	26. 91	6. 71	0. 296	6. 78	24. 89
17-35	5. 39	15. 79	27. 23	13. 42	0. 280	6. 91	24. 55
17-36	3. 16	14. 59	25. 64	17. 69	0. 284	5. 84	55. 76
32-1	4. 46	18. 75	24. 69	8. 54	0. 271	6. 78	29. 5
32-2	2. 98	17. 42	19. 95	4. 27	0. 256	7. 00	10. 76
32-3	4. 09	17. 28	24. 69	4. 88	0. 233	7. 00	13. 61
32-4	2. 60	18. 91	22. 80	3. 36	0. 216	6. 34	25. 87
32-5	1. 67	17. 77	24. 69	3. 97	0. 284	6. 12	19. 15
32-6	1. 86	16. 46	17. 73	3. 36	0. 235	5. 03	20. 59
32-7	2. 05	18. 26	23. 11	12. 51	0. 326	7. 21	29. 48
32-8	3. 16	20. 54	21. 21	9. 15	0. 355	7. 87	34. 61
32-9	2. 79	16. 14	20. 26	5. 49	0. 224	4. 15	20. 65
32-10	1. 86	17. 44	22. 16	8. 24	0. 305	6. 78	17. 73
32-11	5. 95	20. 54	30. 68	20. 13	0. 342	14. 21	12. 85
32-12	4. 69	19. 89	32. 29	14. 64	0. 368	13. 99	10. 8
32-13	4. 37	20. 86	21. 85	8. 85	0. 371	11. 37	11. 21
32-14	13. 02	20. 05	23. 43	9. 46	0. 350	9. 62	8. 82
32-15	3. 35	22. 33	33. 84	19. 83	0. 418	11. 15	13. 09
32-16	3. 72	20. 54	35. 74	17. 69	0. 421	14. 65	11. 93
32-17	3. 53	14. 77	25. 33	14. 03	0. 400	8. 96	8. 82
32-18	2. 98	15. 60	27. 54	10. 37	0. 363	8. 31	13. 09
32-19	4. 46	15. 70	27. 23	16. 17	0. 408	9. 84	11. 93
32-20	3. 16	15. 49	25. 64	20. 74	0. 395	15. 30	7. 15

续表 7-6

点号	Cu	Pb	Zn	Sb	Ag	Sn	Hg
32-21	4.09	13.53	20.58	17.39	0.240	7.65	11.27
32-22	3.72	20.21	31.03	21.05	0.268	12.46	7.65
32-23	3.91	21.19	23.11	24.10	0.295	17.05	8.87
32-24	3.91	22.01	27.54	35.38	0.419	21.20	10.67
32-25	4.09	21.68	25.96	33.55	0.439	18.36	13.39
32-26	3.91	22.01	27.23	36.91	0.431	20.55	8.28
32-27	3.35	24.12	33.24	24.40	0.439	20.11	6.62
32-28	3.72	20.38	21.53	27.76	0.410	14.65	12.44

注：电吸附由周奇明、赖锦秋分析，吸附汞由桂林矿产地质研究院化探分析室分析。

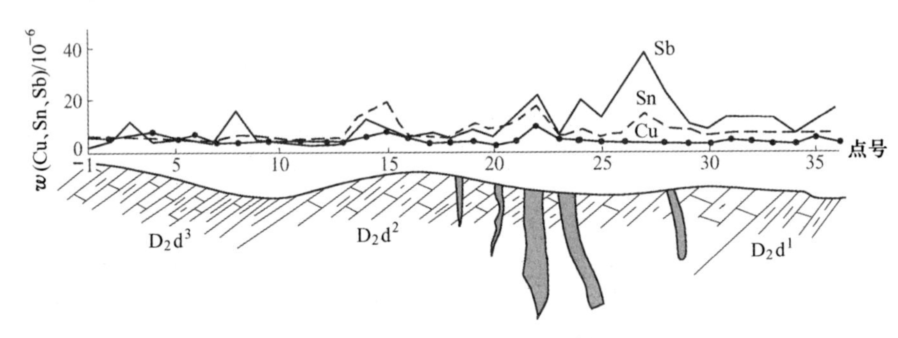

图 7-59　北香 17 线电吸附异常剖面

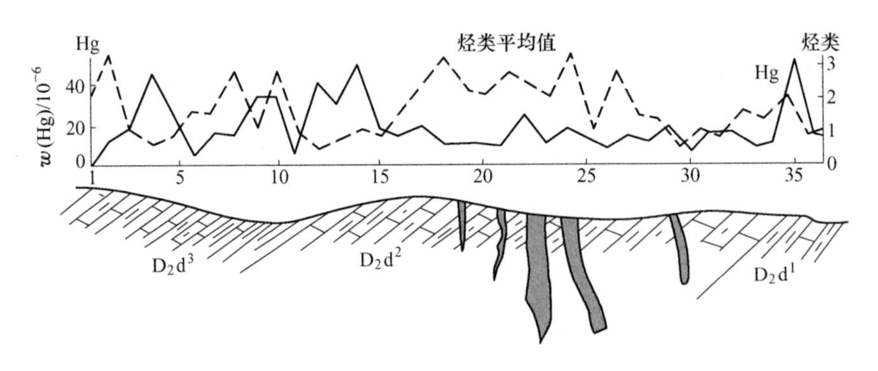

图 7-60　北香 17 线吸附烃、吸附汞异常剖面

（1）从 17 线剖面图可看出：在已知矿体上方 20～30 号点，电吸附 Sb、Sn、Ag 有较为良好的异常反映。Cu 在该剖面位置上也具有相同特征，说明方法的有效性。

（2）电吸附 Zn、Pb 在已知矿体上方虽然仅有弱的异常，但与大厂矿田、黄

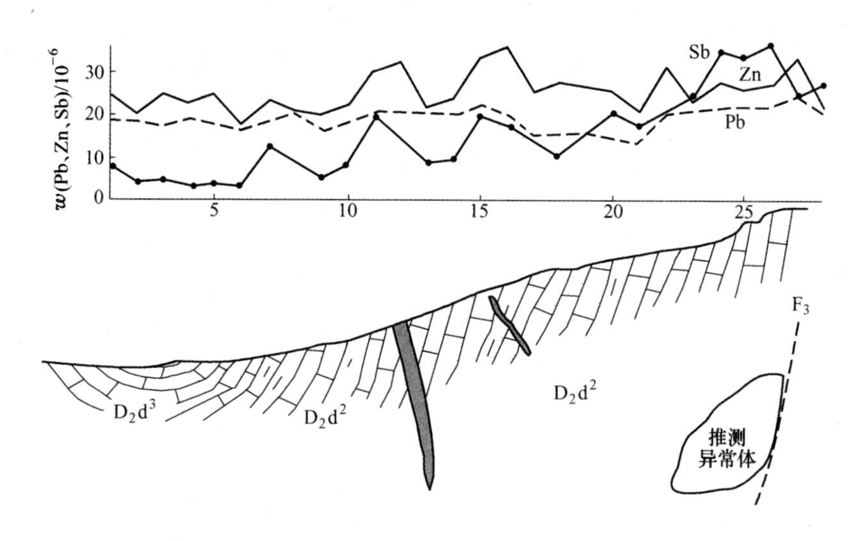

图 7-61 北香 32 线电吸附异常剖面

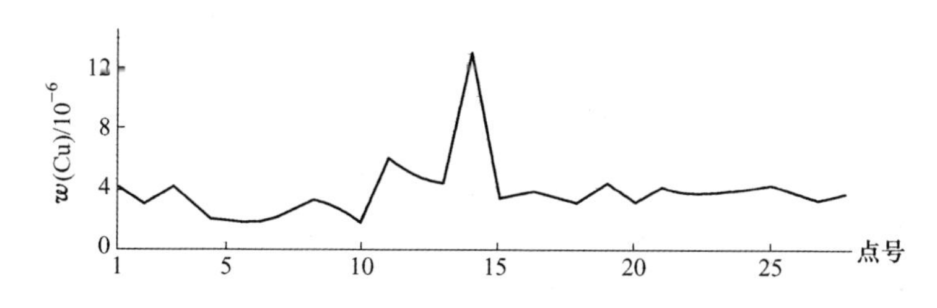

图 7-62 北香 32 线电吸附 Cu 曲线

沙坪、中条山篦子沟、东乡铜矿相比，北香地区的这些元素含量均高于上述矿区的异常值（Pb $4\times10^{-6}\sim6.2\times10^{-6}$、Zn $8\times10^{-6}\sim12.65\times10^{-6}$），显示出高含量特征，说明北香地区具有 Zn、Pb、Cu 的普遍矿化或深部具有较大矿体（层状矿体），因此引起普遍高值异常。

（3）已知矿体上方出现吸附相态汞的环状异常，由于构造面（地层接触面）的叠加环状峰值有所失真，但环峰的出现可推断双峰出现于与矿体水平投影中心100~130m，矿体上方出现弱异常。吸附相态汞在断裂面、构造接触面及地层接触面上方具有极良好的异常峰值。

（4）吸附烃在已知矿体上方具有完整的非常良好的异常，异常体的宽度大体能反映矿体分布范围。

（5）32 线已知矿上方有与 17 线已知矿相似的特征外，22~28 号出现有 Sb、Zn、Sb、Pb、Ag 等元素综合异常，异常体宽度较大，峰值也较已知矿体上方为高，推测为深部隐伏的较大脉状矿体或层状矿体所引起。

7.7.2.4　高峰 100 号矿床

A　烃类异常特征

烃类异常特征如图 7-63 所示。广西大厂高峰 100 号矿床的研究于 50 中段、110 中段、200 中段和 450 中段展开。从 50 中段→110 中段→200 中段→450 中段，均存在一个以矿体为中心的烃类晕圈异常，但相对地矿体下部 50 中段异常弱且窄，异常紧靠矿体及其周边分布；从 50 中段→110 中段→200 中段，异常强度逐渐增大，异常范围逐渐变宽，异常中心距离矿体由 50 中段的 10~15m，至 110 中段扩大到 20~30m，于 200 中段进一步扩大到 20~80m，然后从 200 中段→450 中段，又逐渐变小至 20m 左右。但无论哪个中段，矿体中烃含量较低，其高值异常位于矿体周围，且矿体上下盘异常强度与范围均具不对称性，形成一种空心的不对称晕圈异常，这与个旧锡矿的实心晕圈异常有一定差别。

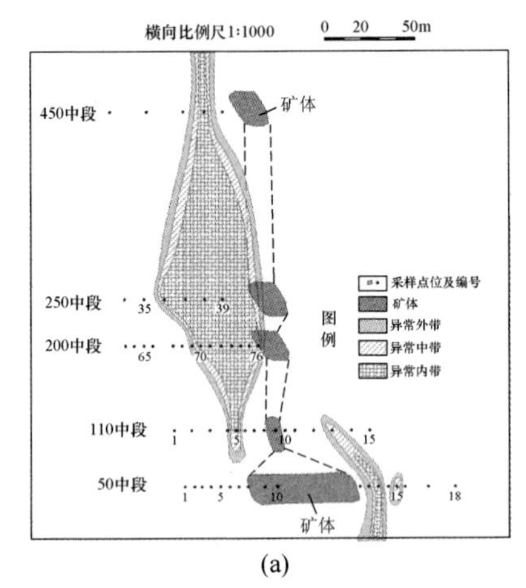

(a)

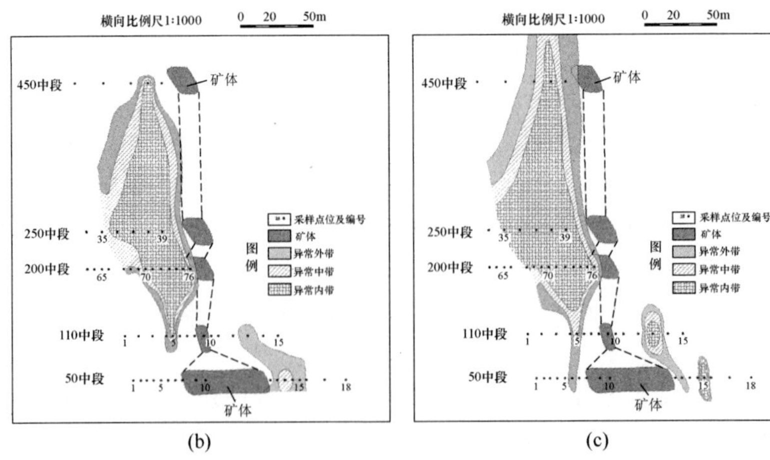

(b)　　(c)

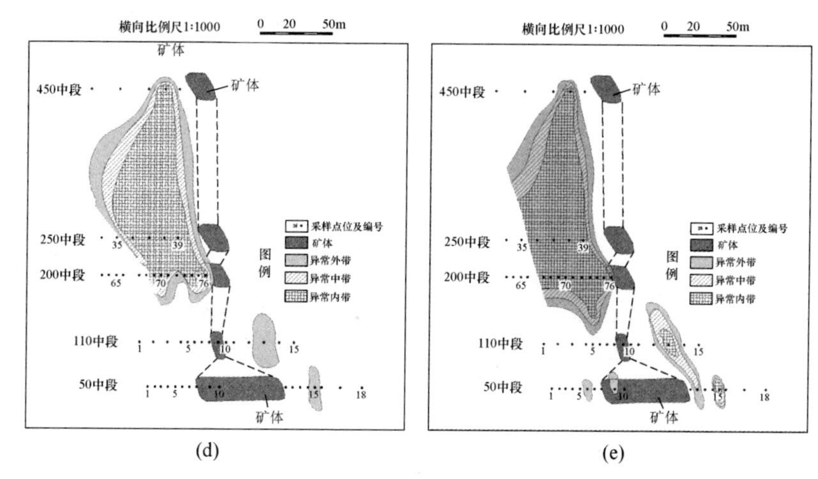

图 7-63 大厂锡矿 100 号矿体 50~450m 中段化探烃类异常平剖面（据陈远荣等）

（a）甲烷；（b）乙烷；（c）丙烷；（d）异丁烷；（e）正丁烷

很显然，虽然各烃类组分在不同类型矿床的矿体周围的展布形式有一定的差异，但它们仍存在一个共性，那就是在矿体周围均存在一个晕圈状烃类异常。

B 原生晕分带特征

通过对 100 号矿体 450、250、200、110、50 五个中段（标高）的碳酸盐岩围岩分析后发现（见表 7-7、图 7-64~图 7-66）。

表 7-7 各微量元素在不同中段含量平均值 (10^{-6})

中段	Sn	Cu	Pb	Zn	As	Sb	Hg	Co	Ni	V	Ti	Mn	Ag	Mo	Bi
450	26.5	8.8	327.9	1067	107.4	296.1	0.149	2.9	6.8	2.9	63.7	1956	2.07	2.13	0.39
250	48.9	4.7	427.7	2062	399.2	590.5	0.066	2.9	17.2	6.0	97.7	1884	2.34	2.9	0.73
200	39.7	3.8	429.3	1082	250.3	405.6	0.057	3.0	9.7	4.9	37.3	1681	2.44	4.5	0.27
110	51.0	4.61	538.9	1322	497.8	659.9	0.066	3.2	5.7	3.2	26.64	1291	2.22	3.4	0.35
50	73.3	9.6	881.1	3010	504.7	881.9	0.195	3.0	5.1	9.1	56.9	1584	3.2	2.8	1.75
克拉克值	$0.x$	4	9	20	1	0.2	0.04	0.1	20	20	400	1100	$0.0x$	0.4	

注：涂和魏—涂里千和费德波尔，1961。

（1）与同类岩性克拉克值相比，具明显富集的元素有 Sn、Pb、Zn、As、Sb、Hg、Co、Ag、Mo、Bi，明显贫化的元素有 Ni、V、Ti，含量相当或含量稍高的元素有 Cu、Mn。显然，本区在多期成矿作用下，Sn、Pb、Zn、As、Sb、Hg、Co、Ag、Mo、Bi 等元素有明显的带入，而 Ni、V、Ti 等元素，不但没有带入，还使围岩中的 Ni、V、Ti 发生明显的亏损和带出。

（2）主成矿元素 Sn、Zn、Sb 和重要伴生组分 As、V、Bi 等元素从 450→250

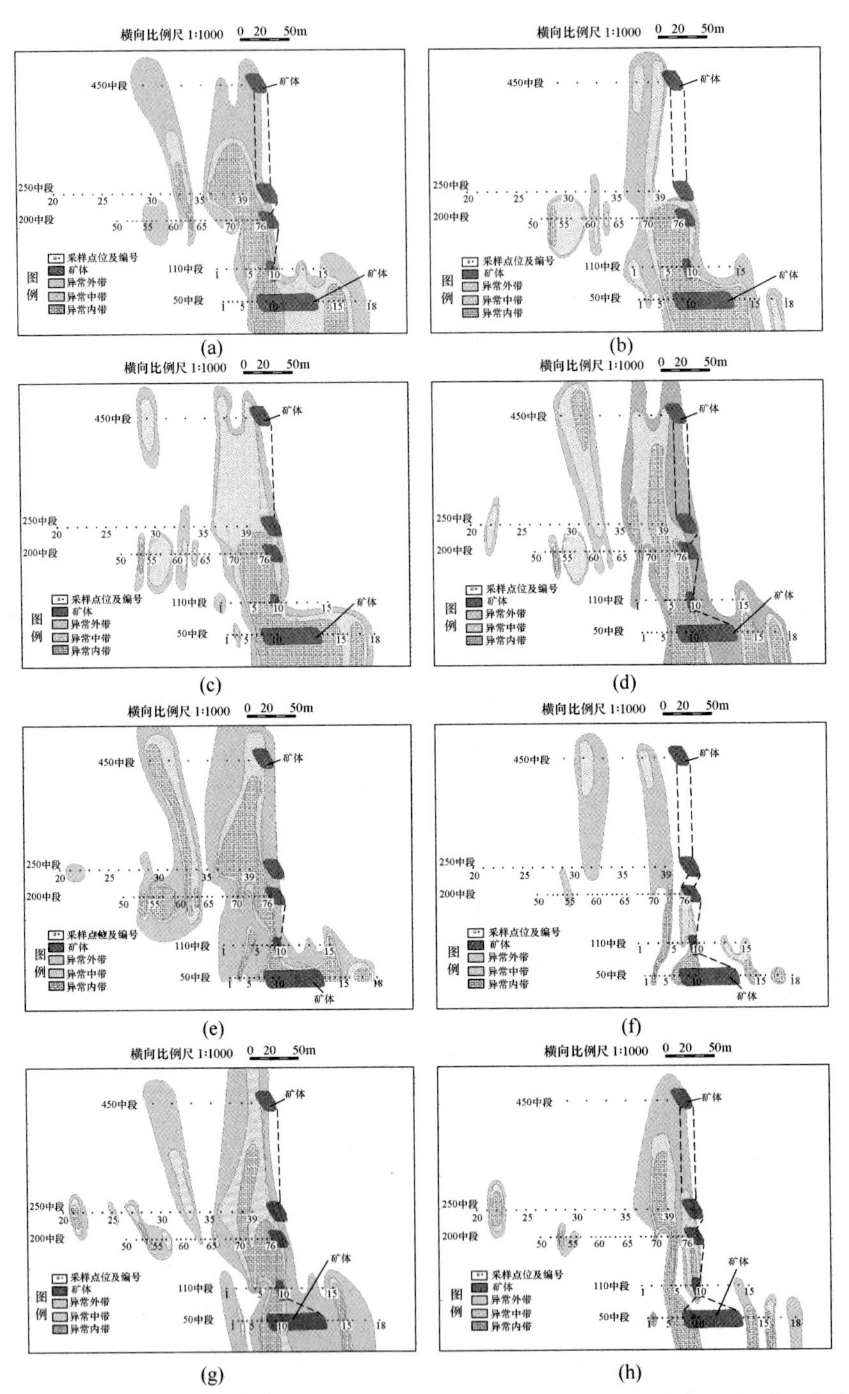

图 7-64　大厂高峰 100 号矿体 50~450m 中段微量元素化探异常平剖面（据陈远荣等）

(a) 锡；(b) 锑；(c) 铅；(d) 锌；(e) 银；(f) 铜；(g) 砷；(h) 汞

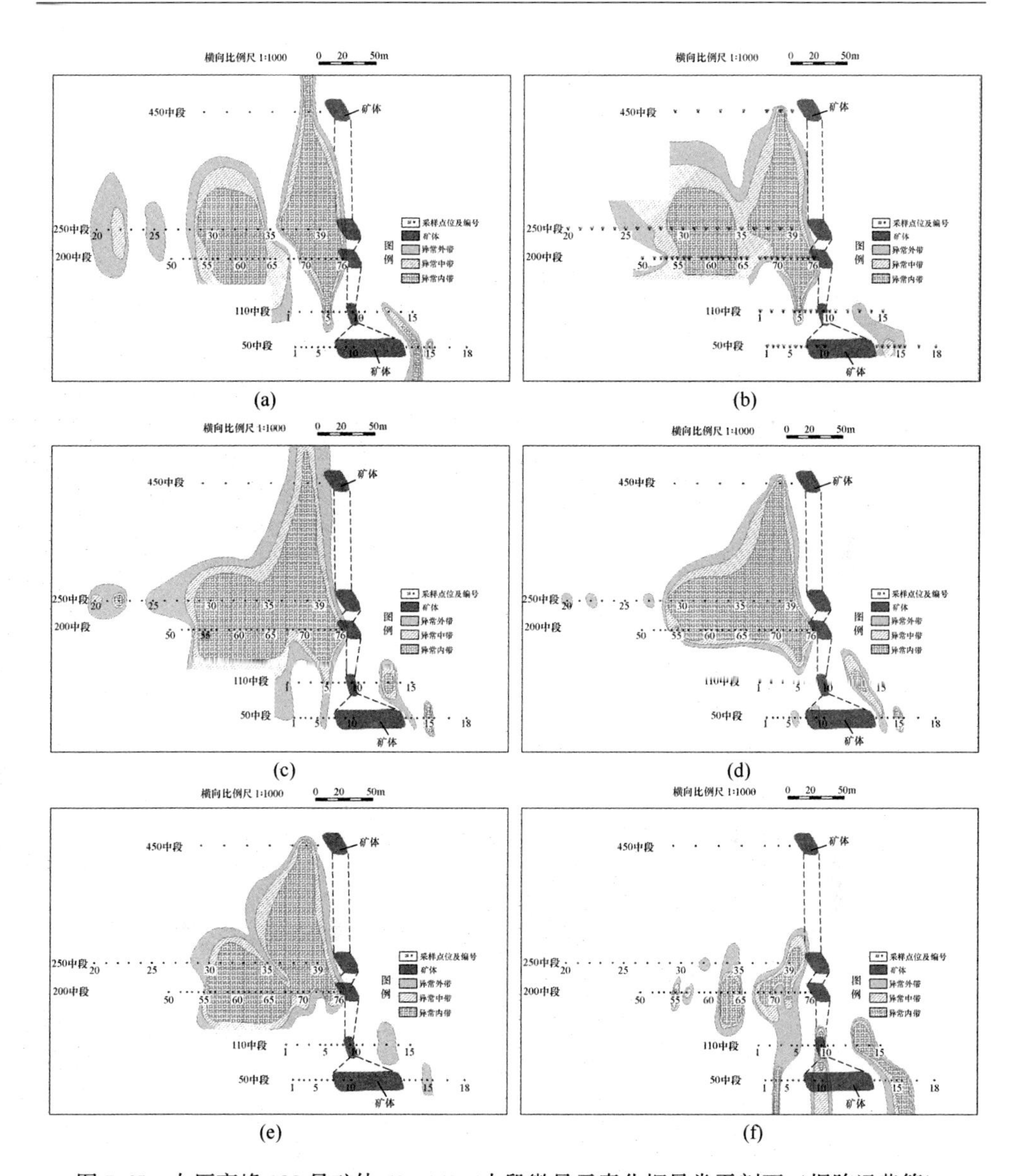

图 7-65 大厂高峰 100 号矿体 50~450m 中段微量元素化探异常平剖面（据陈远荣等）
（a）甲烷；（b）乙烷；（c）丙烷；（d）正丁烷；（e）异丁烷；（f）乙烯

→200→110→50 中段，含量具有由低→高→低→再升高的变化特征，并形成两个浓集区段，一个是 250 中段周围，另一个是 110 中段往下的 50 中段，而且后者的富集程度更强。

（3）主成矿元素 Pb、Ag 从上部的 450 中段至下部的 50 中段，具有逐渐增高的变化趋势，并于 50 中段达到最高值。

（4）重要伴生元素 Hg、Mn 与 Pb、Ag 相反，由上往下具有逐渐降低的变化

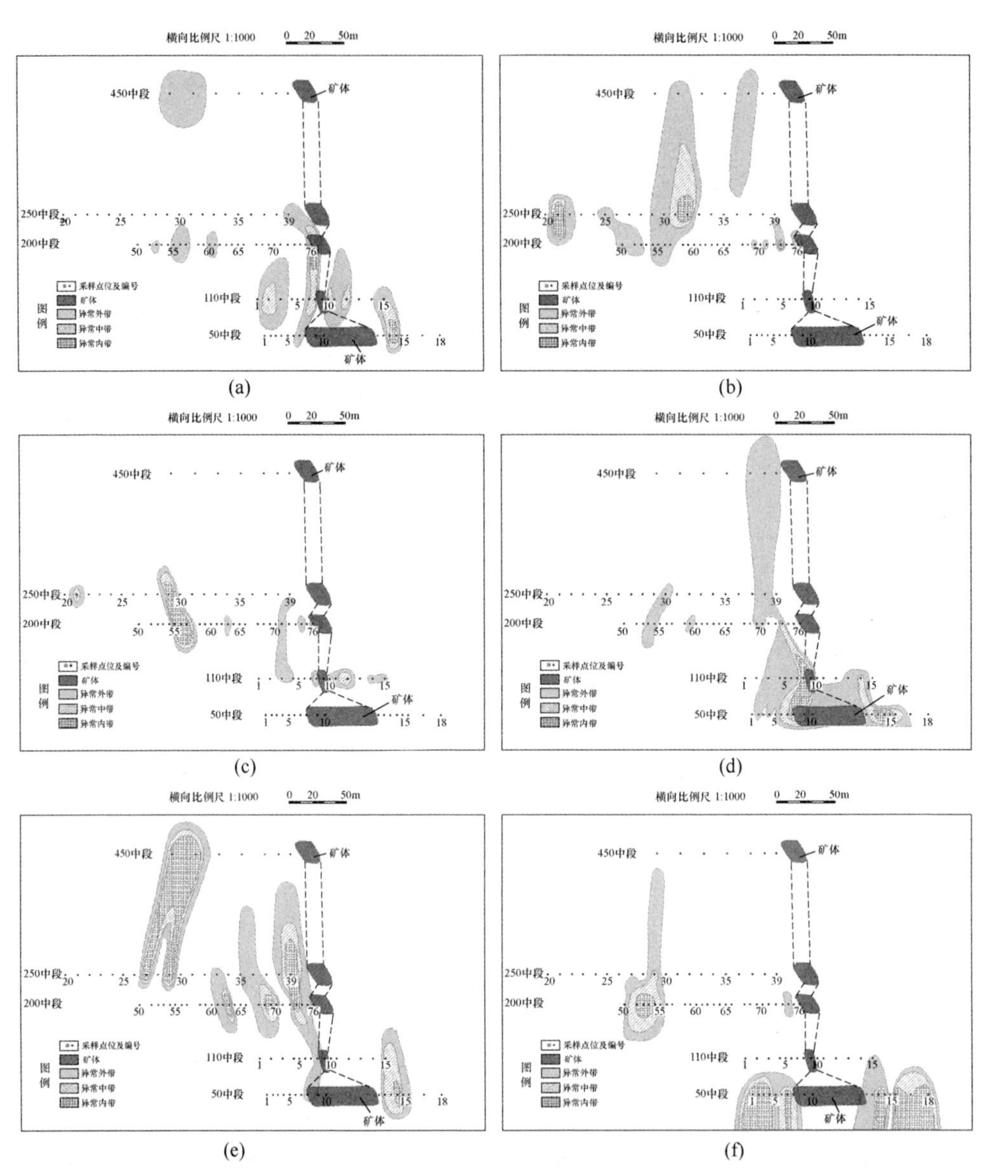

图 7-66　大厂高峰 100 号矿体 50~450m 中段烃类化探异常平剖面（据陈远荣等）

（a）钴；（b）镍；（c）钼；（d）铋；（e）锰；（f）钒

特征。

（5）Cu 具有上部 450 中段、下部 50 中段高，中间的 200 中段最低的变化特点；Mo 与 Cu 正好相反，具有上、下低，中间高的特点。

（6）Ni 具有 250 中段最高，往下逐渐降低的变化特征。

（7）Co 的上下变化不太明显，但总体上具有从 450 中段→110 中段，含量逐渐增高的变化特点。

各微量元素在不同标高（中段）的变化规律显示，本区100号矿体虽然为连续的整体，但其为多期成矿作用或同一期多次矿化作用（脉动作用）相互叠加的结果，多次成矿作用叠加以及各元素本身地球化学性质与行为的差异，导致了它们在空间上富集区段的差异，并产生多个浓集中心。

7.7.2.5 大厂矿区地电化学方法有效性试验

为了检验该方法对寻找隐伏锡矿床的有效性，特选择通过已知矿体的14线剖面进行试验研究。剖面长2300m，20m等距布置了107个测点（丢点12个）。所采用的方法有地电提取测量法、土壤离子电导率测量法及土壤吸附相态汞测量法，其剖面如图7-67所示。

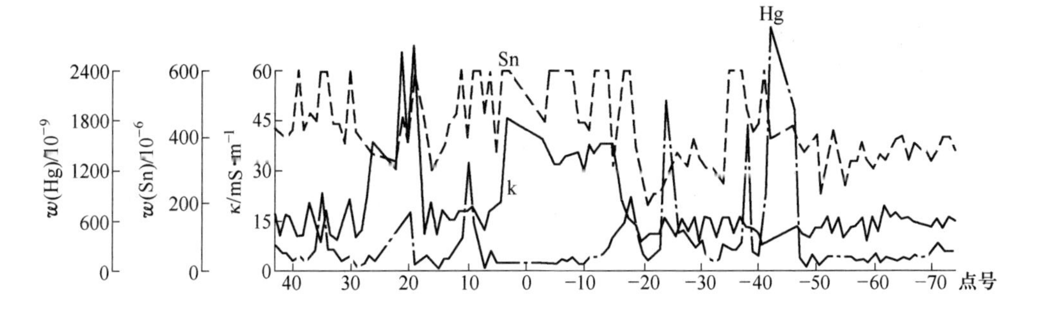

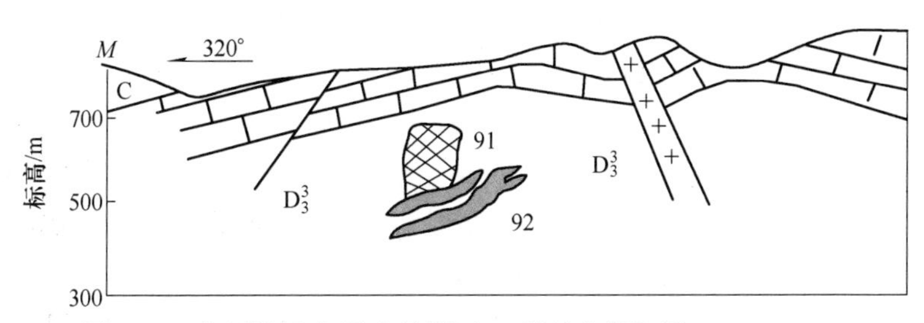

图7-67 大厂铁板哨-黑水塘测区14线地电提取锡、土壤离子电导率和吸附相态汞异常剖面（据陈远荣等）

(1) 地电提取锡异常特征（见图7-67（Sn)。采用220V民用电供电，供电时间48h，提取分析了Sn、Ti、Cu、Pb、Ni、Mn、Cr、Mo、V、Ag、Zn、Co、W等13个元素，其中Sn在已知矿体上方有清晰的异常，Ti次之，而其他元素异常较差。

14线存在着3个异常，1号异常位于11～−18号点之间，异常强度大于450×10^{-6}，其中大于500×10^{-6}的点有16个，异常宽度为540m，其中−3～−18号点的异常为已知矿体所形成的异常；2号异常位于在40～29之间，强度大于

450×10^{-6},其中大于 500×10^{-6} 的点有 4 个，异常宽度为 200m；3 号异常位于 -35～-41 之间，强度大于 450×10^{-6}，其中大于 500×10^{-6} 的点有 4 个，异常宽度 120m。在 20 号点还存在一个点异常，强度大于 500×10^{-6}。

从上面剖面可以看出，在已知矿体的上方（-3～-18 点）得到了清晰的地电提取锡异常。

（2）土壤离子电导率异常特征（见图 7-67（电导率））。14 线存在着 2 个异常，1 号异常位于 3～-17 号点之间，异常明显，宽 400m，异常强度在 18～45.6ms/m 之间，为背景值（12.6ms/m）的 1.4～3.6 倍，其中-3～-17 号点的异常为已知矿体所形成的异常；2 号异常位于测点 27～19 之间，宽约 140m，呈双峰，强度为 18～67.6ms/m 之间，为背景值（12ms/m）的 1.4～5.4 倍，最高值位于 19 号点和 21 号点。从上面剖面可以看出，在已知矿体的上方（-3～-18 点）得到了清晰的土壤离子电导率异常。

（3）土壤吸附相态汞异常特征（见图 7-67（Hg））。吸附相态汞异常在该剖面上出现了 4 个异常，1 号异常位于剖面-15～-47 点之间，宽度为 640m，异常强度大于 300×10^{-9}，最高值为 2958×10^{-9}，为异常下限的 10 倍，为已知矿体矿头的反映；2 号异常位于 9～35 号点，宽度 500m，最高值 1289×10^{-9}，为异常下限的 4 倍。

（4）方法找矿的可行性结论。经过对已知矿体上方的 14 号剖面进行三种方法异常特征的分析，可有以下结论：

1）地电提取锡在已知矿体的上方（-3～-18 点）得到了清晰的地电提取锡异常，异常强度大于 450×10^{-6}，其中大于 500×10^{-6} 的点有 10 个，异常宽度的半边（-3～-18 点）同已知矿体的宽度基本相等。

2）土壤离子电导率在已知矿体上方的-3～-17 号得到了清晰的异常，异常强度在 18～39.6ms/m 之间，为背景值（10ms/m）的 1.5～3.6 倍，异常宽度的半边（-3～-17 点）同已知矿体的宽度基本相等。

3）土壤吸附相态汞在已知矿体的矿头上方出现了清晰的异常，异常强度大于 300×10^{-9}，最高值为 2958×10^{-9}，为异常下限的 10 倍。

4）电提取的 Sn、Ti、Cu、Pb、Mn、Cr、Mo、V、Ag、Zn、Co、W 等 13 个元素中，对于寻找隐伏锡矿，Sn 作为指示元素的指示性最好。

总之，通过对铜坑锡矿已知剖面的找矿可行性试验研究结果可得出，在已知锡矿体上方测出了明显的地电提取、土壤吸附相态汞、土壤离子电导率三种新方法综合异常。说明利用三种新方法在厚层覆盖区寻找隐伏锡矿床是可行的，效果是好的，值得在类似的覆盖区广泛利用。

（5）找矿模式。在未知区建立找矿模式时，做了如下考虑：

1）土壤离子电导率异常值，从已知矿体异常的强度分析，应该在 29.8~45.6ms/m 的范围内或略高，太高的点，可能为污染点，如测出的 0 号线的 15 号点，污染点的值可达 547ms/m。

2）地电提取锡异常呈现高值区。

3）按照已知矿体上方反映的地电提取锡异常和土壤离子电导率异常是呈带状分布的，因此，地电提取锡异常和电导率异常范围不能是单点，而必须有一定的宽度。

4）土壤吸附相态汞高值区，高值区也可能指示了下部的断裂构造。

总之，在未知区的找矿模式应该是：具有一定宽度的高地电提取锡异常和高土壤离子电导率异常及土壤吸附相态汞高值区去寻找。

7.7.3 高峰 100 号矿体南部找矿探查技术应用

7.7.3.1 地质简况

高峰矿（100 号矿体）构造上位于大厂倒转背斜轴隆最高部位，背斜轴面呈北西 340°走向，陡倾北东，在背斜轴之西，平行轴向有逆掩断层，沿逆掩断层之接触带上发育破碎带，较远接触带岩层发生层间错动形成层间破碎带和不同程度碎裂带，这些破碎带以巴黎-龙头山一带背斜轴部位最发育。高峰矿（100 号）体就产于这些构造部位中的中泥盆统下部礁灰岩中，呈块状。块状矿石中金属富集程度极高，矿石矿物主要有黄铁矿、毒砂、方铅矿、闪锌矿、磁黄铁矿、脆硫锑铅矿、锡石等，脉石矿物有石英、钡冰长石、方解石和菱铁矿。锌、铅、锑、锡、银的含量均达到工业品位，分别为 9.7%、4.84%、4.22%、1.86%、148g/t。在矿床开采过程中，矿体的横截面十分规整，未发现有明显的矿脉插入到围岩中的现象，表明矿体与围岩呈截然突变的接触关系。

高峰 100 号矿体南部矿区位于广西南丹县大厂矿田西矿带南段巴力-龙头山矿区 100 号矿体南面深部，主要地层为灰色、深灰色厚层-块状生物礁灰岩，层理不发育。礁灰岩主要由生物黏结岩、生物积障岩、生物骨架灰岩等原地生物灰岩和亮晶、泥晶生物屑灰岩、砂屑-团块灰岩，塌积角砾岩、泥晶灰岩等异地生物屑灰岩组成。生物礁灰岩根据其相变的不同，又分为礁前相、礁核相、礁坪相和礁后相，各相大致呈近南北的带状分布，各相间指状交接。此外，在礁体下部出现礁基底相，为高 100~200m 的灰泥丘，由海百合细晶灰岩组成，局部含石膏。生物礁灰岩与围岩常呈指状交错，礁体在构造作用下常发生断裂破碎，利于矿液的充填，成为本区的主要容矿空间。

7.7.3.2　烃类组分及微量元素找矿探查技术应用

A　大厂 100 号矿床 200 中段西南部异常特征与深部成矿预测

a　相关指标异常特征

（1）甲烷、乙烷、丙烷。这三个烃类指标的异常特征如图 7-68 所示，它们在 200 中段异常均很发育，内、中、外浓度分带很清晰。异常主要集中分布于矿体的中段西南部离矿体 40～150m 范围内，而西北部和东南部两端异常较弱。但在 100 号矿体南端（下盘）约 150m 的炸药库西侧 34～42 号取样点一带，发育了一个高强度异常。

（2）锡。主成矿元素 Sn 异常如图 7-68 所示，Sn 异常在 200 中段发育程度中等，虽然内、中、外浓度分带明显，但以中外浓度带居多。大部分异常围绕 100 号矿体呈断续环带状分布。在炸药库西侧 31～35 取样点周围只形成两个点状低缓异常。

（3）锑。如图 7-69 所示，Sb 在 200 中段异常非常发育，且明显具有两个异常带，一个位于 100 号矿体周围，呈断续环带状展布，另一异常带位于 100 号矿体下盘离主矿体约 70～100m 处。后者分布于 52～60 号、101 号、121 号、149 号、151 号、154～165 号、202～204 号取样点周围，其中又以 52～60 号、149～151 号、154～165 号三个异常段最为清晰，内、中、外浓度带分带明显。另外，在 22～24 号、35～36 号、247～248 号等取样点周围发育有中低缓小异常。Sb 异常在矿体中部明显具有从主矿体向西南方向延伸的特点。

（4）铅。Pb 异常如图 7-69 所示，Pb 异常也很发育，浓度分带明显，主矿体四周皆有展布；与 Sb 异常类似，Pb 在 100 号矿体下盘 80～130m 处，出现一个与主矿体异常带平行的断续块状异常带。其中 35～39 号、55～58 号、149～150 号、194～197 号、247～248 号取样点周围的异常最为明显，浓度分带齐全。

b　深部成矿预测

综上所述，在 200 中段，各指标异常具有如下主要特点：（1）前缘晕指标烃类在 100 号矿体周围异常仍很发育，预示 100 号矿体从 200 中段往下还有很大的延伸。（2）有关微量元素指标除了在 100 号矿体周围形成较明显的异常外，于 100 号矿体下盘 80～130m 周围不同程度地形成另一与主矿体平行的异常带，并于 31～36 号、53～58 号、102～105-1 号、121 号、149～151 号、194～196 号、204～206 号等 7 个取样点区段，形成较清晰的异常浓集中心，而烃类则在炸药库西侧 34～42 号点周围形成高强异常。据此推测 100 号矿体下盘 80～130m 区段某些地段还存在一些平行于 100 号矿体的零星小矿包，特别是炸药库周围成矿希望大。后经矿山人员证实，在该区炸药库下部，确实存在一个小矿包。

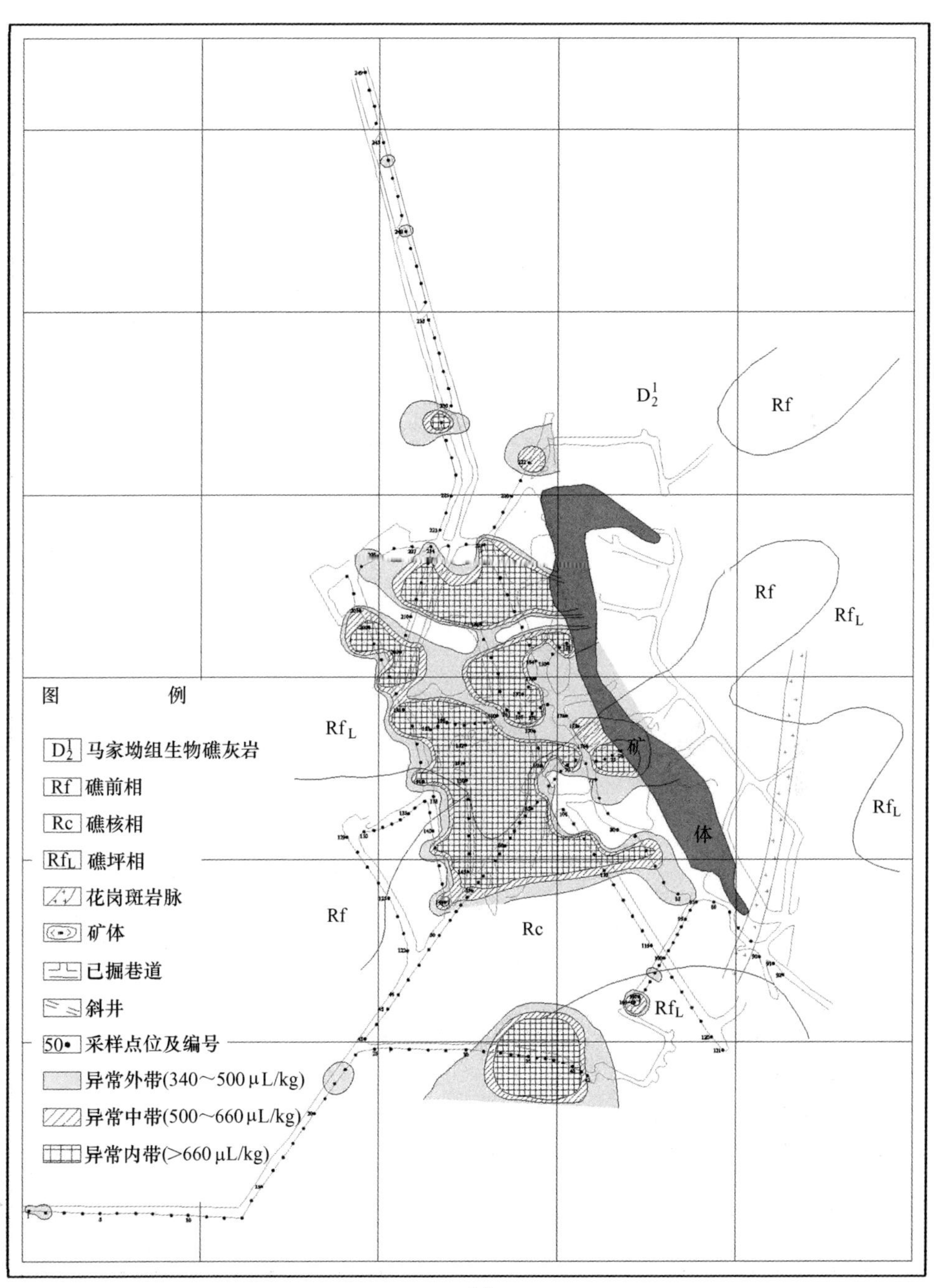
比例尺 1:1000
0 20 50 m
D_2^1
Rf
Rf
Rf_L
Rf_L
Rf_L
矿
体
Rf
Rc
Rf_L
图 例
D_2^1 马家坳组生物礁灰岩
Rf 礁前相
Rc 礁核相
Rf_L 礁坪相
花岗斑岩脉
矿体
已掘巷道
斜井
50• 采样点位及编号
异常外带(340～500 μL/kg)
异常中带(500～660 μL/kg)
异常内带(>660 μL/kg)

(a)

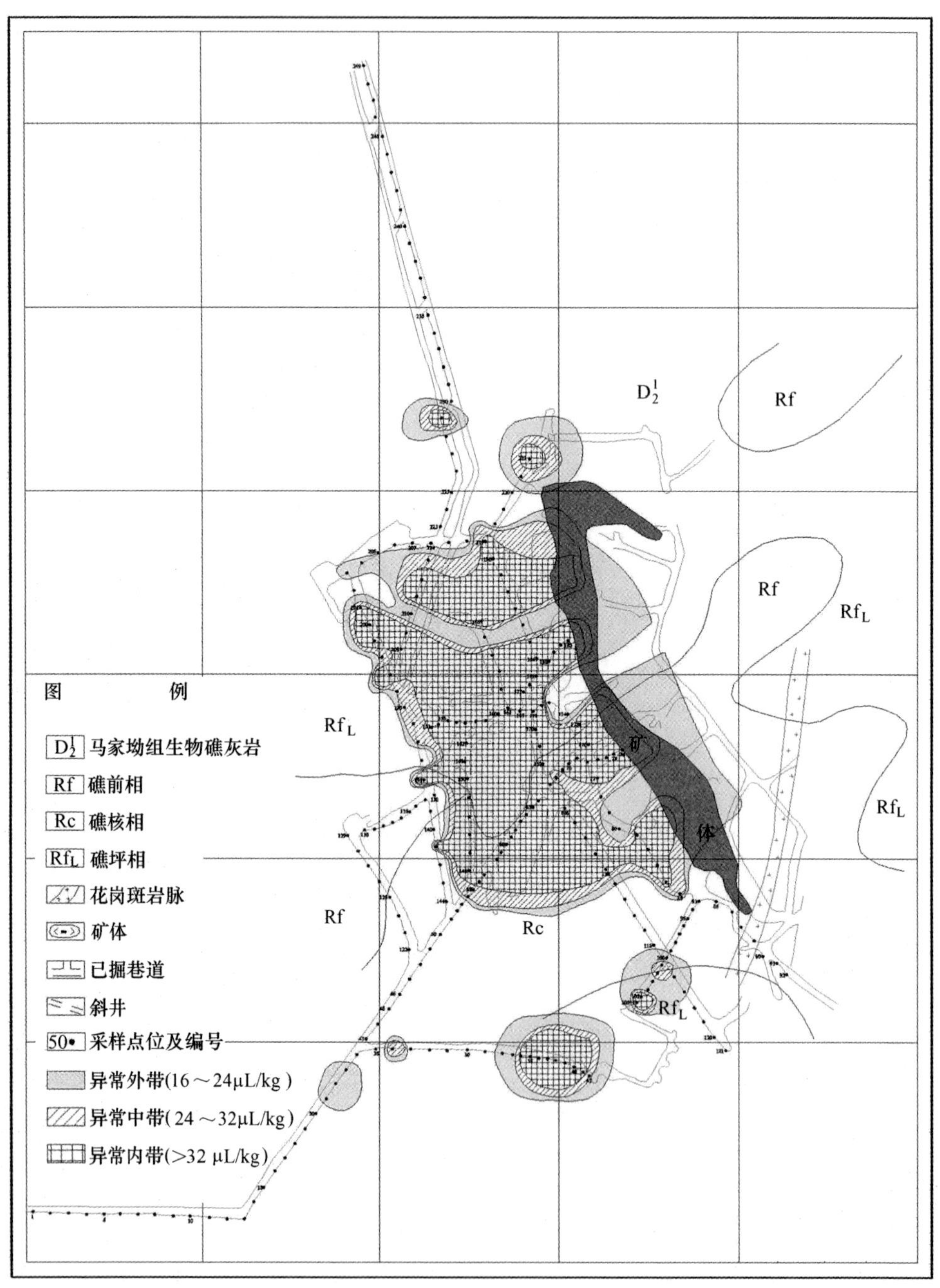
比例尺　1:1000
0　20　50　m
D_2^1
Rf
Rf
Rf_L
Rf_L
Rf_L
Rf_L
Rf
Rc
矿
体
图　例
D_2^1 马家坳组生物礁灰岩
Rf 礁前相
Rc 礁核相
Rf_L 礁坪相
花岗斑岩脉
矿体
已掘巷道
斜井
50• 采样点位及编号
异常外带(16～24μL/kg)
异常中带(24～32μL/kg)
异常内带(>32 μL/kg)

(b)

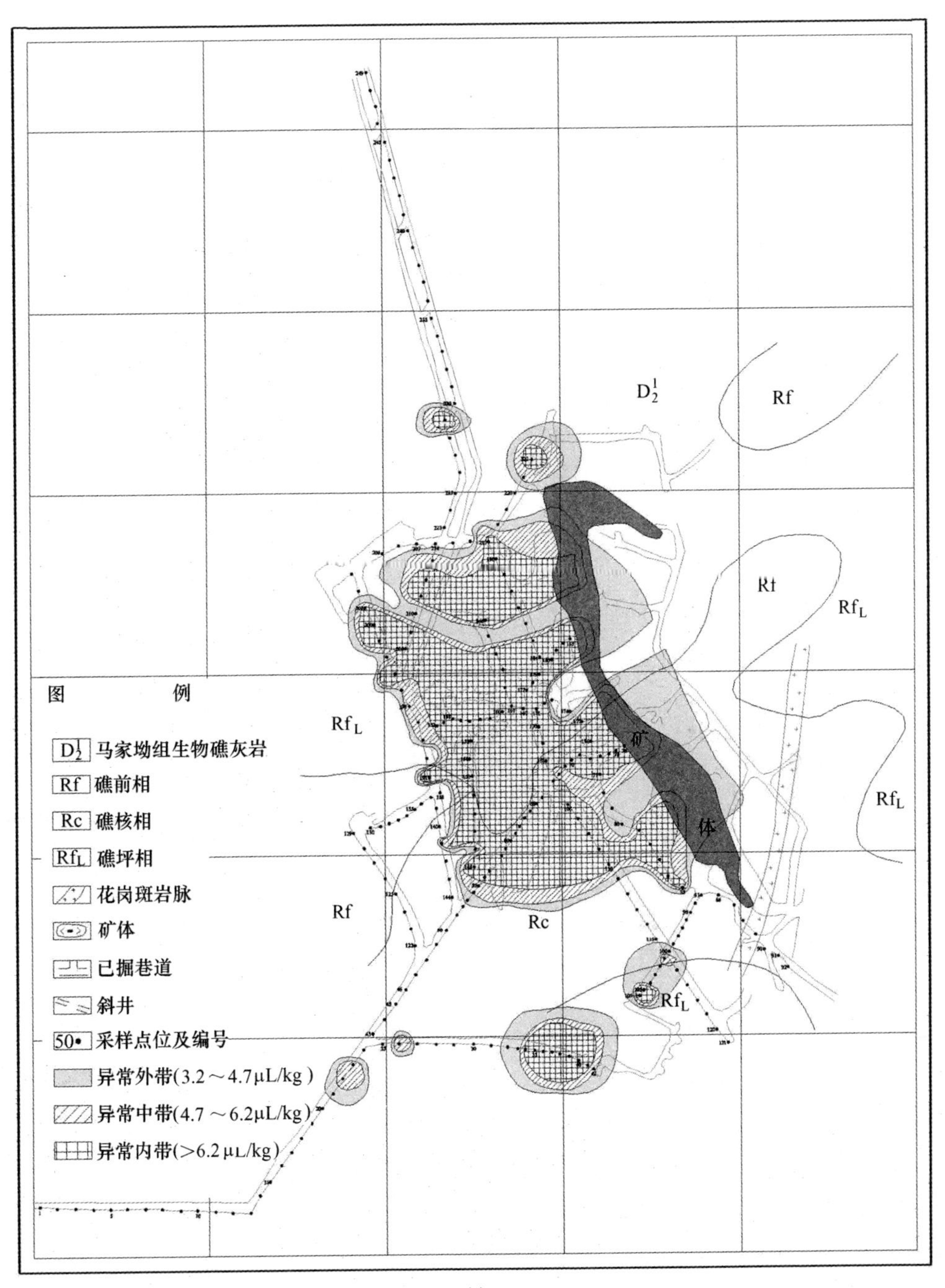
比例尺 1:1000
0 20 50 m
D_2^1
Rf
Rf
Rf_L
Rf_L
Rf_L
Rf
Rc
Rf_L
矿
体
图 例
D_2^1 马家坳组生物礁灰岩
Rf 礁前相
Rc 礁核相
Rf_L 礁坪相
花岗斑岩脉
矿体
已掘巷道
斜井
50• 采样点位及编号
异常外带(3.2～4.7μL/kg)
异常中带(4.7～6.2μL/kg)
异常内带(>6.2μL/kg)

(c)

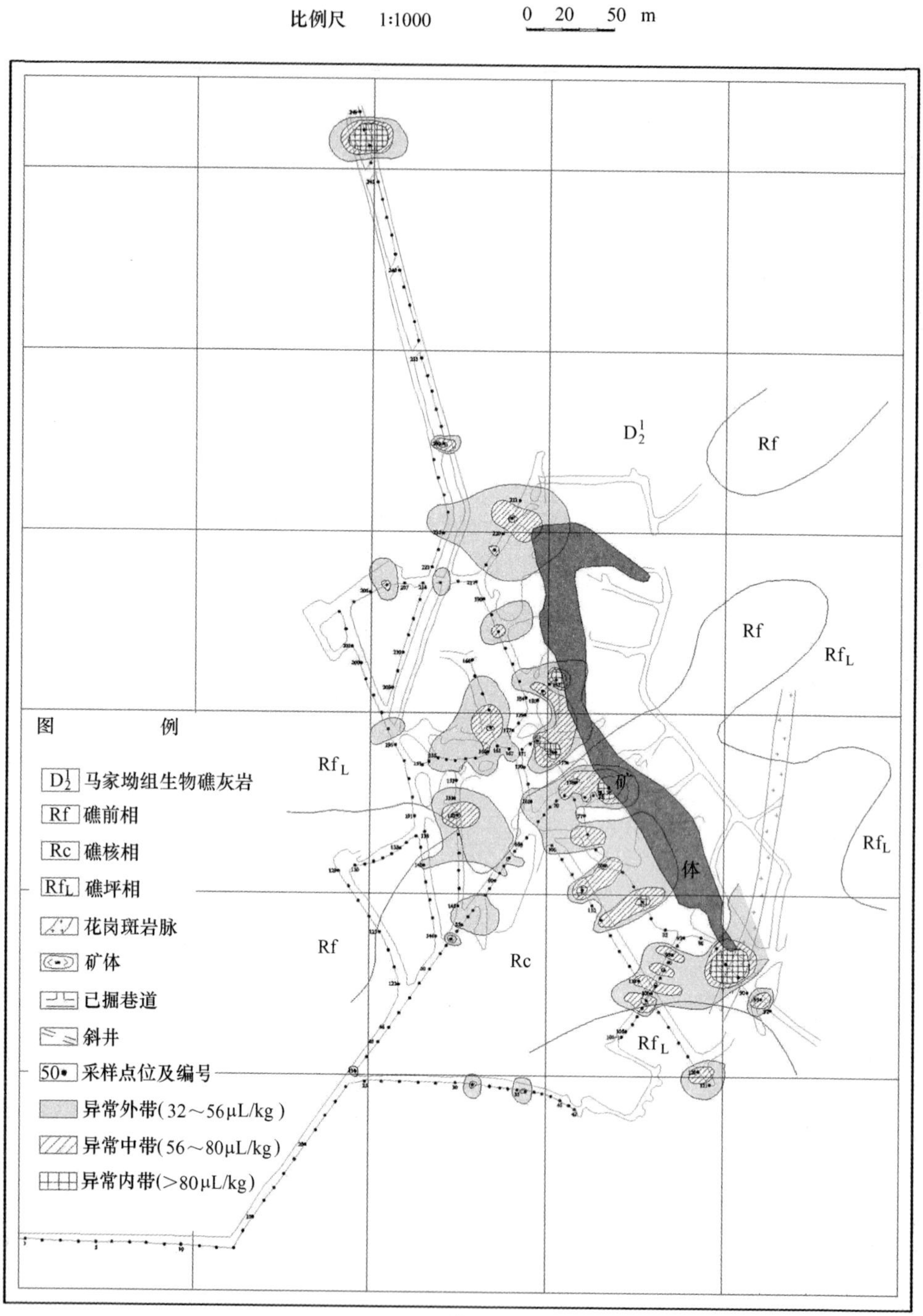

比例尺　1:1000　0　20　50 m

D_2^1

Rf

Rf

Rf_L

Rf_L

Rf_L

Rf

Rc

Rf_L

矿

体

图　例

D_2^1 马家坳组生物礁灰岩

Rf 礁前相

Rc 礁核相

Rf_L 礁坪相

花岗斑岩脉

矿体

已掘巷道

斜井

50• 采样点位及编号

异常外带(32～56μL/kg)

异常中带(56～80μL/kg)

异常内带(>80μL/kg)

(d)

图 7-68　大厂 100 号矿床西南部 200 中段 $C_1C_2C_3Sn$ 异常平面（据陈远荣等）

（a）甲烷；（b）乙烷；（c）丙烷；（d）锡

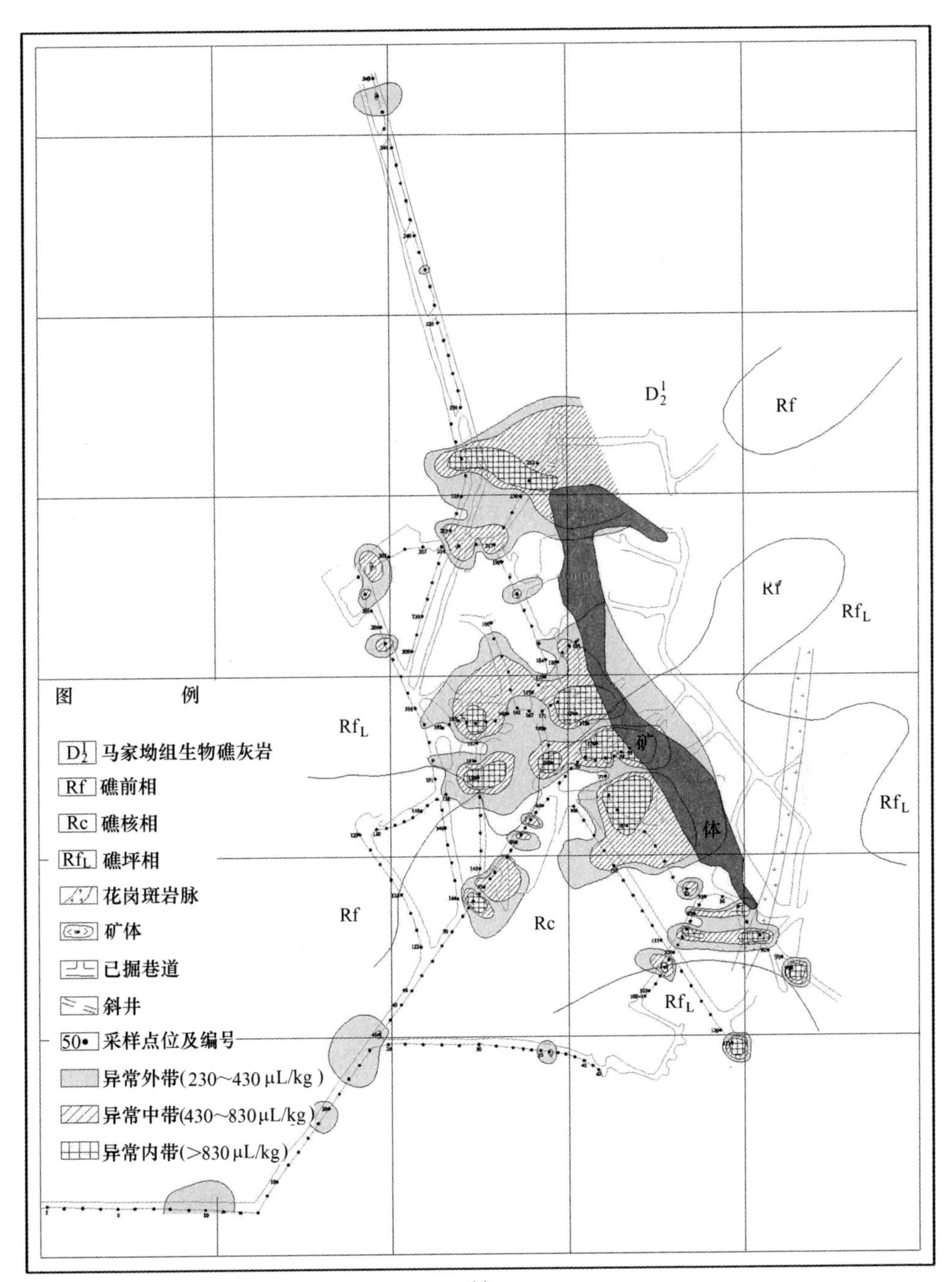
比例尺 1:1000
0 20 50 m
D_2^1
Rf
Rf
Rf_L
Rf_L
Rf_L
矿
体
Rf
Rc
Rf_L
图 例
D_2^1 马家坳组生物礁灰岩
Rf 礁前相
Rc 礁核相
Rf_L 礁坪相
花岗斑岩脉
矿体
已掘巷道
斜井
50• 采样点位及编号
异常外带(230~430 μL/kg)
异常中带(430~830μL/kg)
异常内带(>830 μL/kg)

(a)

比例尺　1:1000　　0　20　50 m

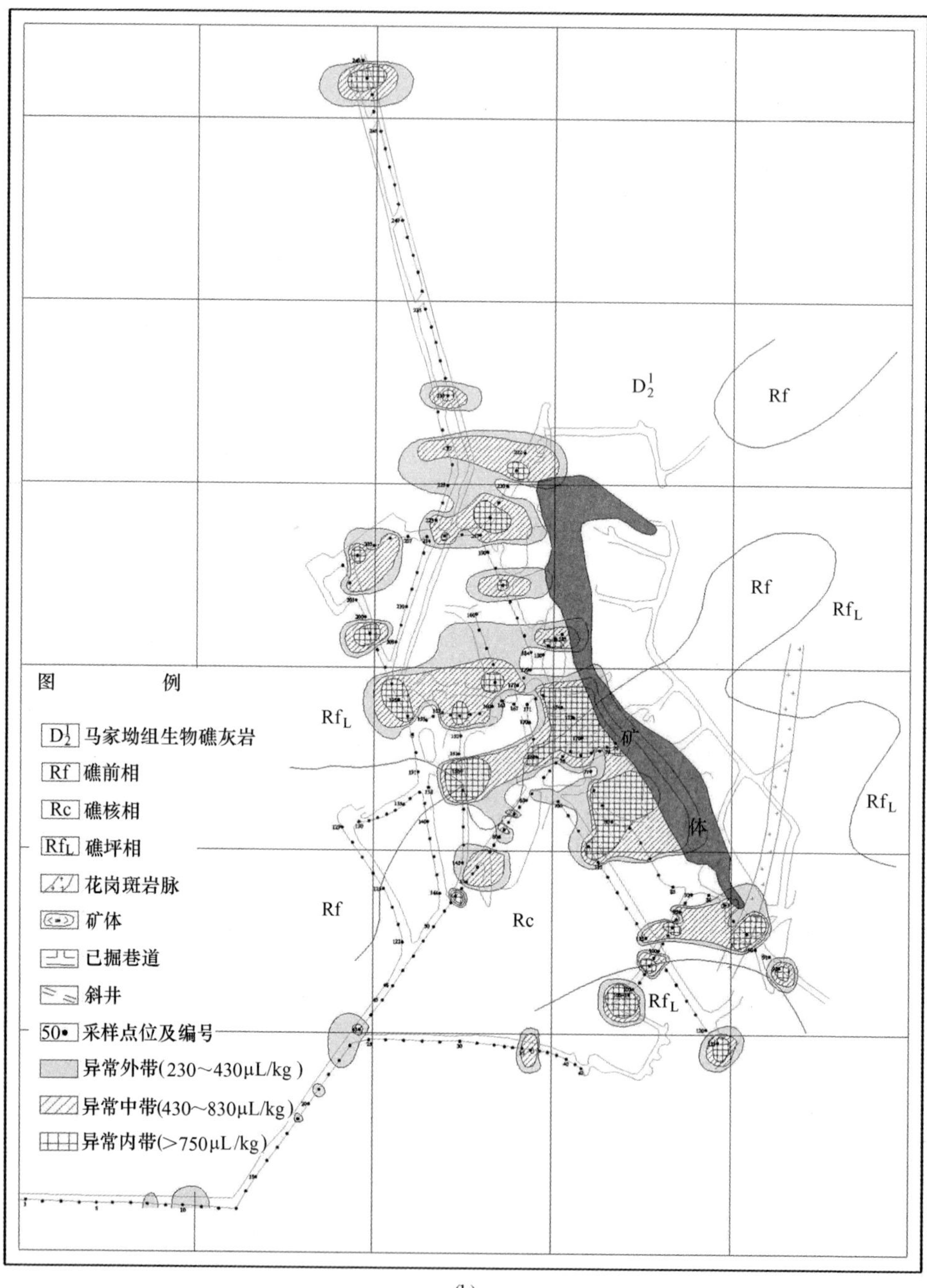

(b)

图 7-69　大厂 100 号矿床西南部 200 中段 Sb、Pb 异常平面（据陈远荣等）

（a）锡；（b）铅

B 大厂高峰南部 327 中段异常特征与深部成矿预测

从微量元素指标的相关聚类特征来看，主成矿元素 Sn-Pb-Ag-Zn-As-Sb-Hg 元素相关系数在 0.65 以上，而代表深部来源叠加特征的元素 Cu-Cr-Ni-Co 相关系数在 0.76 以上。相关系数高的元素其异常形态特征和分布空间位置相似，为了便于综合评价，将这些相关系数高的元素组合综合考虑，前者（Sn-Pb-Ag-Zn-As-Sb-Hg）用综合矿化指数 K_1 代表（几何平均值），后者用综合矿化指数 K_2（Cu-Cr-Ni-Co）代表。从烃指标的相关聚类特征来看，各烃指标相关系数存在差异，甲烷（C_1）-乙烷-丙烷-异丁烷-正丁烷（C_2-C_4）-烯烃（乙烯-丙烯）在异常形态和展布空间上存在不同特点。据此，根据多种元素指标的异常的形态、强度、范围和组合规律等综合特征来评价未知区的成矿潜力，并圈定远景区的范围。在高峰南部 327 巷道共圈定 3 个远景区（见图 7-70）。

a 各远景区的综合异常特征

各远景区的综合异常特征如图 7-70～图 7-73 所示。

（1）在Ⅰ号远景区（位置在 66 线附近巷道的 87～91 号点之间）。

1）主成矿元素 Sn、Pb、Ag、Zn、As、Sb、Hg、Mn 等元素以及其综合矿化指数 K_1 异常值高，分带清晰，异常面积大；

2）Cu、Cr、Ni、Co 及其综合矿化指数 K_2 在Ⅰ号远景区有低缓异常出现，其主要的高值异常则在 68 线的 98～101 号点附近；

3）有机烃中 C_1异常主要展布在主成矿元素 Sn、Pb、Ag、Zn、As、Sb、Hg、Mn 等元素以及其综合矿化指数 K_1 异常区北侧外围并部分重合；C_2、C_3、iC_4、nC_4异常位置更靠近金属成矿元素的高异常区域；乙烯、丙烯异常的异常形态和分布位置则与主成矿元素 Sn、Pb、Ag、Zn、As、Sb、Hg、Mn 等元素以及其综合矿化指数 K_1 异常非常相近。上述各指标异常组合规律与 100 号矿体上有相似之处。

（2）在Ⅱ号远景区（位置在 68～70 线之间的 7～10 号点和 94～97 号点之间的巷道交叉口位置）。

1）主成矿元素 Hg、Pb、Zn、Ag、Mn 元素以及其综合矿化指数 K_1 异常值高，分带清晰，而 Sn、As、Sb 异常稍弱，以异常外带为主；

2）Cu、Cr、Ni、Co 及其综合矿化指数 K_2 在Ⅱ号远景区呈现高值异常特征，其高异常位置更偏向北侧的 68 线；

3）有机烃中 C_1异常强度较低，分布位置与主成矿元素以及综合矿化指数 K_1 异常相邻或部分重合；而 C_2、C_3、iC_4、nC_4、乙烯、丙烯异常强度高，位置更靠近金属成矿元素的高异常区域或位置重合。

（3）在Ⅲ号远景区（64 线北侧的 71 号点附近一单点异常）。

1）主成矿元素 As、Hg、Zn、Ag、Mn 元素以及其综合矿化指数 K_1 异常值

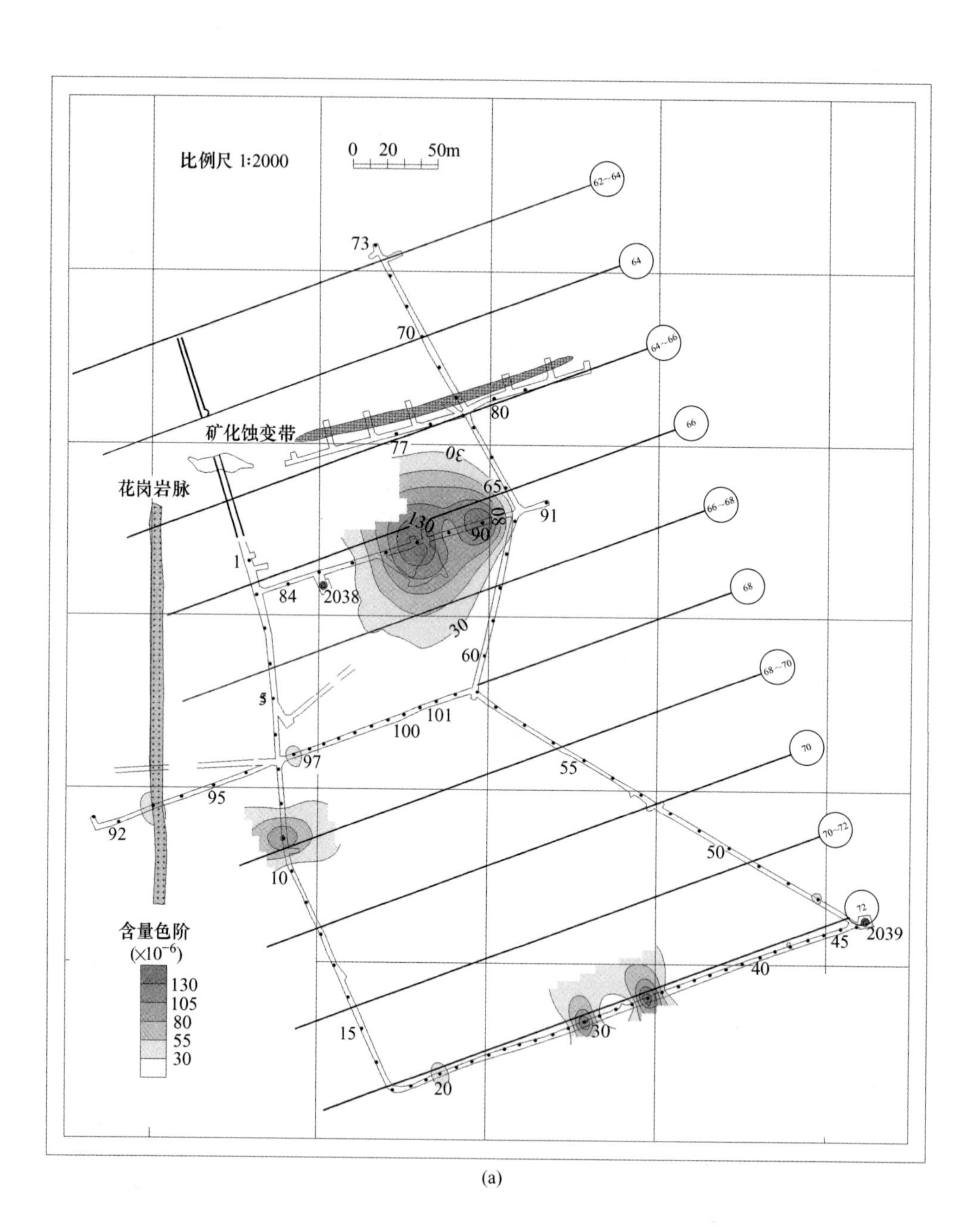
比例尺 1:2000
0 20 50m
62~64
64
64~66
66
66~68
68
68~70
70
70~72
72
矿化蚀变带
花岗岩脉
含量色阶
(×10⁻⁶)
130
105
80
55
30
73
70
80
77
65
91
90
1
84
2038
60
5
101
100
97
95
92
55
10
50
2039
45
40
15
20

(a)

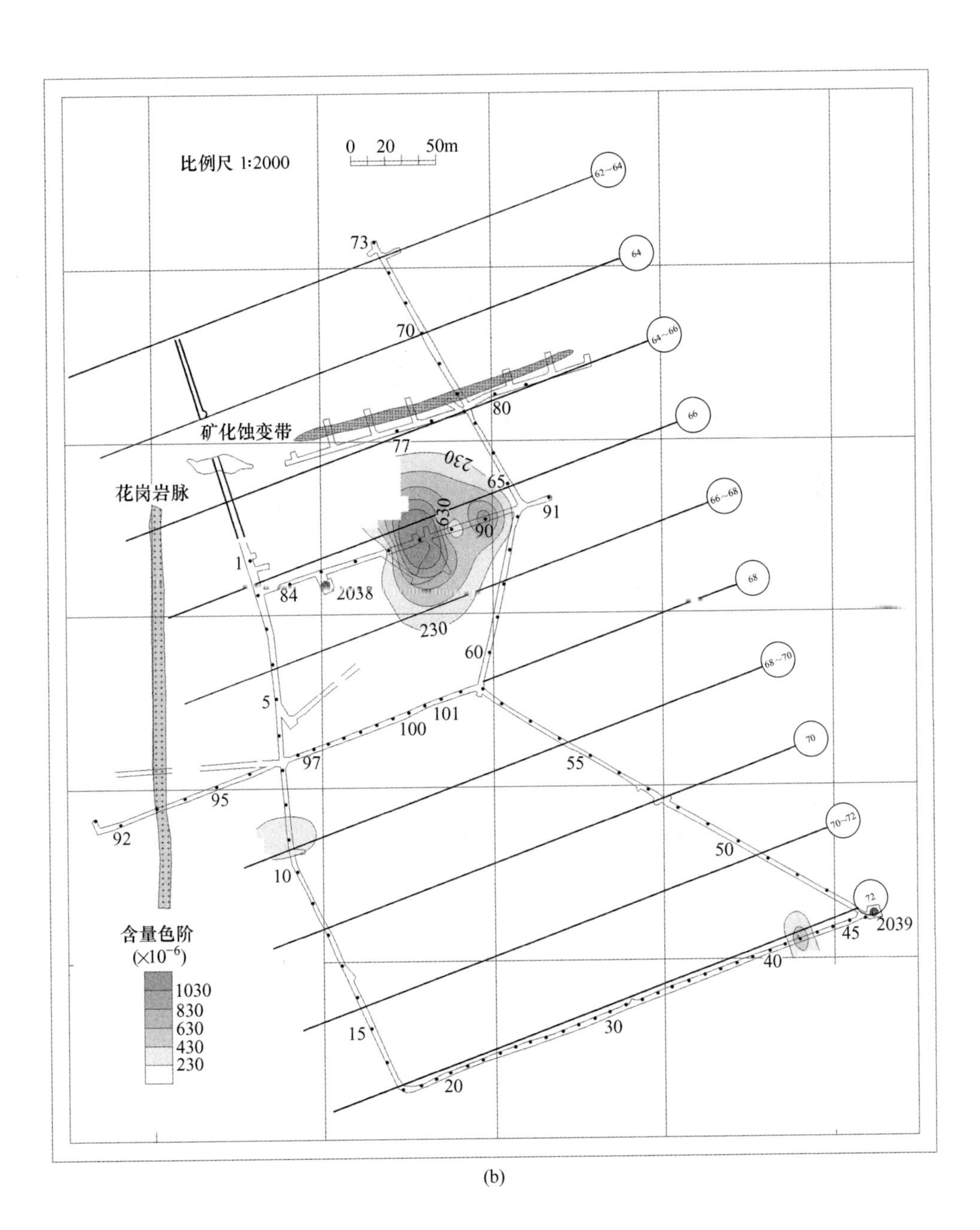

比例尺 1:2000
0 20 50m
62~64
64
64~66
66
66~68
68
68~70
70
70~72
72
矿化蚀变带
花岗岩脉
含量色阶
(×10⁻⁶)
1030
830
630
430
230
73
70
80
77
230
65
630
90
91
1
84
2038
230
60
5
101
100
97
55
95
92
50
10
45
2039
40
30
15
20

(b)

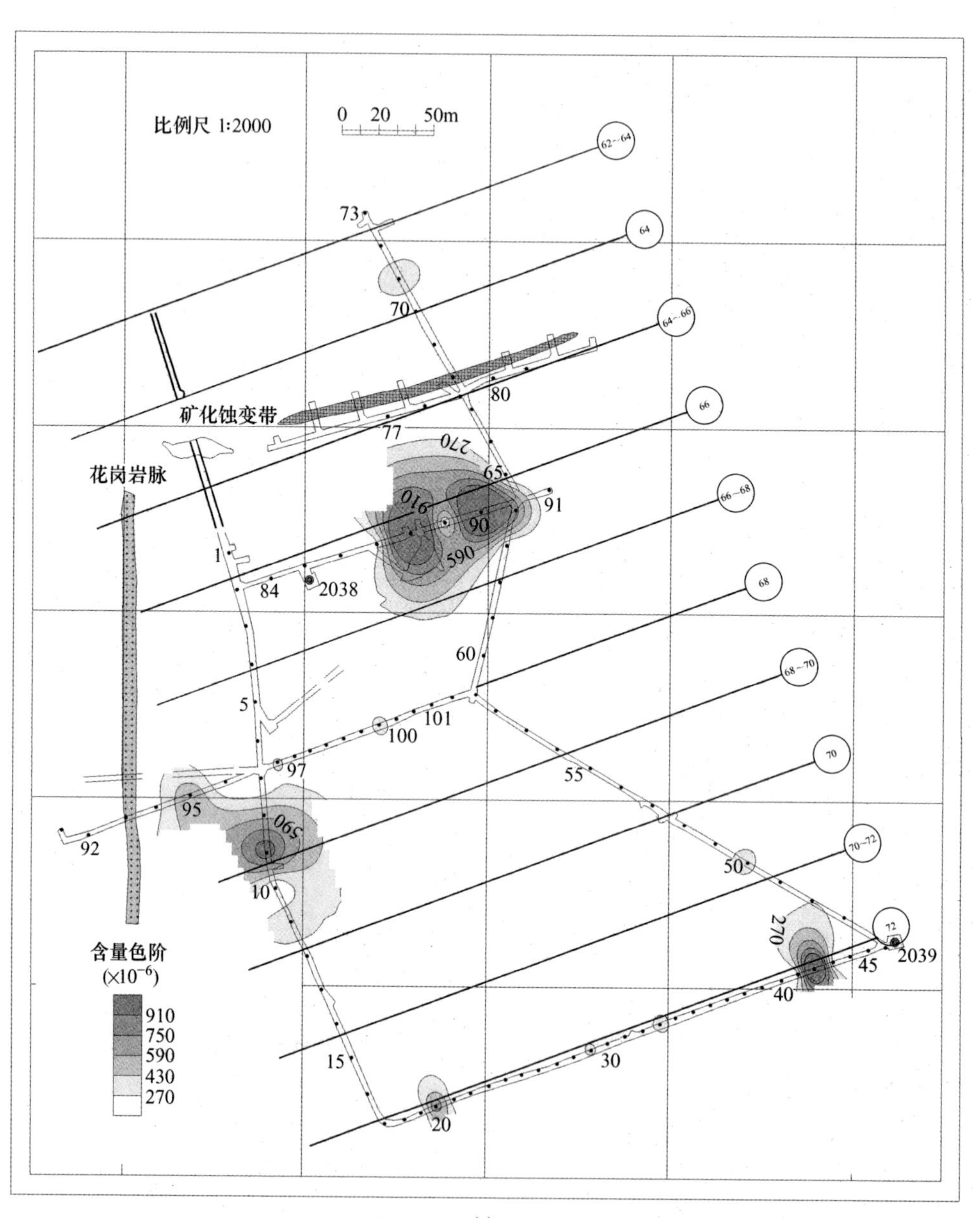
比例尺 1:2000
0 20 50m
62~64
64
64~66
66
66~68
68
68~70
70
70~72
72
矿化蚀变带
花岗岩脉
含量色阶
(×10⁻⁶)
910
750
590
430
270
73
70
80
77
65
91
90
590
910
270
1
84
2038
60
5
101
100
97
55
95
92
590
10
50
270
45
2039
40
30
15
20

(c)

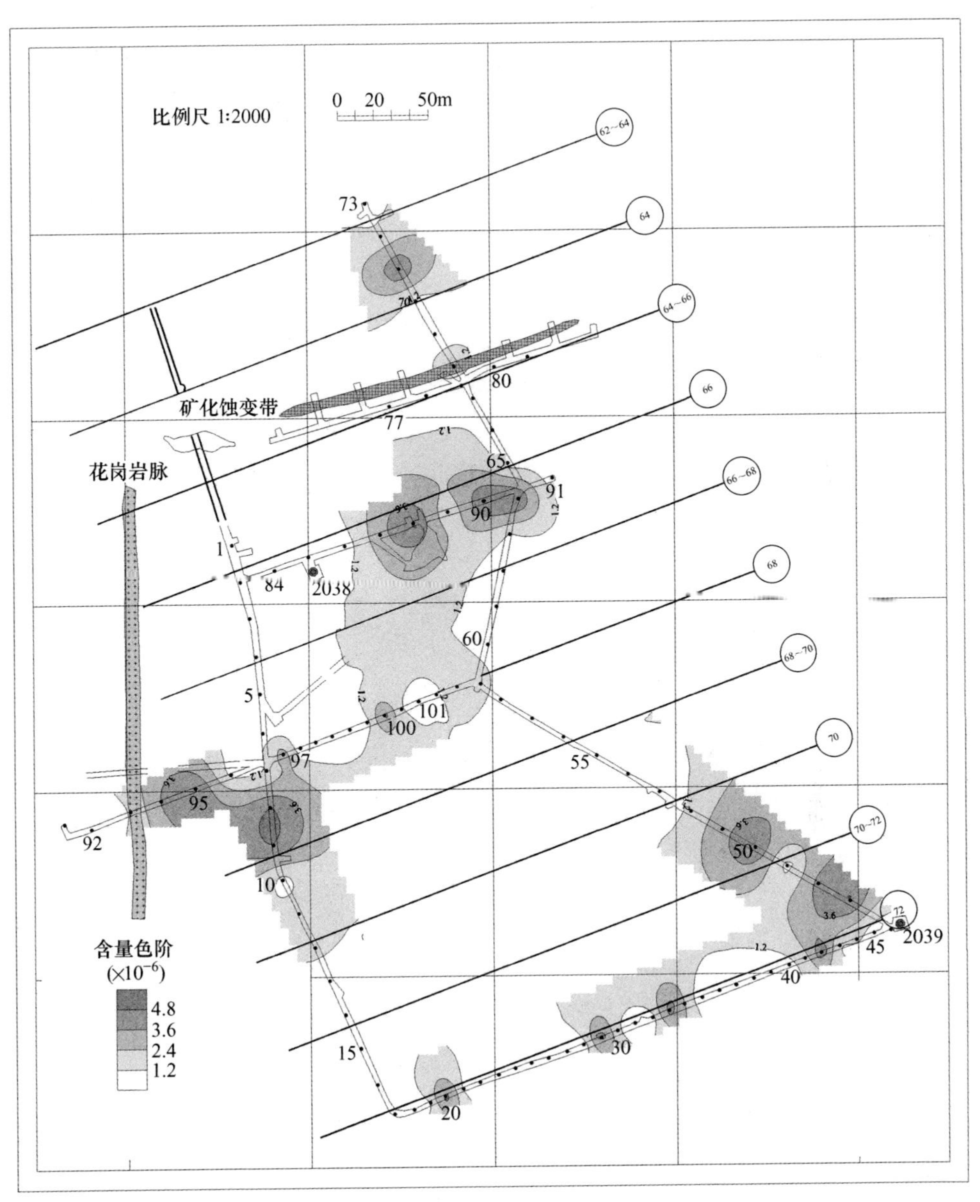
比例尺 1:2000
0 20 50m
矿化蚀变带
花岗岩脉
含量色阶
(×10⁻⁶)
4.8
3.6
2.4
1.2
62~64
64
64~66
66
66~68
68
68~70
70
70~72
72
73
80
77
65
91
90
1
84
2038
60
5
101
100
97
55
95
92
10
50
2039
45
40
30
15
20

(d)

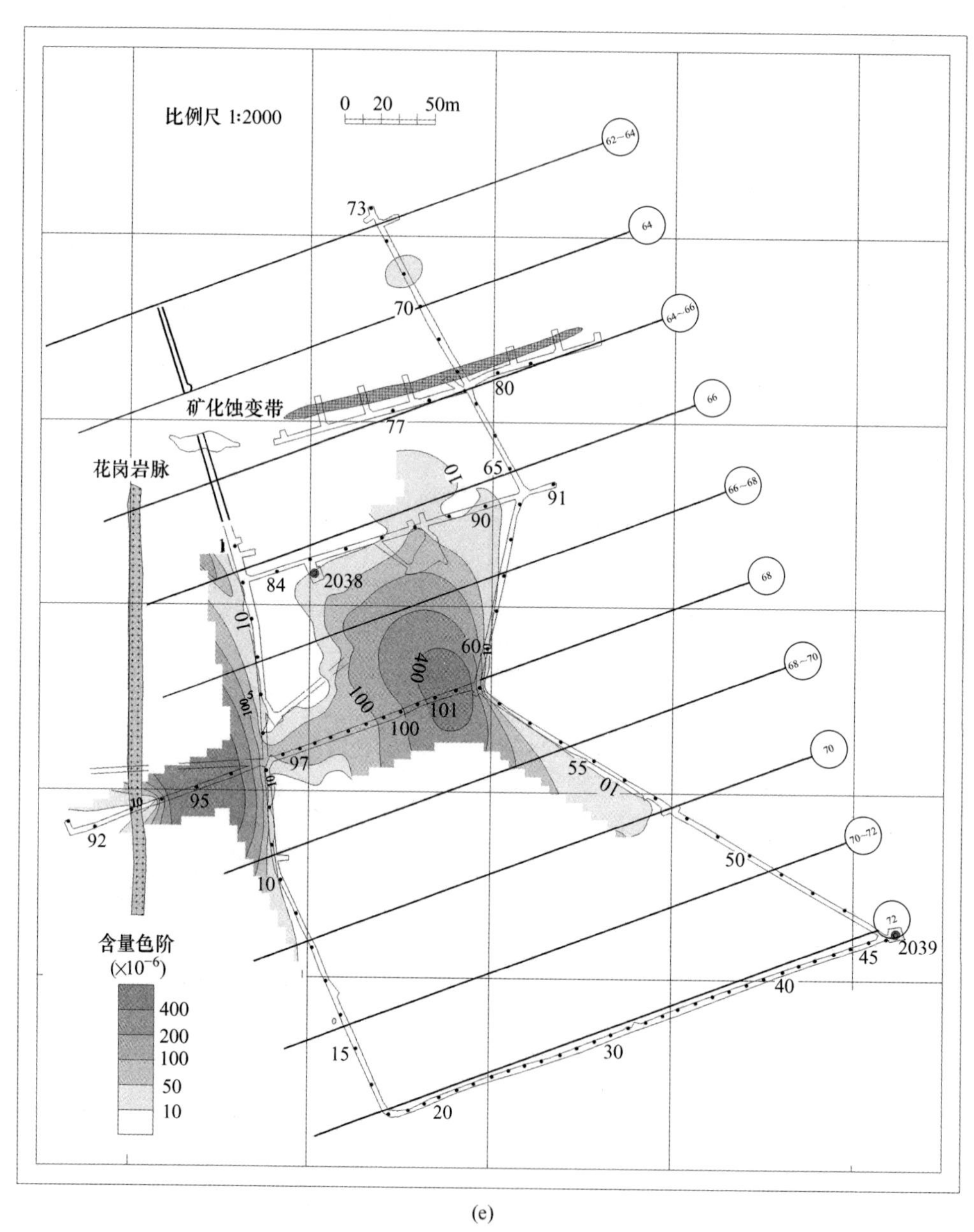

(e)

图 7-70　高峰 100 号矿体南部 327 中段 Sn、Sb、Pb、Zn、Cu 平面（据陈远荣等）
(a) 锡；(b) 锑；(c) 铅；(d) 锌；(e) 铜

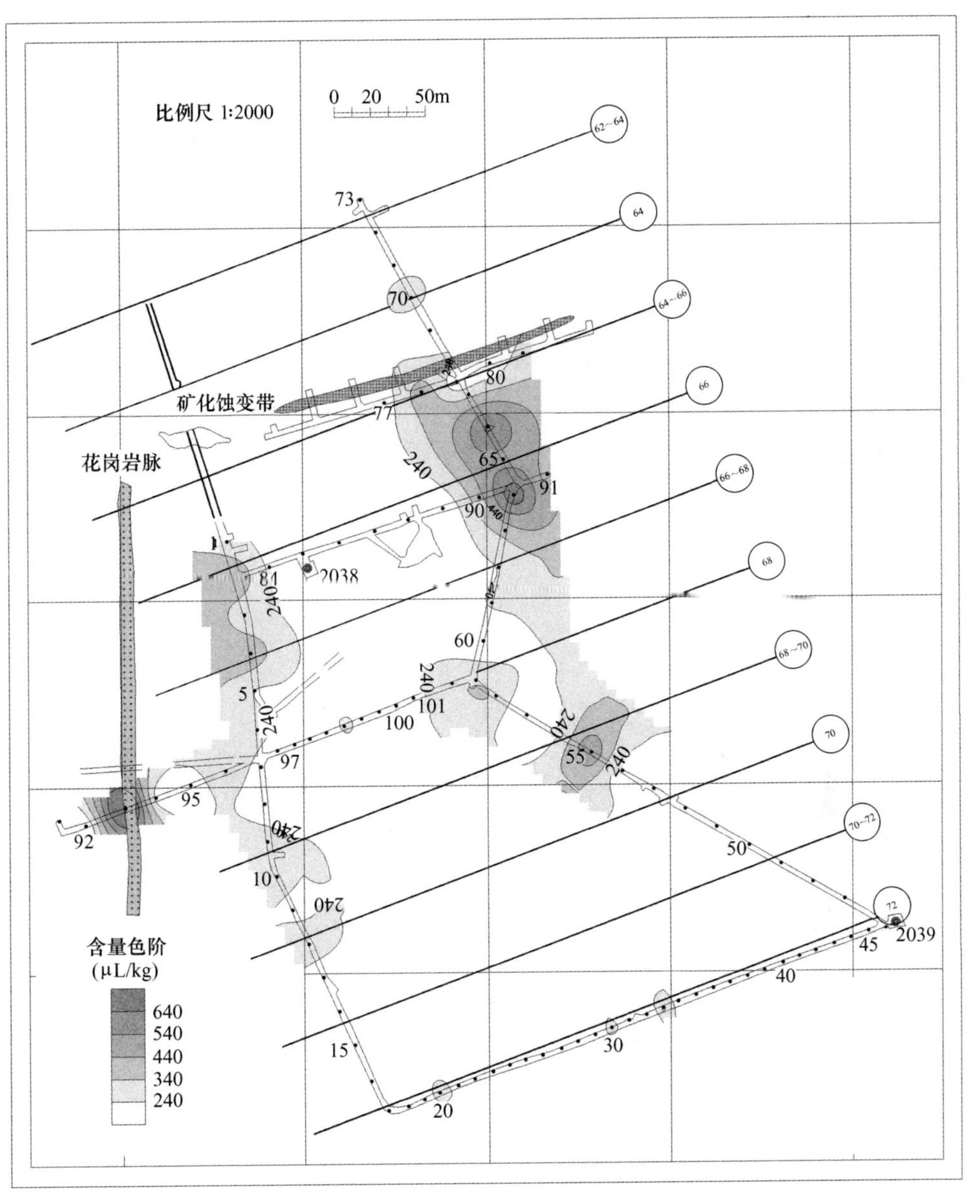

(a)

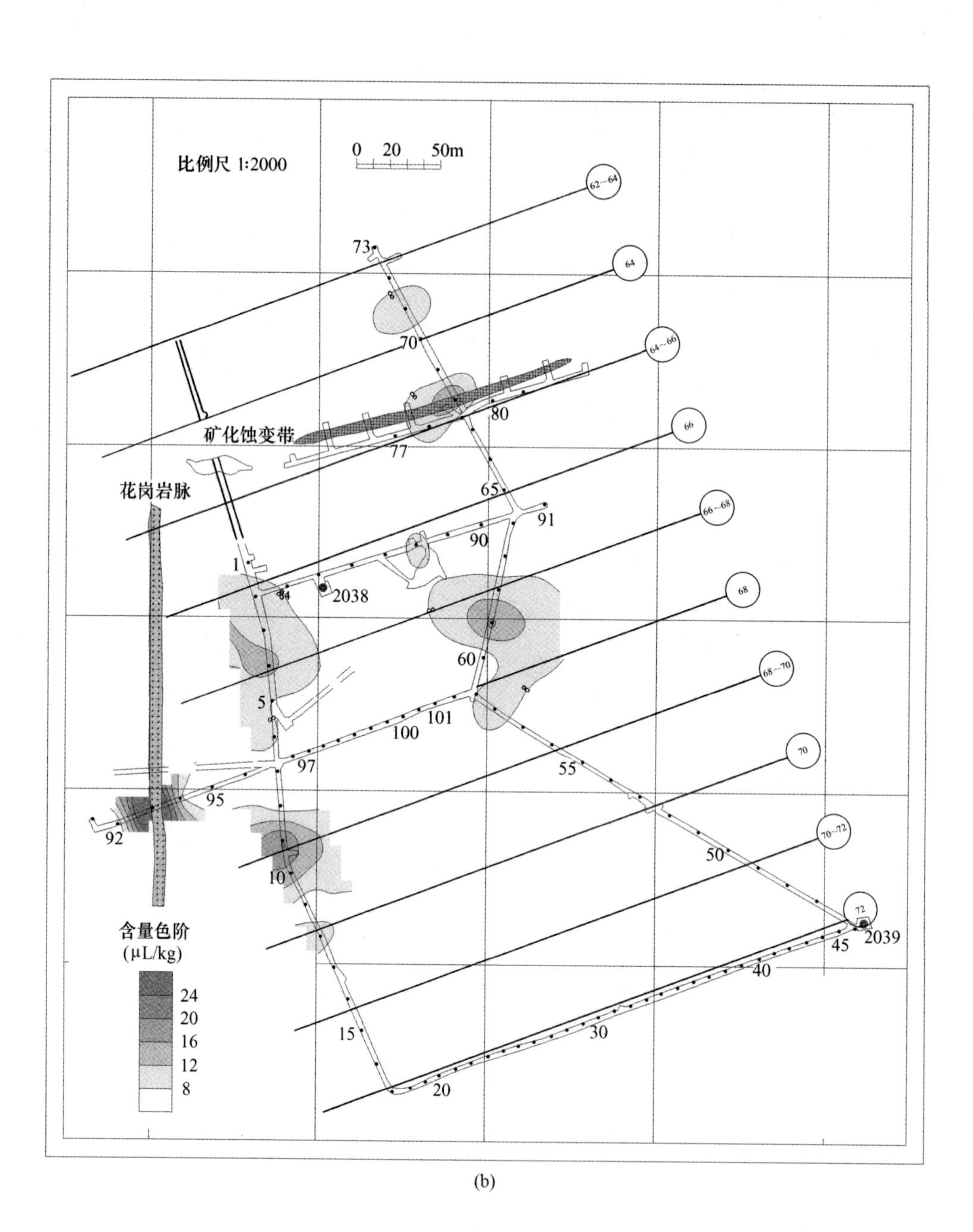

比例尺 1:2000
0 20 50m
62~64
64
64~66
66
66~68
68
68~70
70
70~72
72
矿化蚀变带
花岗岩脉
含量色阶
(μL/kg)
24
20
16
12
8
73
70
80
77
65
91
90
1
2038
60
5
101
100
97
55
95
92
10
50
2039
45
40
30
15
20

(b)

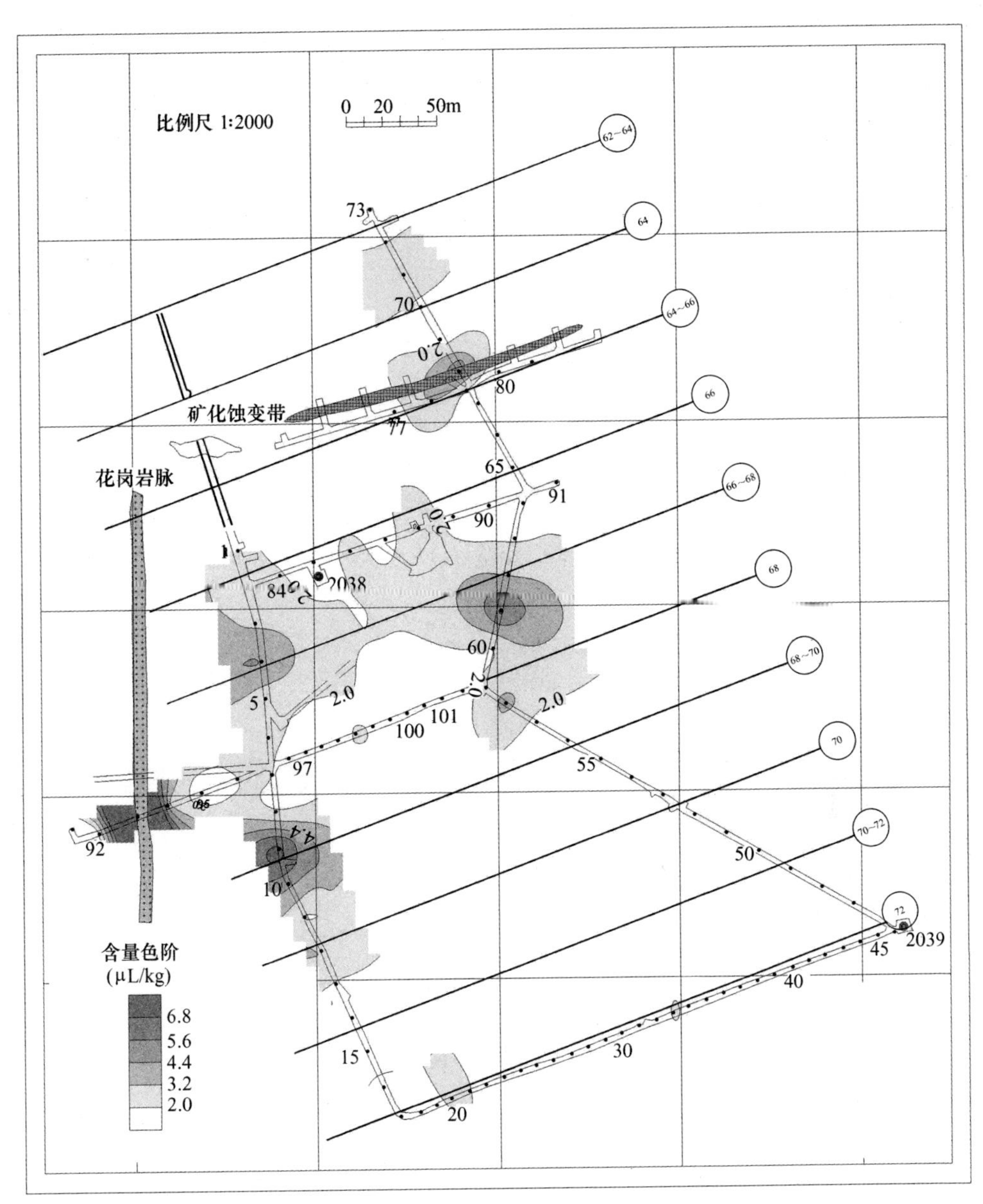
比例尺 1:2000
0 20 50m
矿化蚀变带
花岗岩脉
含量色阶
(μL/kg)
6.8
5.6
4.4
3.2
2.0
62~64
64
64~66
66
66~68
68
68~70
70
70~72
72
2038
2039

(c)

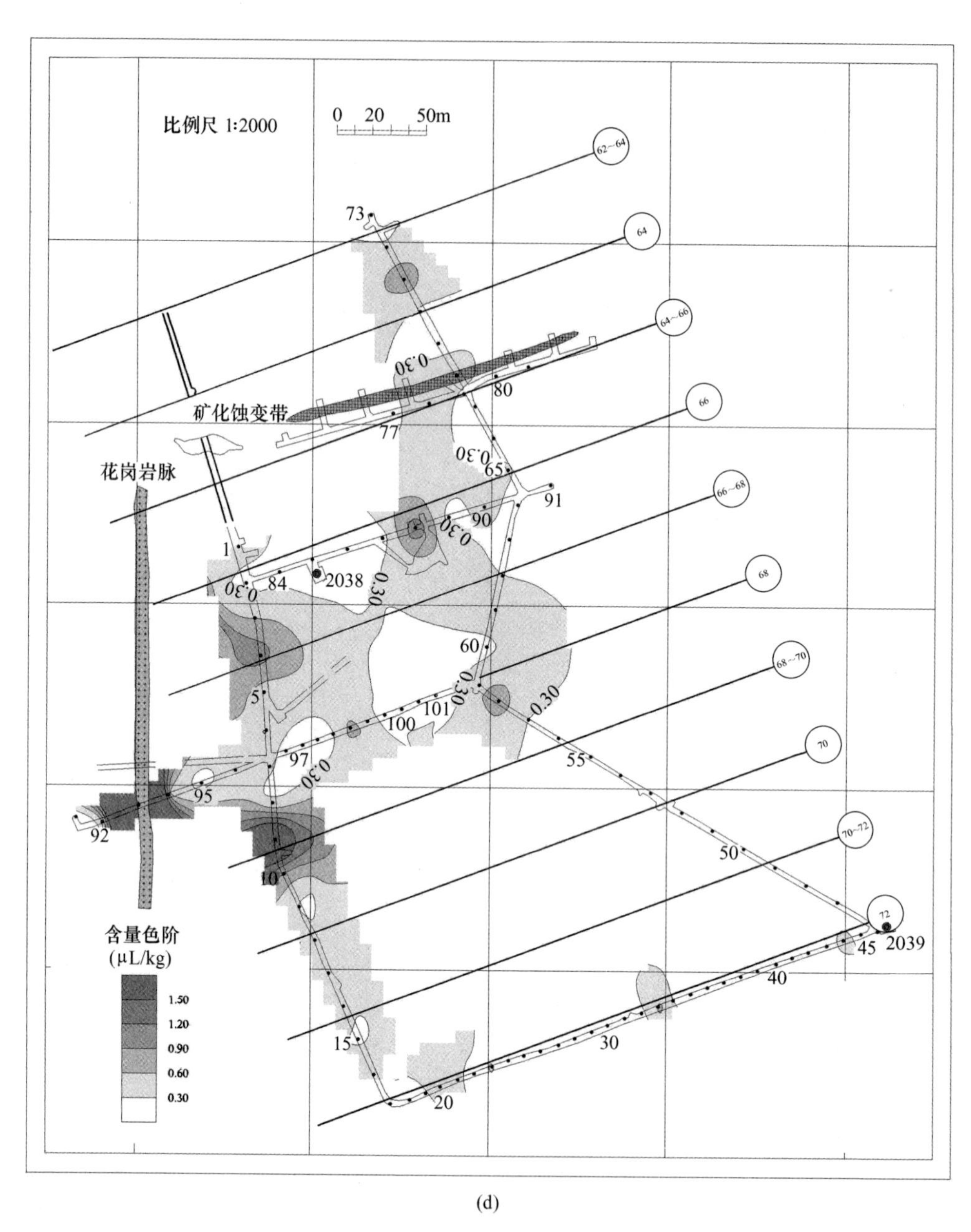

(d)

图 7-71　高峰 100 号矿体南部 327 中段 C_1、C_2、C_3、nC_4平面（据陈远荣等）

（a）甲烷；（b）乙烷；（c）丙烷；（d）正丁烷

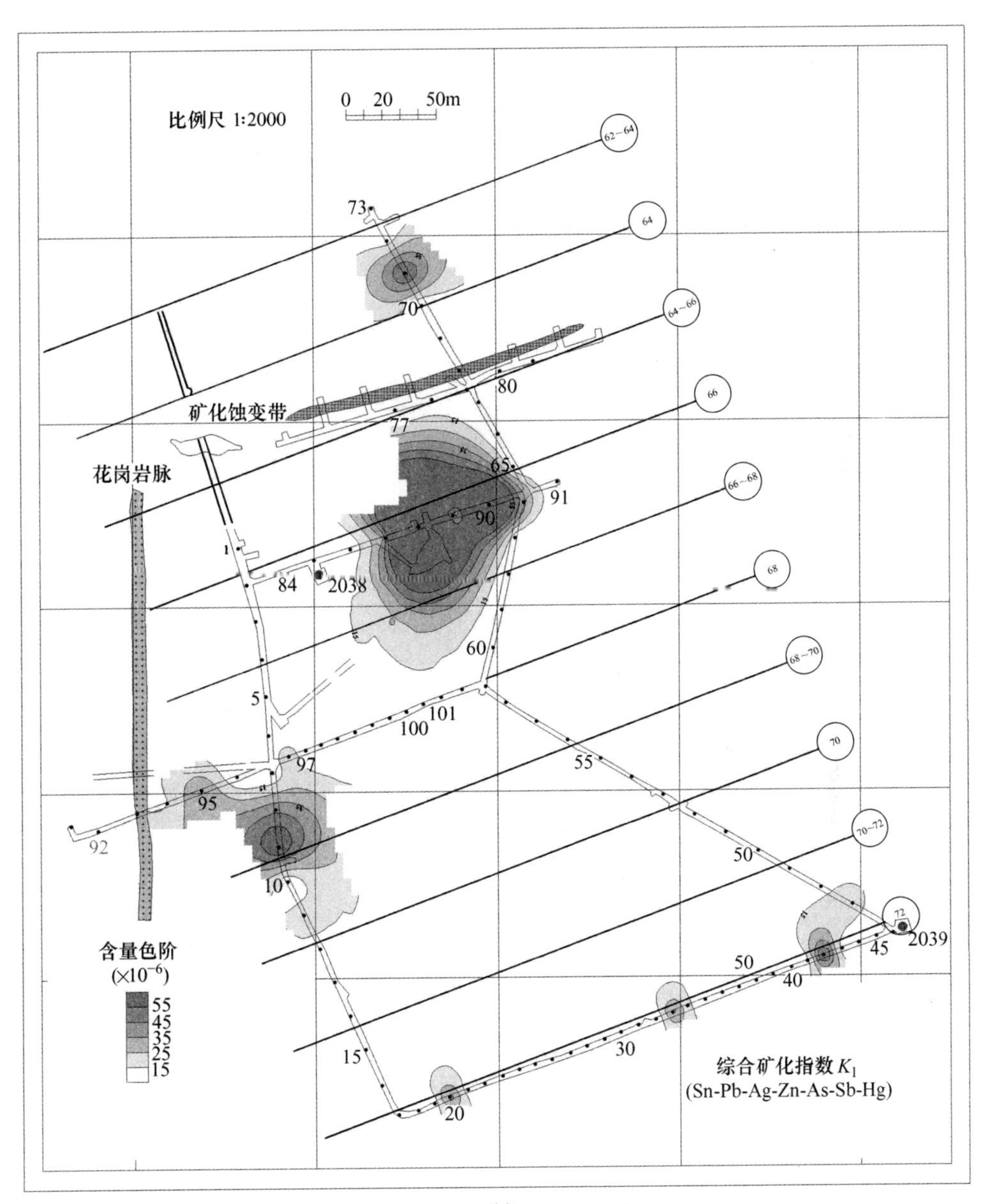
比例尺 1:2000
0 20 50m
矿化蚀变带
花岗岩脉
含量色阶
(×10⁻⁶)
55
45
35
25
15
综合矿化指数 K_1
(Sn-Pb-Ag-Zn-As-Sb-Hg)
2038
2039

(a)

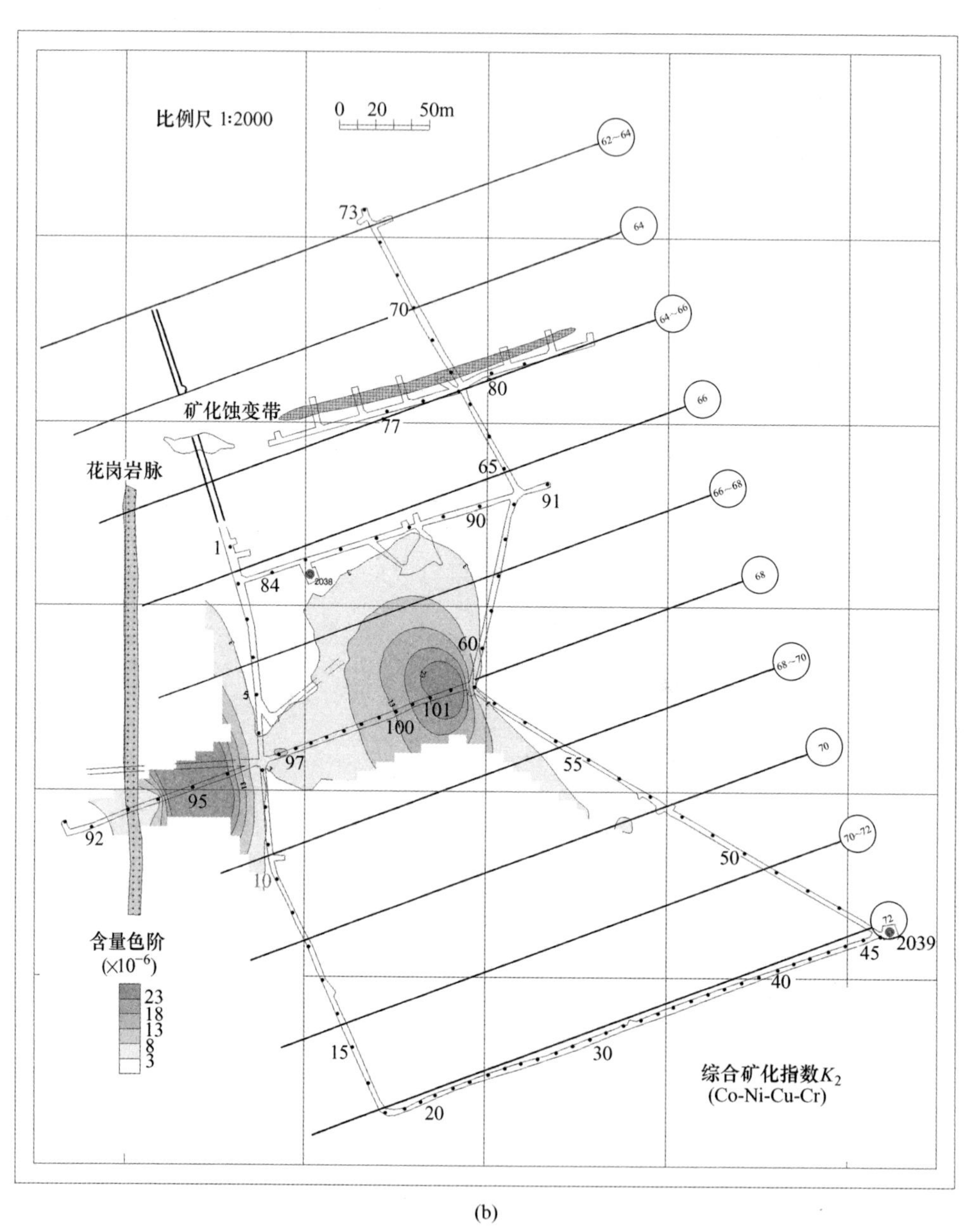

(b)

图 7-72　高峰 100 号矿体南部 327 中段综合矿化指数 K_1K_2异常平面（据陈远荣等）

(a) K_1；(b) K_2

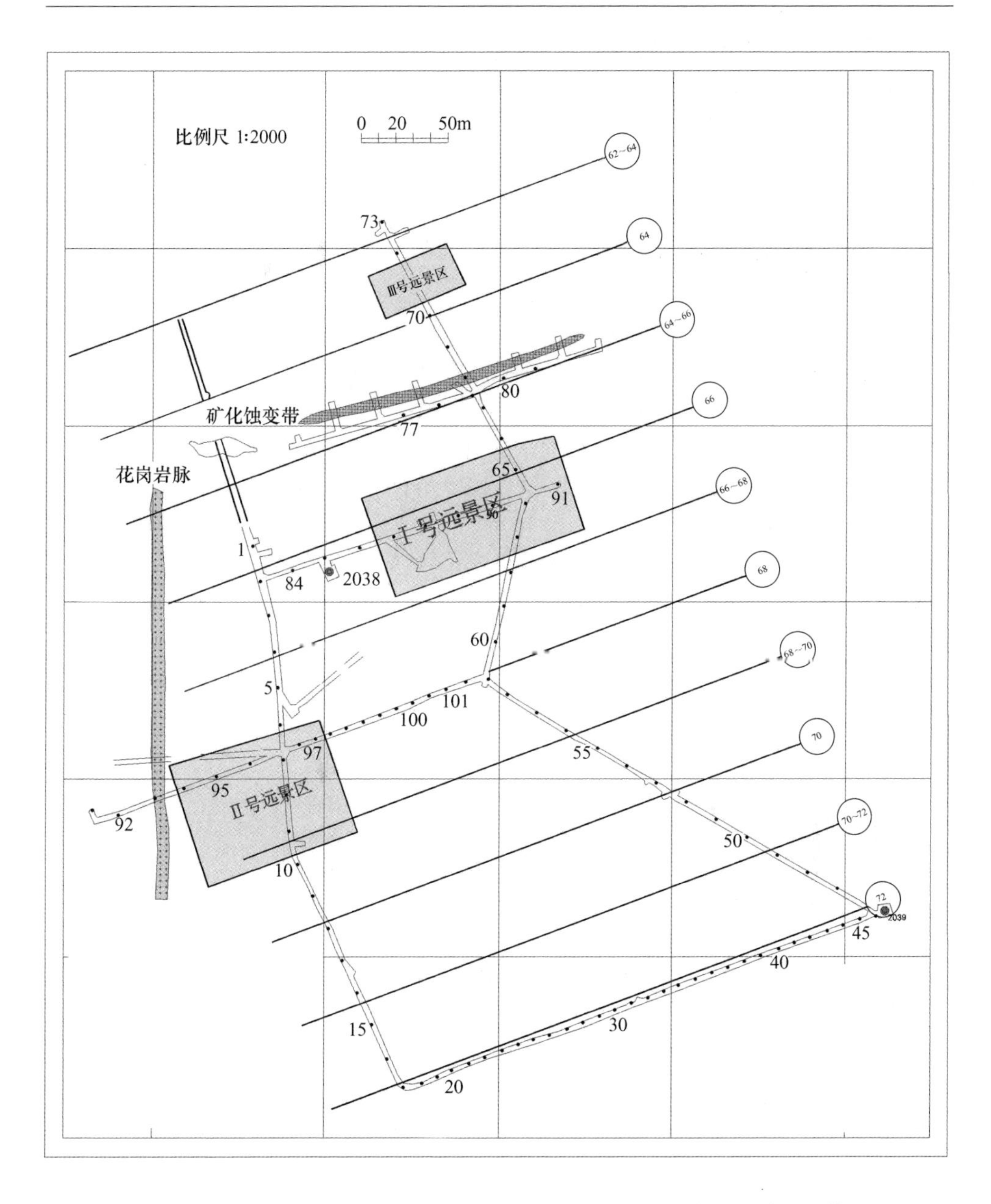

图 7-73 高峰 100 号矿体南部 327 中段预测有利远景区分布（据陈远荣等）

高，分带清晰，而 Sn、Sb、Pb 异常稍弱，以异常外带为主；

2）Cu、Cr、Ni、Co 及其综合矿化指数 K_2 在Ⅲ号远景区呈现低值异常特征，其异常位置更偏向北侧；

3）有机烃中 C_1、C_2、C_3、iC_4、nC_4都有异常显示，但异常强度较低，而乙烯、丙烯异常明显。尽管该异常为一单点异常，但各指标都有异常显示并且组合齐全，值得引起重视并需要更深入的研究工作。

b　深部成矿预测

无论从异常范围大小、异常强弱、异常组合规律看，100 号矿体南部近矿范围内（72 线以北），难以形成大规模矿化体，但在局部地段可以形成少量矿化富集。其中，Ⅰ号远景区周围最为有利；然后是Ⅱ号远景区，其深部矿化体深度和规模要小于Ⅰ号远景区；Ⅲ号远景区是单点异常，虽然各指标都有异常显示并且组合齐全，但其成矿规模范围不会太大。

c　2038、2039 钻孔成矿预测

2038 钻孔位于 68 线Ⅰ号远景区西侧，2039 钻孔则位于 72 线巷道东北端 46 号花探取样点周围。

根据 2038 钻孔各微量元素组合异常衬度变化特征和烃类异常特征（见图 7-74和图 7-75）：（1）总体上有关微量元素在 2038 钻孔孔深 0~80m、210~290m、550~590m 处分别出现三个异常段。在第一异常段，Sn-Pb-Ag-Zn 综合指数分别于钻孔井口和孔深 30m 处形成两个峰值异常，As-Sb-Hg 综合指标于孔深 10~80m 处形成连片高值异常，Cu-Co-Ni 综合指数则分别于孔深 30m 与 60m 处形成高值。

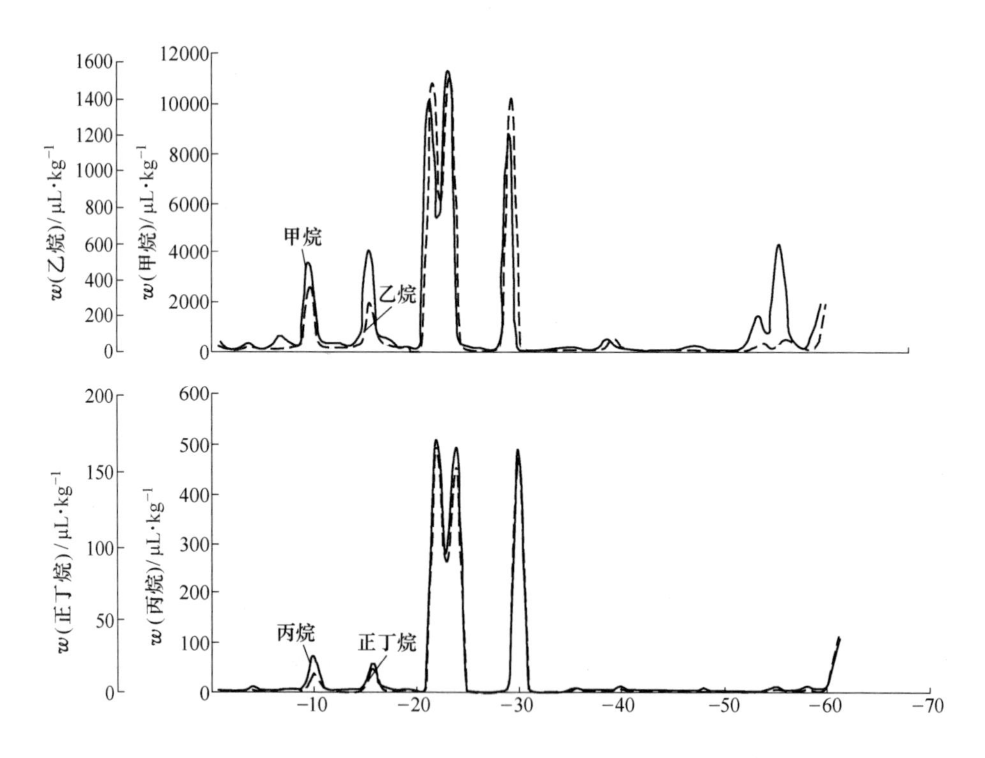

图 7-74　广西大厂高峰矿区 2038 钻孔和 2039 钻孔样元素剖面（据陈远荣等）

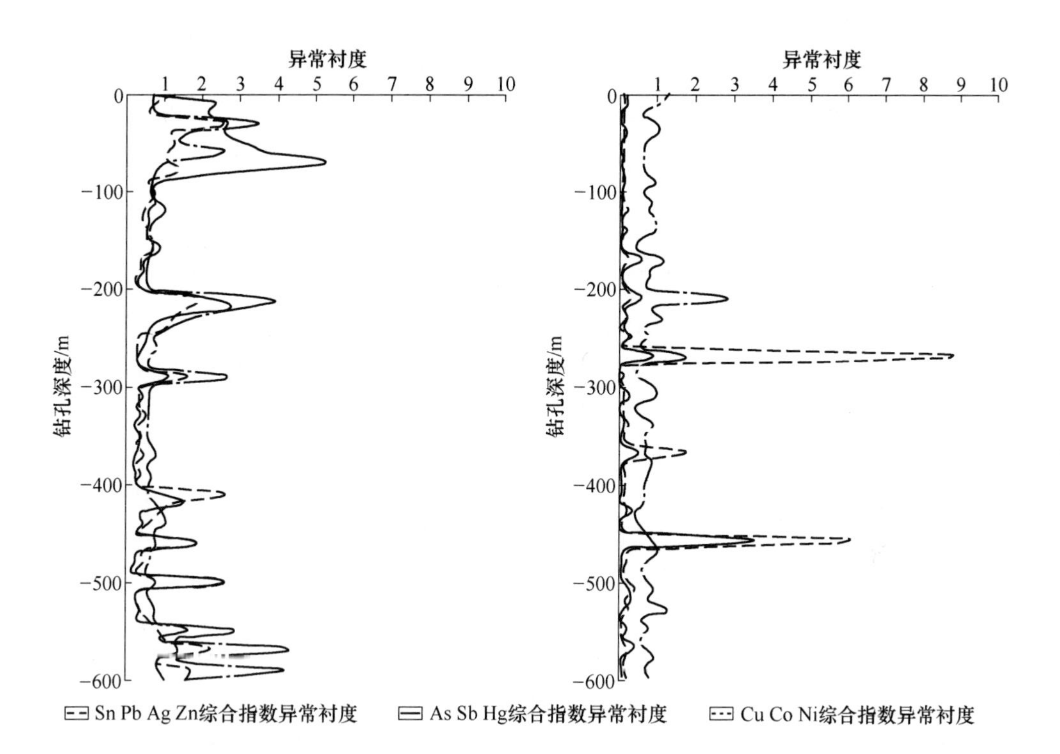

图 7-75 大厂 2038 钻孔、2039 钻孔各元素组合异常衬度纵剖（据陈远荣等）

在第二异常段，各个微量元素指标均于孔深 210～230m 和 290m 处形成两个高值异常。在第三异常段，Sn-Pb-Ag-Zn 综合指数和 Cu-Co-Ni 综合指数均于孔深 570m 与 590m 处形成高值，As-Sb-Hg 综合指数则于稍为上部的孔深 550～570m 处形成相对高值异常。（2）各个烃类指标在 2038 钻孔分别于孔深 100m、160m、210～230m、300m、600m 处形成 5 个高值异常段，其中，孔深 210～230m 和 300m 处之异常量值高、强度大。

显然，在 2038 钻孔中，存在多层矿化，其中，孔深 210～230m 和 290m 周围之矿化潜力最大，值得今后在工作中高度重视；其次，在孔深 0～30m 和 560～590m一带亦有一定的矿化，今后要引起注意。

据 2039 钻孔各微量元素组合异常衬度变化特征和烃类异常特征（见图 7-75）：（1）各微量元素指标在 2039 钻孔仅于孔深 270m 和 460m 两处周围共同形成单点高值异常，另外，Sn-Pb-Ag-Zn 综合指数在孔深 370m 处、Cu-Co-Ni 综合指数于孔深 210m 处形成单点低缓异常。（2）各烃类指标在 2039 钻孔几乎都没有异常显示。结合 327 中段平面上 2039 钻孔周围各指标均无异常显示的特点，预测认为 2039 钻孔周围难以形成规模较大的矿化体，仅在孔深 270m 和 460m 两处形成一些薄层小矿化体。

d 100 号矿体南部外围 72～94 线成矿预测

(1) 各指标异常特征。根据各类指标的相关性特征，将展布规律类似、相关性较高的元素组合成综合性评价指标，经整理和统计，Sn-Pb-Ag-Zn、As-Sb-Hg、总烃、轻烃/重烃比等四项综合指标的衬度与矿化关系较密切（见图 7-76）。分述如下：

1）Sn-Pb-Ag-Zn 衬度。Sn-Pb-Ag-Zn 衬度的高值区明显围绕着 100 号已知矿体及其边部展布，与此同时，在 100 号矿体东部、五指山南部、大厂至车河公路北部一带，（即 72～78 线 38～51 号取样点周围）形成大片高值区。另外，在黄瓜洞东部 150～250m 一带（82～90 线 36～39 号取样点周围）及雷打石东南部公路周围（88～90 线 19～23 号取样点一带）形成两片中低缓异常。

2）As-Sb-Hg 衬度。As-Sb-Hg 衬度指数与 Sn-Pb-Ag-Zn 衬度指数的变化特征较类似，一方面在 100 号已知矿体及其周边形成高值异常，另一方面在 100 号矿体东部、五指山南部、大厂至车河公路北部一带形成大片高值。另外在黄瓜洞东部 82 线 36～42 号点及雷打石东部 90 线 18～22 号点周围形成两片等轴状中低缓异常。

3）总烃衬度。总烃衬度指标在 100 号已知矿周围主要呈半环带状展布于矿体边部，在 100 号矿体东部、五指山南部、大厂至车河公路北部一带该指标亦发育有半环状异常，而在黄瓜洞和雷打石东部，总烃衬度表现为条带状或块状异常。

4）轻烃/重烃衬度。轻烃/重烃衬度的高值区亦呈半环状分布于 100 号矿体周边，但距离相对较远，这表明烃类组分在矿体周围存在一定的分异，轻烃甲烷迁移较远，重烃组分（乙烷、丙烷、丁烷等）迁移相对较近，靠近矿体。在 100 号矿体东部、五指山南部、大厂至车河公路北部一带，该指标表现为低缓异常，在黄瓜洞东部显示为远距离环带异常，在雷打石东部表现为块状高值异常。

(2) 成矿预测。据各综合指标的变化特征预测认为：在 100 号矿体东部、五指山南部、大厂至车河公路北部一带具有很好的找矿潜力，而且该区的矿化埋深较浅，应在 300m 以内；黄瓜洞东部有望形成脉状矿化，但埋深相对较大，可能大于 350m；在雷打石东部有可能形成一个小囊状矿化体，但埋深更大，可能大于 400m。

7.7.3.3 地球电化学勘查法找矿研究

在高峰矿区开展了 46、60 和 72 三条勘探线剖面进行了土壤离子电导率测量和土壤高温热释汞测量的找矿工作，其中 60 线为已知剖面，后又对 72 线进行了地电提取测量工作。

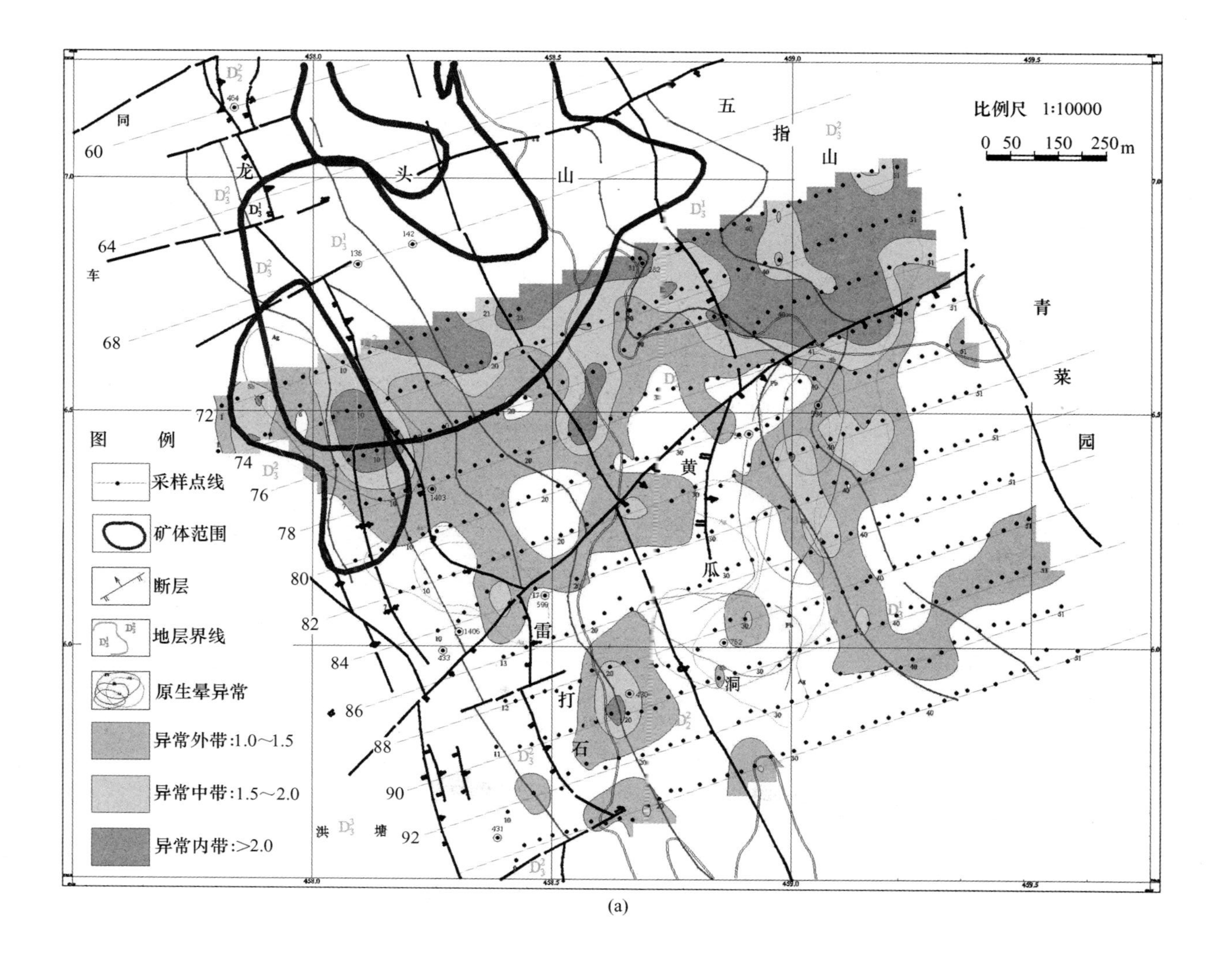
比例尺 1:10000
0 50 150 250m
图例
采样点线
矿体范围
断层
地层界线
原生晕异常
异常外带:1.0~1.5
异常中带:1.5~2.0
异常内带:>2.0
五指山
青莱园
龙头山
黄瓜洞
雷打石
同车
洪塘

(a)

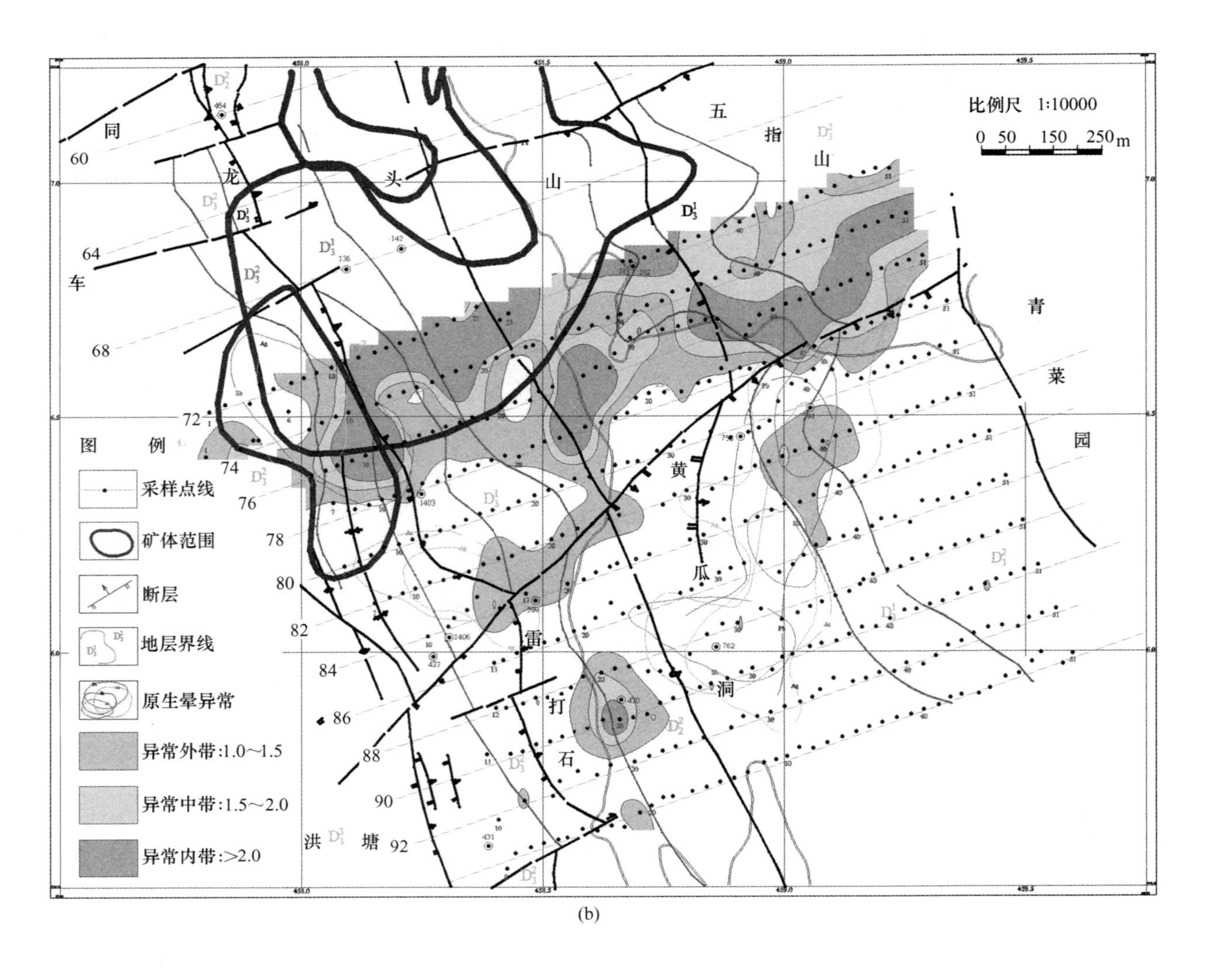

比例尺　1:10000
0 50 150 250m
图　例
采样点线
矿体范围
断层
地层界线
原生晕异常
异常外带:1.0~1.5
异常中带:1.5~2.0
异常内带:>2.0
五　指　山
青　莱　园
黄　瓜　洞
雷　打　石
洪　塘
同　车
龙　头　山

(b)

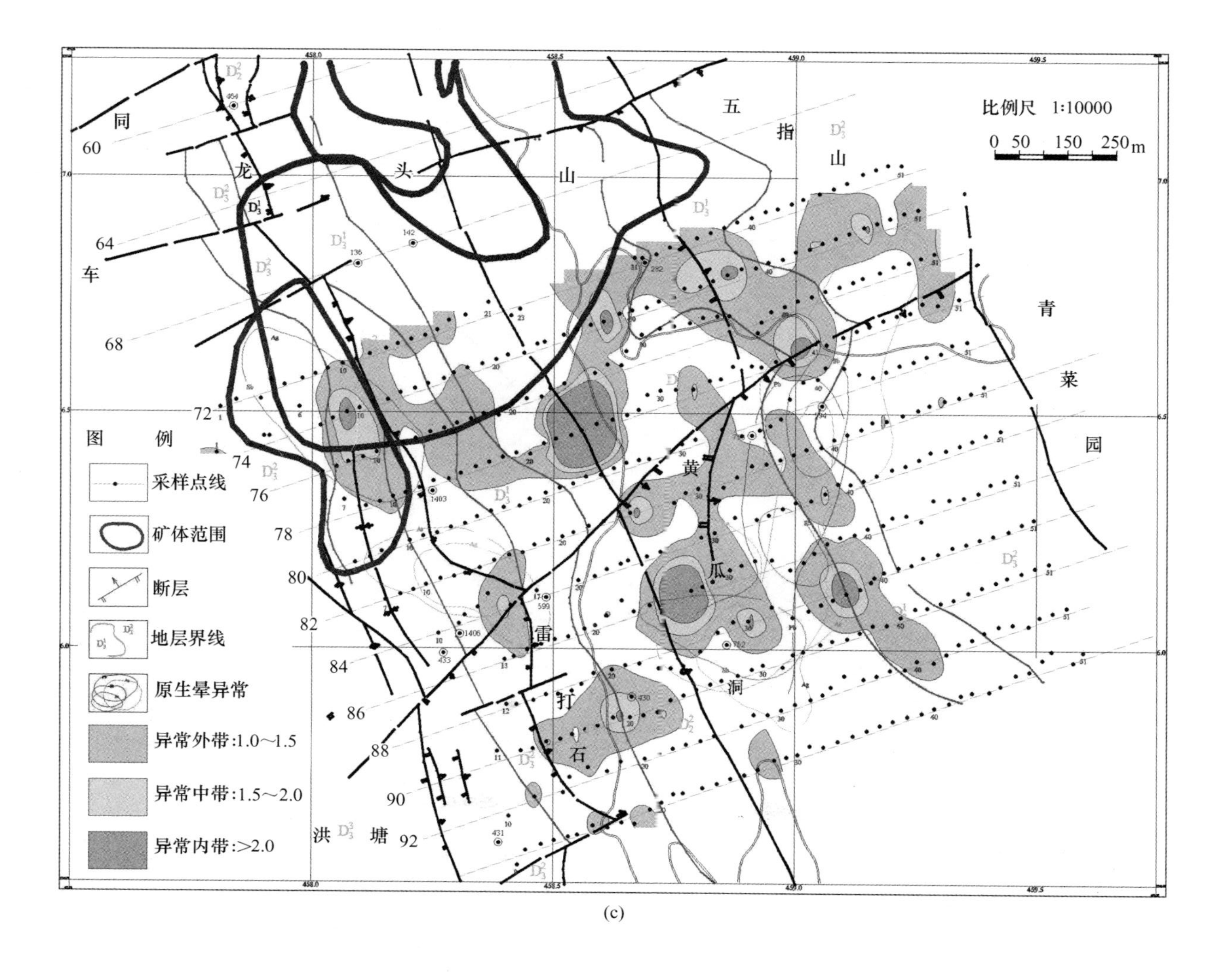
比例尺 1:10000
0 50 150 250m
图例
采样点线
矿体范围
断层
地层界线
原生晕异常
异常外带:1.0~1.5
异常中带:1.5~2.0
异常内带:>2.0
五指山
青莱园
龙头山
黄瓜洞
雷打石
同车
洪塘

(c)

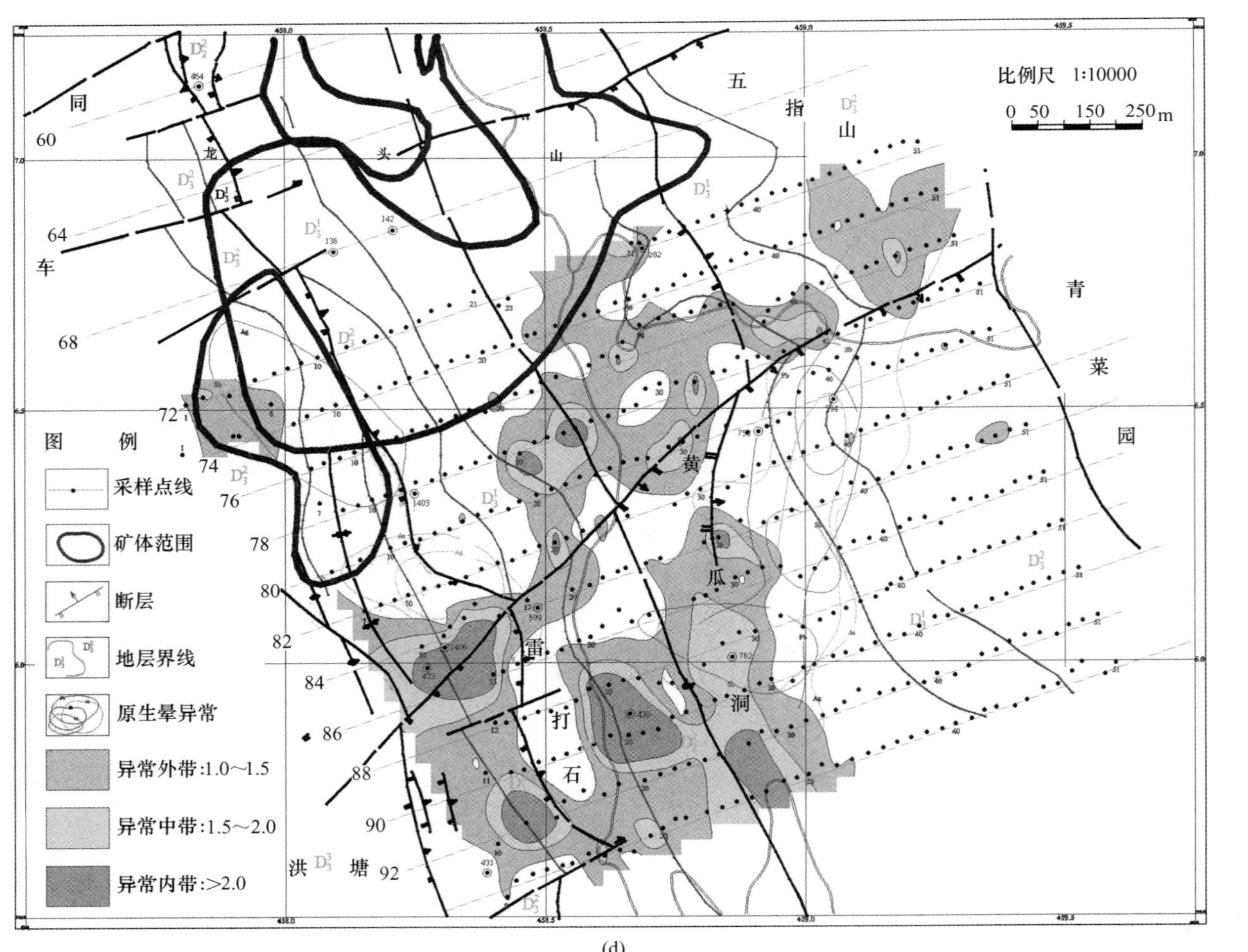

(d)

图7-76　高峰100号矿体南部72~94线地表化探衬度异常平面（据陈远荣等）
(a)Sn-Pb-Ag-Zn; (b)As-Sb-Hg; (c) 总烃; (d) 轻烃/重烃

(1) 60线异常评价与解释（见图7-77）。60线剖面为通过已知矿体的剖面，有2个异常，其中6~17号点之间的异常，为已知矿体产生的异常，其中6~9号点之间的异常为已知100号矿体所引起的异常，9~11.5号点之间的异常为414钻孔所打到的浅部矿体的反映，15.5~16.5之间的异常为579钻孔所打到的矿体的反映。

18~23点之间存在土壤热释汞异常，异常宽度为100m，多峰异常，强度为5414×10^{-9}，为背景值约5.4倍，异常下限的2.2倍，峰值位于20号点，存在土壤电导率异常，单峰异常，宽度为25m，峰值位于21点，强度为11.35ms/m，为背景值约4.1倍，异常下限的2.9倍，推测可能为一小矿体引起的异常。

(2) 46线异常评价与解释（见图7-77）。46线存在1个异常，位于8~20号点之间，宽度为600m，同时有土壤热释汞异常和土壤离子电导率异常，土壤热释汞异常最高值为8191×10^{-9}，土壤离子电导率异常呈多峰状，最大峰值为22.31ms/m，为背景值的8倍，异常下限的5.6倍，推测可能为一小矿体引起的异常。

(3) 72线异常评价与解释（见图7-78）。72线存在1个异常，位于6.5~15号点之间，有土壤热释汞异常、土壤离子电导率异常以及地电提取锡异常。土壤热释汞为多峰异常，异常的强度值高，最高值在7号点，为28577×10^{-9}，为背景值约28倍，异常下限的11.4倍，该处为破碎带，7号点的峰值可能与它有关，异常的宽度也较大，为425m；土壤离子电导率异常位于11~15号点之间，为单峰异常，峰值在14号点，为61.7ms/m，异常的强度值高，为背景值约6.92倍，异常下限的4.8倍，异常的宽度也较大，为125m；地电提取锡异常位于9~13号点之间，双峰异常，异常强度大于450×10^{-6}，其中大于500×10^{-6}的点有2个，异常宽度为120m。推测深部应存在隐伏矿体。

7.7.4 铜坑F1断层两侧找矿探查技术应用

7.7.4.1 地质简况

矿区构造主要由（倒转）复式大厂背斜北段（在铜坑矿区称为长坡背斜）及核部一组北西向纵向断裂和北东向横向断裂-裂隙带组成。长坡背斜轴向340°，西翼倒转或直立，在矿区北部倾伏，近倾伏部位轴向突然转为300°，转折处有平移断层产出。近背斜轴部东翼有纵向和横向的次一级小褶皱发育，褶皱过程中，在不同物理化学性质的岩层界面上易发生层间错动和破碎，构成了铜坑矿区层间细脉-网脉浸染型及沿层充填交代的层状、似层状矿体的主要容矿构造。北西向逆断层多位于长坡背斜的西翼，倾向北东，倾角20°~30°，断距150~200m。背斜西翼叠加次一级的复式褶皱并伴随次一级近乎平行的纵向断裂，使长坡背斜在

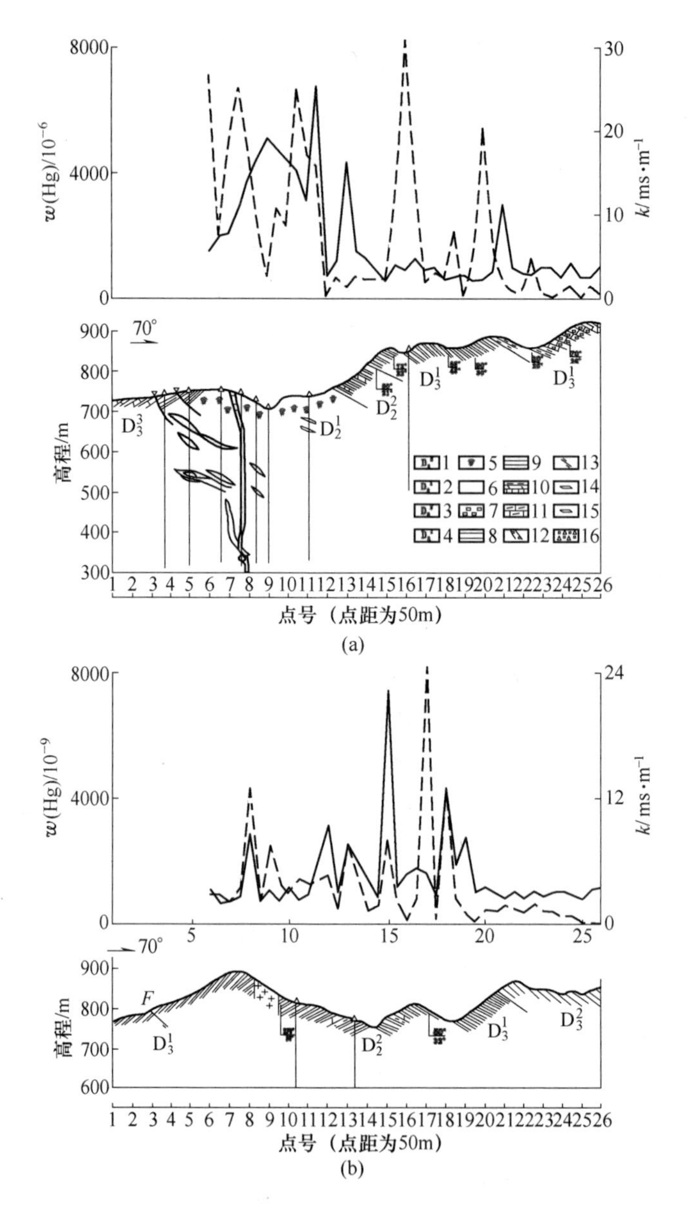

图 7-77　高峰矿测区 60 线和 46 线土壤离子电导率异常（实线）和土壤吸附相态汞异常（虚线）剖面（据徐庆鸿等）

1—同车江组灰岩夹页岩；2—榴江组硅质岩；3—罗富组硅质岩页岩泥灰岩互层；4—纳标组生物礁灰岩；5—礁灰岩；6—灰岩；7—扁豆灰岩；8—硅质岩；9，10—泥岩、页岩泥灰岩；11—条带灰岩；12—花岗斑岩；13—断层；14—矿体；15—方解石脉；16—地层产状

矿区内构成叠瓦状构造，该构造控制了老长坡银多金属矿床，老长坡银锌矿床。北东向横向断裂-裂隙带位于长坡背斜轴部及其转折处北东侧，倾向南东，倾角

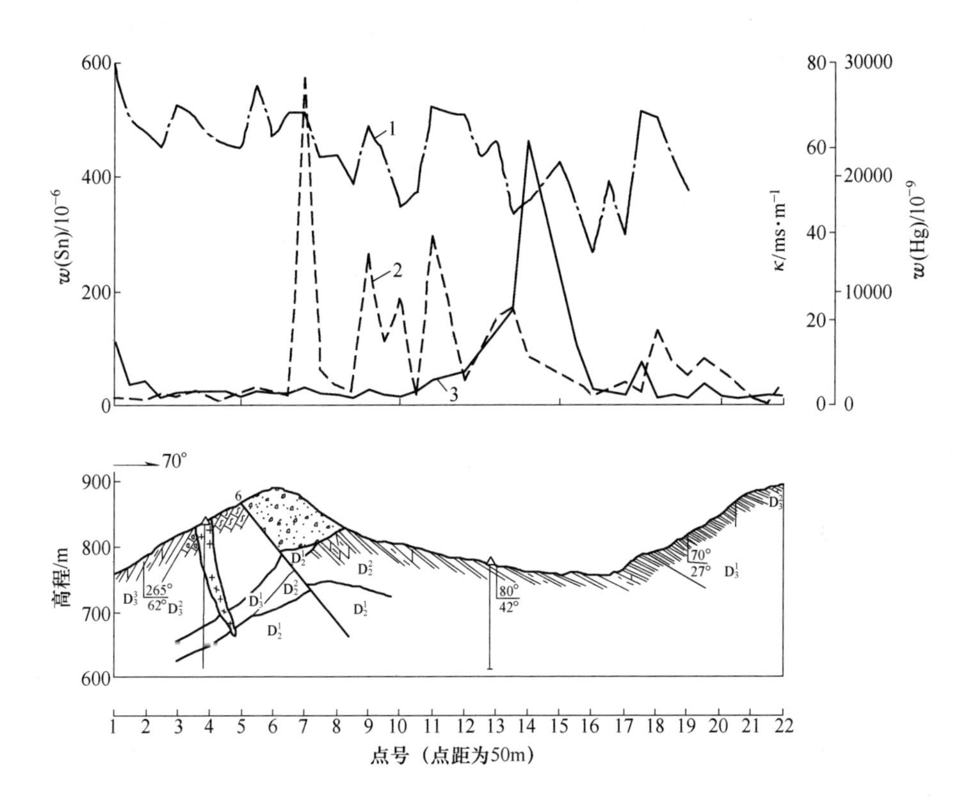

图 7-78 大厂高峰矿测区 72 线异常剖面（据徐庆鸿等）

1—地电提取锡异常；2—土壤吸附相态汞异常；3—土壤离子电导率异常

60°~70°，这组构造中的裂隙带控制了细脉带矿体的产出，较大规模的裂隙则往往是大裂隙脉矿体的容矿空间。

矿区赋矿地层自下而上有：

（1）中泥盆统纳标组（$D_2{}^1$）：主要为生物礁灰岩，呈马蹄形的穹丘状，为厚层-块状生物灰岩和生物屑灰岩。四周很快相变为富浮游生物的黑色泥页岩夹薄层泥灰岩、（粉）砂岩，厚度显著变薄。礁灰岩在深部延伸到铜坑矿区，在区外其断裂中赋存了 100 号和 105 号特大型-大型矿床。

（2）中泥盆统罗富组（$D_2{}^2$）：钙质泥页岩与泥灰岩互层。矿区周边地层中产有 94 号、95 号、96 号等锌铜矿体和锡多金属矿体。

（3）上泥盆统榴江组（$D_3{}^1$）：薄层状硅质岩、硅质页岩，产有 92 号特大型锡矿体，矿区周边中有 28 号、29 号和含锡破碎带等矿体。

（4）上泥盆统五指山组（$D_3{}^2$）：宽条带状泥质灰岩、细条带状硅质灰岩、小扁豆状灰岩、大扁豆状灰岩。产有似层状 91 号矿体、细脉带和大脉状矿体，91 号矿体往下延伸到榴江组中。

(5) 上泥盆统同车江组 (D_3^3)：泥灰岩和泥岩、页岩互层夹少量砂岩、灰岩、硅质岩，下部有细脉带和大脉状矿体分布。

铜坑矿区深部至今未发现有花岗岩，但北东面和北面距笼箱盖隐伏花岗岩体的西南部距离仅数百米。

铜坑矿区长坡矿床已探明的矿床为锡石-硫化物矿床，自上而下矿化类型依次为裂隙脉型、细脉带型、似层状-层状型、似层状细脉-网脉浸染型等。

7.7.4.2　地球电化学勘查法找矿预测

通过方法可行性试验，在矿体上取得找矿可行的基础上，根据攻关项目的要求，对铜坑矿区外围的铁板哨地区、黑水塘地区和冷水冲地区及高峰矿区的46线、60线和72线，采用地电提取测量法，土壤离子电导率测量法进行了深部找矿研究。

A　铁板哨地区

a　地电提取锡异常平面特征

地电提取锡异常平面特征如图7-79所示。根据该区已知剖面的地电提取异常下限为450×10^{-6}、按450×10^{-6}、475×10^{-6}和500×10^{-6}作等值平面图，在铁板哨测区内共圈出了3个地电提取锡异常区。

1号异常区（Sn1）位于测区的东南部，形态呈椭圆状，长720m，宽600m，其中以-3号点为界，异常的右下半边（即2线的-3～-12点，8线的-3～-13点，14线的-3～-14点，20线的-3～-13点，26线的-3～-12点）为已知矿体所产生的异常，异常的范围比已知矿体略小。异常的左半边（即0线的0～4点，2线的0～6点，8线的0～9点，14线的-3～13点，20线的0～13点，26线的0～8点），异常强度大于450×10^{-6}，其中大于500×10^{-6}的点有14个，异常的形态、强度与已知矿体所产生的异常很相似。

2号异常位于测区的东北部，包括两个异常（Sn2、Sn3），Sn2（即32线的6～11点，38线的9～16点，44线的5～27点），与1号异常相连，形状呈不规整状，异常强度大于450×10^{-6}，其中大于500×10^{-6}的点有10个，浓聚中心在32线的1～5号点、38线的10～15号点；Sn3（即38线的4～-11点，44线的5～-7点），形状呈椭圆形，长250m，宽100m，异常强度大于450×10^{-6}，其中大于500×10^{-6}的点有9个，浓聚中心在38线的-5～0号点和44线的-3～-1号点。

3号异常位于测区的西北部，包括三个异常（Sn4、Sn5、Sn6），Sn4（即2线的17～21点，8线的19～26点，14线的17～20点），形状呈带状，长400m，宽100m，异常强度大于450×10^{-6}，其中大于500×10^{-6}的点有10个，浓聚中心在2线的17～20号点和8线的20～25号点；Sn5（即20线的21～28点，26线的18～23点），形状呈椭圆形，长300m，宽120m，异常强度大于450×10^{-6}，其中大

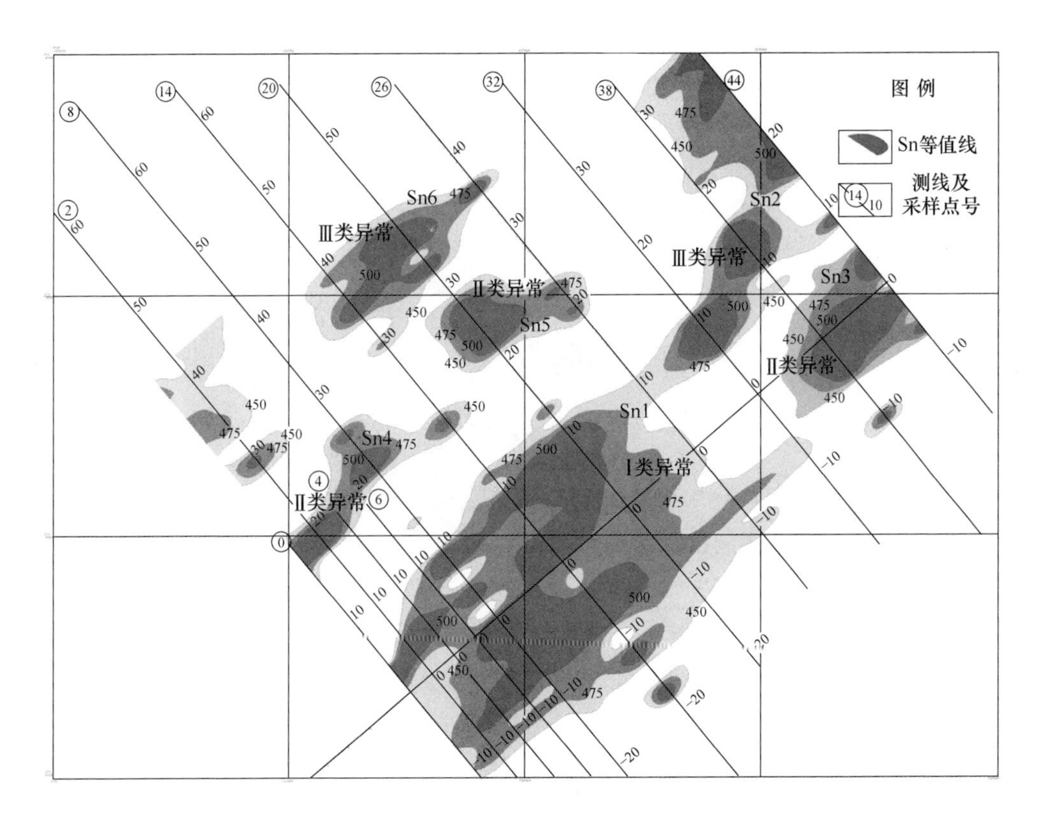

图 7-79 大厂铁板哨测区地电提取锡异常平面（据徐庆鸿等）

于 500×10^{-6}的点有 4 个，浓聚中心在 20 线的 21～26 号点；Sn6（即 14 线的 30～40 点，20 线的 32～40 点、26 线的 35～37 点），形状呈椭圆形，长 350m，宽 200m，异常强度大于 450×10^{-6}，其中大于 500×10^{-6}的点有 9 个，浓聚中心在 14 线的 34～35 号点、20 线的 32～36 号点和 26 线的 36 号点。

b 土壤离子电导率异常平面特征

土壤离子电导率异常平面特征如图 7-80 所示。根据该区已知剖面的电导率异常强度背景值为 12.6ms/m，异常下限为 18ms/m，按 18ms/m、30ms/m 和 42ms/m 作等值平面图，在测区内共圈出了 3 个土壤离子电导率异常区。

1 号异常区（con1）位于测区的东南部（即 8 线的−3～−17 点、14 线的 5～−17 点、20 线的 11～−16 点），形态呈椭圆状，长 650m，宽 500m，异常强度在 18～45.6ms/m 之间，为背景值（12.6ms/m）的 1.5～3.6 倍，异常最高点在 14 线的 3 号点，该异常以−3 号点为界，异常的右下半边（即 8 线的−3～−17 点、14 线的−3～−17 点、20 线的 0～−16 点）为已知矿体所产生的异常，异常的范围比已知矿体略小。

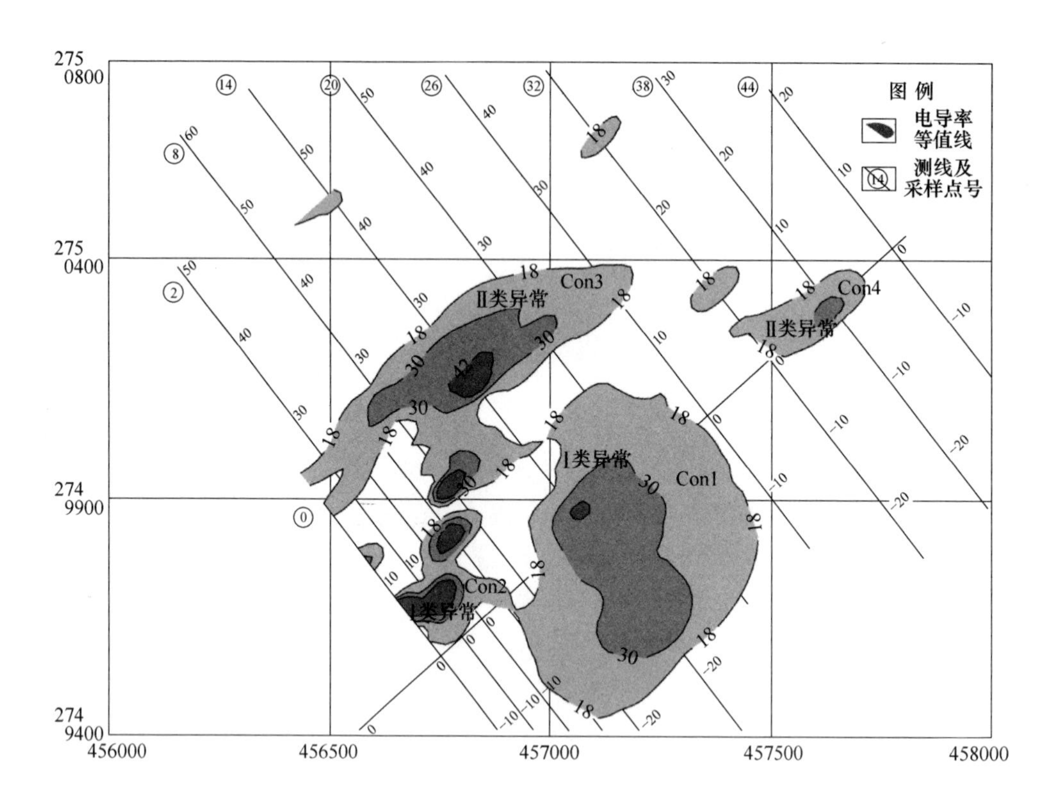

图 7-80　大厂铁板哨测区土壤离子电导率异常平面（据徐庆鸿等）

2 号异常区（con2）位于测区的西南部（即 0 线的 2~8 点、2 线的 0~8 点、4 线的 1~10 点、6 线的 0~11 点、8 线的 7~10 点），形态不规整，长 250m，宽 180m，向西南方向还延伸了 200m 到了 5 线，向东北方向与 Con1 断开，该区异常强度值较高，高于 42ms/m 的点有 7 个（0 线的 5 号点，值为 49.8ms/m；0 线的 7 号点，值为 105.1ms/m；4 线的 5 号点，值为 147.4ms/m；6 线的 9 号点，值为 70ms/m；0~2 线之间的 5 号点，值为 95.8ms/m 和 67ms/m；2~4 线之间的 5 号点，值为 77.9ms/m）。

3 号异常区（con3）位于测区的西北部（即 2 线的 19~25 点、8 线的 11~27 点、14 线的 10~27 点、20 线的 16~26 点、26 线的 15~20 点），形态呈长条状，长 800m，宽 200m。异常的强度为 18~67.6ms/m，是背景值的 1.4~5.4 倍，浓聚中心在 14 线的 19~24 号点（19 号点的电导率值为 67.6ms/m，20 号点的电导率值为 38.8ms/m，21 号点的电导率值为 65.7ms/m，22 号点的电导率值为 30.5ms/m，23 号点丢点，24 号点的电导率值为 38.9ms/m）。

4 号异常区（con4）位于测区的北东部（即 32 线的 4~5 点、38 线的-2~3 点），形态呈椭圆形，长 250m，宽 100m，规模小。异常的强度为 18~42.5ms/m，是背景值的1.4~3.4倍，浓聚中心在38线的-1号点。

c 土壤吸附相态汞测量异常平面特征

土壤吸附相态汞测量异常平面特征如图7-81所示。根据该区已知剖面的土壤吸附相态汞测量异常下限为300×10^{-9}，按300×10^{-9}、900×10^{-9}、1500×10^{-9}、2100×10^{-9}作等值平面图，在测区的内可圈出2个土壤吸附相态汞异常区。

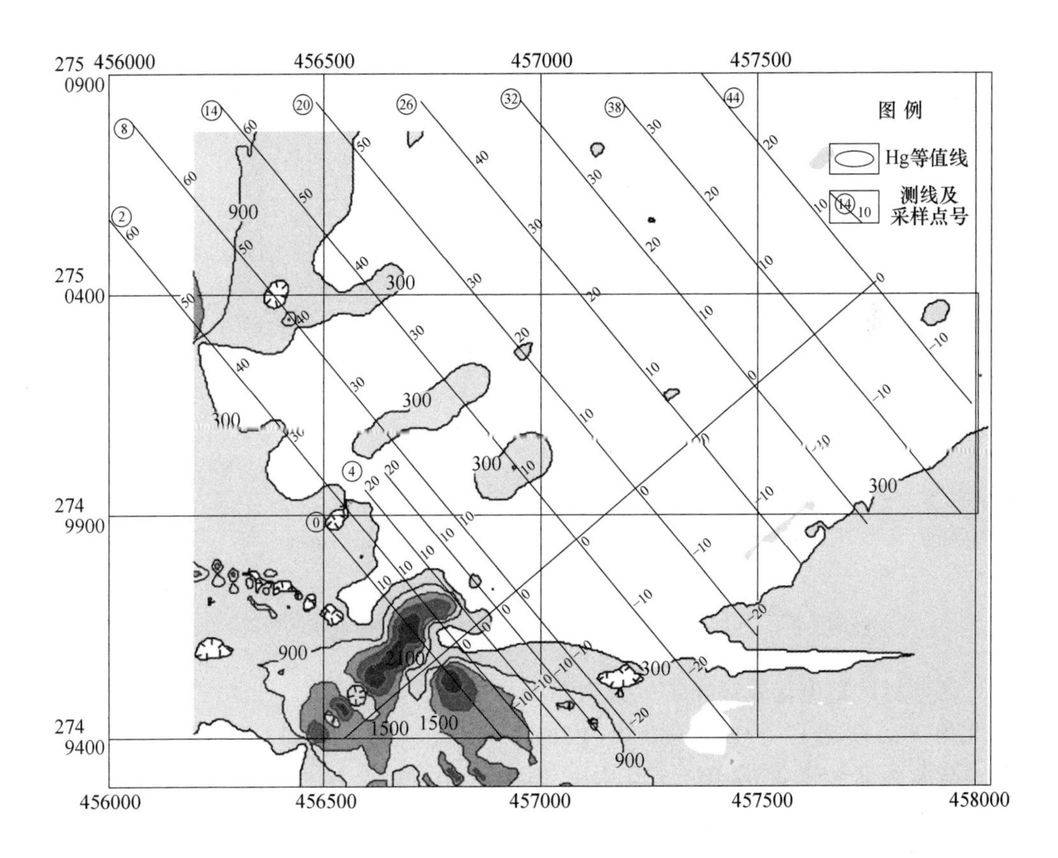

图7-81 大厂铁板哨测区土壤吸附相态汞异常平面（据徐庆鸿等）

1号异常区位于测区的南部，形态呈不规则的矩形，长2000m，宽500m，异常强度大于300×10^{-9}，大于900×10^{-9}的高值区主要集中在测区的西南角（即0线、2线和4线的0~9点及负号点以及0线南西方一侧），异常的右下半边异常（即负号点的异常），为已知矿体所产生的异常。

2号异常区位于测区的西北部（即2线的43~44点、8线的40~50点、14线的35~60点），形态不规整，长500m，宽300m，异常强度大于300×10^{-9}，最高值2100×10^{-9}。

B　黑水塘地区

a　地电提取锡异常平面特征

地电提取锡异常平面特征如图 7-82 所示。根据该区已知剖面的地电提取异常下限为 450×10^{-6}，按 450×10^{-6}、475×10^{-6} 和 500×10^{-6} 作等值平面图，在黑水塘测区内共圈出了 2 个地电提取锡异常区。

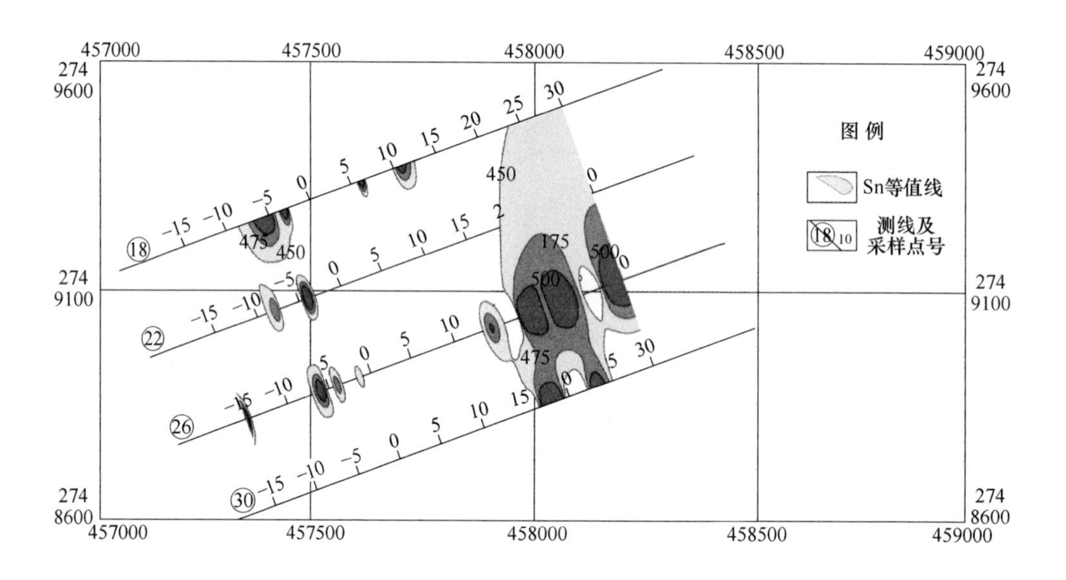

图 7-82　大厂黑水塘测区地电提取锡异常平面（据徐庆鸿等）

黑水塘区地电提取锡异常可分为两个异常区，1 号异常（Sn1）位于测区的东北角（26 线的 13~30 点，30 线的 16~25 点），向 22 线、18 线还有延伸的趋势，异常强度大于 450×10^{-6}，其中大于 500×10^{-6}的点 14 个。2 号异常（Sn2）位于图的左下方，由几个小异常构成（既 18 线的-9~-3 点；22 线-9~-7 点，-5~-3 点；26 线的-7~-3 点），异常强度大于 450×10^{-6}，其中异常强度大于 500×10^{-6}的有 6 个点。

b　土壤离子电导率异常平面特征

土壤离子电导率异常平面特征如图 7-83 所示。根据该区已知剖面的电导率异常强度背景值为 12.6ms/m，异常下限为 18ms/m，按 18ms/m、30ms/m 和 42ms/m 作等值平面图，在测区内几乎就无土壤离子电导率异常存在。仅在 18 线的 9~11 号点出现了一个小异常，最大异常强度值仅为 27.4ms/m，异常宽度也很小。22 线和 26 线在整条剖面上均无异常，整条剖面上最高的异常强度只有 14.2ms/m 和 16ms/m。30 线在剖面上只有个别点（23 号点和 29 号点）的异常强度高出异常下限值。

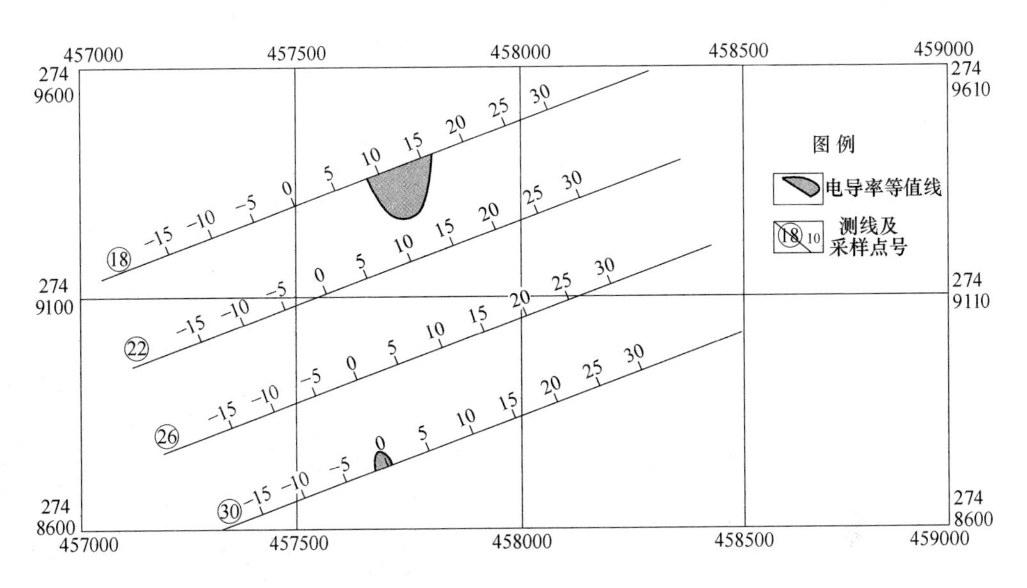

图 7-83 大厂黑水塘测区土壤离子电导率异常平面（据徐庆鸿等）

c 土壤吸附相态汞异常平面特征

土壤吸附相态汞异常平面特征如图 7-84 所示。根据该区已知剖面的土壤吸附相态汞测量异常下限为 300×10^{-9}，按 300×10^{-9}、900×10^{-9}、1500×10^{-9}、2100×10^{-9}作等值平面图，见附图线 x−在测区的内可圈出 2 个土壤吸附相态汞异常区。

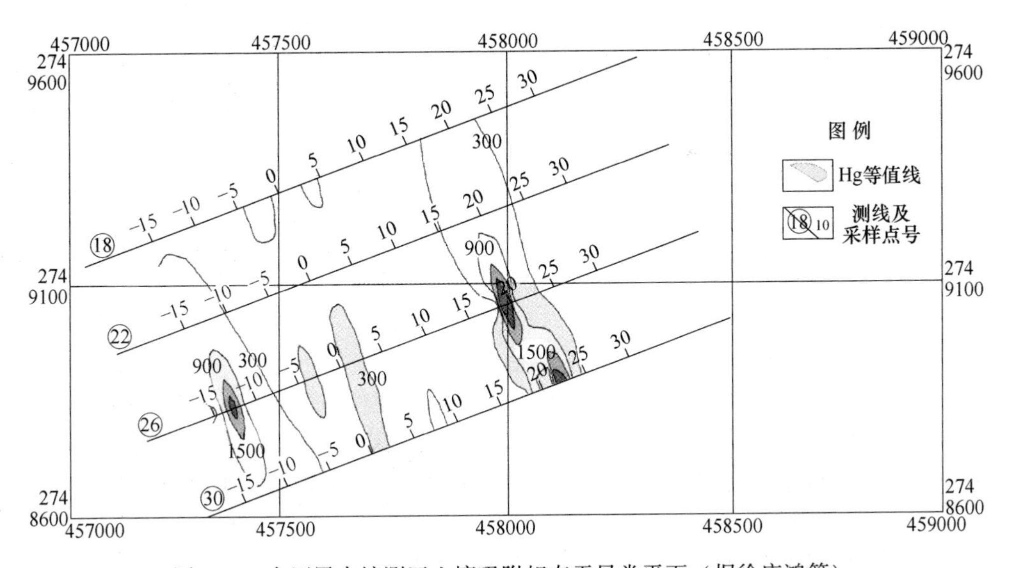

图 7-84 大厂黑水塘测区土壤吸附相态汞异常平面（据徐庆鸿等）

1 号异常区位于测区的东部（30 线的 18~26 点，26 线的 18~23 点），向 22 线、18 线还有延伸的趋势，形态呈长条形，长 600m，宽 120m，异常强度大于 300×10^{-9}，最高值为 5278×10^{-9}，为异常下限的 17.5 倍。

2 号异常区位于测区的西北部（即 30 线的 -15 ~ -6 点、26 线的 -15 ~ -8 点），形态呈椭圆形，长 500m，宽 200m，异常强度大于 300×10^{-9}，最高值 2847×10^{-9}，为异常下限的 9.5 倍。

C　冷水冲地区

a　地电提取锡异常平面特征

地电提取锡异常平面特征如图 7-85（a）所示。根据该区已知剖面的地电提取异常下限为 450×10^{-6}，按 450×10^{-6}、475×10^{-6} 和 500×10^{-6} 作等值平面图，在冷水冲测区内共圈出了 2 个地电提取锡异常区。

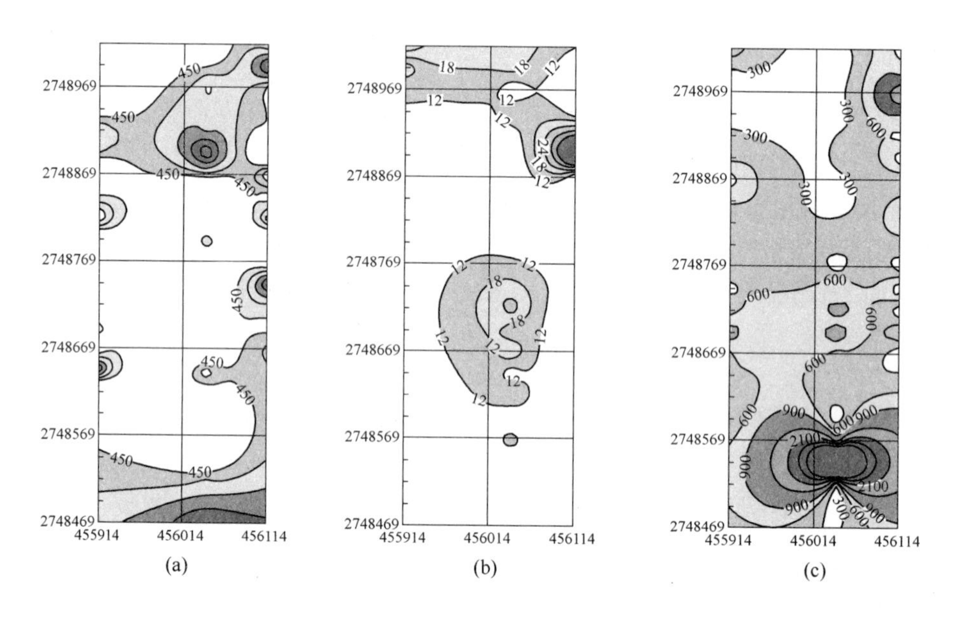

图 7-85　大厂冷水冲测区地电提取锡、土壤离子电导率和吸附相态汞异常平面（据徐庆鸿等）

（a）地电提取锡；（b）土壤离子电导率；（c）土壤吸附相态汞

1 号异常位于测区的北部（1 线的 4~6 点，2 线的 2~7 点，3 线的 1~9，即坐标（2749019，455914）、（2748869，455914）、（2748869，456114）和（2749019，456114）围成的区域），异常强度大于 450×10^{-6}，其中大于 500×10^{-6} 的点有 5 个；另在测区的南部（2 线的 21~23 点）还有一个小异常，向外没有封口，异常强度大于 450×10^{-6}，其中大于 500×10^{-6} 的点有 2 个。

b　土壤离子电导率异常平面特征

土壤离子电导率异常平面特征如图 7-85（b）所示。根据该区已知剖面的电导率异常强度背景值为 12.6ms/m，异常下限为 18ms/m，按 12ms/m、18ms/m、24ms/m 和 30ms/m 作等值平面图，在测区内圈出了 2 个土壤离子电导率异常。

1 号异常测区的北部，异常由 2 个小异常组成，规模小，形状呈不规则状，异常强度大于 18ms/m，最大值为 61.8ms/m；

2 号异常位于测区的中部，规模小，仅有 2 个点的值大于 18ms/m，最高值为 27.1ms/m。

c　土壤吸附相态汞异常平面特征

土壤吸附相态汞异常平面特征如图 7-85（c）所示。根据该区已知剖面的土壤吸附相态汞测量异常下限为 300×10^{-9}，按 300×10^{-9}、600×10^{-9}、900×10^{-9}、1500×10^{-9}、2100×10^{-9} 作等值平面图，基本上测区都属于土壤吸附相态汞异常区，异常的高值区在测区的南部，最高值在 2 线的 20 点，异常值高到 9678×10^{-9}。

7.7.4.3　大厂铜坑矿异常评价与找矿预测

A　各类别异常的划分标准

通过对研究区地电提取锡异常、土壤离子电导率异常和土壤吸附相态汞异常分布的剖面、平面特征的综合分析，按照异常的规模、大小、强弱、变化、吻合程度、异常出现的地质部位及其他一些地质因素，将研究区内的综合异常划分为 3 个类别的异常。各类别异常的划分标准是：

（1）Ⅰ类异常。1）同时具备有地电提取锡异常、土壤离子电导率异常和土壤吸附相态汞异常；2）三种方法异常具备内外带分布，并具有一定的规模；3）异常区表现为地电提取锡和电导率的高值，同时也有土壤吸附相态汞异常；4）几种方法异常形态相似，重合性完好；5）由已知矿（床）体引起或具有与已知矿（床）体相似的成矿地质条件异常地段，后者是深部找矿的有望地区。

（2）Ⅱ类异常。1）同时具备地电提取锡异常、土壤离子电导率异常和土壤吸附相态汞异常；2）三种方法异常具备内外带分布，并具有一定的规模；3）异常区表现为地电提取锡和电导率的高值，同时也有土壤吸附相态汞异常；4）三种方法异常的剖面、平面特征基本相吻合，但吻合程度稍差；5）异常地段具有一定的成矿地质条件，可以进一步开展深部找矿工作。

（3）Ⅲ类异常。1）只有一种方法异常都存在；2）异常具备内外带分布，并具有一定的规模。

B　研究区异常类型的划分

根据异常类别的划分标准，本次在研究区共 1 个Ⅰ类异常、4 个Ⅱ类异常和

4 个Ⅲ类异常。

a　Ⅰ类异常

位于铁板哨测区之南西地段，分布范围包括 0 线~26 线的 0~10 号点及 0~-20 号点,并且南西面还没有封口，即还可向 0 线南西的 1 线、3 线方向延伸。该异常包括 Sn1（见图 7-79）及 Con1 和 Con2（见图 7-80）号异常。Sn1、Con1 号异常区内，以-3 号点为界，异常的右下半边为已知矿体，异常的范围比已知矿体略小，异常的左上半边，地电提取锡异常和土壤离子电导率异常的规模、大小、强弱、变化、吻合程度都与已知矿体相类似。Con2 号异常，形态呈不规则状，长 250m，宽 180m，向西南方向还有延伸了 200m 到了 5 线。向东北方向与 Con1 断开，该区异常强度值较高，高于 42ms/m 的点有 7 个（0 线的 5 号点，值为 49. 8ms/m；0 线的 7 号点，值为 105. 1ms/m；4 线的 5 号点，值为 147. 4ms/m；6 线的 9 号点，值为 70ms/m；0~2 线之间的 5 号点，值为 95. 8ms/m 和 67ms/m；2~4 线之间的 5 号点，值为 77. 9ms/m）。另 0~1 线之间的 5 号点，值为 350ms/m，1~5 线之间的 5 号点，还存在一个双峰异常，异常强度为 18~34. 8ms/m，强度是背景值的 1. 5~3 倍，宽度为 160m。剔除大于 126ms/m 的两个点（4 线的 5 号点，值为 147. 4ms/m，0~1 线之间的 5 号点，值为 350ms/m）还有 6 个高值点。电导率异常具备内外带分布特征，并具有一定的规模，与地电提取锡异常共存，与其相对应的地电提取锡异常为（Sn1）异常的左上半边的西南端。同时在该区域，有较高的土壤吸附相态汞异常，也说明该区域下部的构造断裂发育，为深部成矿热液或流体的活动提供了条件，该综合异常的北西部为已知矿床，而其南西部 8 线~2 线一带，则靠近大厂倒转背斜的倾伏端，离已知矿床很近，构造部位有利，其深部存在隐伏矿（床）体的可能性很大。

b　Ⅱ类异常

共有 4 个综合异常，铁板哨测区 3 个，分别分布于铁板哨测区的西部、中部和东部；冷水冲测区 1 个。

（1）铁板哨测区Ⅱ类异常。该测区Ⅱ类异常由 Sn3、Sn4、Sn5（见图 7-79）和 Con3、con4（见图 7-80）号异常组成。Sn4（2 线的 17~21 点，8 线的 19~26 点，14 线的 17~20 点），形状呈带状，长 400m，宽 100m，异常强度大于 450×10^{-6}，其中大于 500×10^{-6}的点有 10 个，浓聚中心在 2 线的 17~20 号点和 8 线的 20~25 号点；Sn5（即 20 线的 21~29 点，26 线的 18~23 点），形状呈椭圆形，长 300m，宽 120m，异常强度大于 450×10^{-6}，其中大于 500×10^{-6}的点有 4 个，浓聚中心在 20 线的 21~27 号点；与其相对应的电导率异常为（Con3）异常，con3 异常位于测区的西北部（即 2 线的 19~25 点、8 线的 11~27 点、14 线的 10~27 点、20 线的 16~26 点、26 线的 15~20 点），形态呈长条状，长 800m，宽 200m。异常的强度为 18~67. 6ms/m，是背景值的 1. 4~5. 4 倍，浓聚中心在 14 线的 19~

24 号点（19 号点的电导率值为 67.6ms/m，20 号点的电导率值为 38.8ms/m，21 号点的电导率值为 65.7ms/m，22 号点的电导率值为 30.5ms/m，23 号点丢点，24 号点的电导率值为 38.9ms/m），地电提取锡异常和土壤离子电导率异常都存在并具备内外带分布特征，具有一定的规模，但它们的吻合程度略差，两类异常的浓聚中心不能完全相对应，也有土壤吸附相态汞异常存在，所以该异常也为Ⅱ级异常。Sn3 异常（即 38 线的 4~-11 点，44 线的 5~-7 点），形状呈椭圆形，长 250m，宽 100m，异常强度大于 450×10^{-6}，其中大于 500×10^{-6}的点有 9 个。浓聚中心在 38 线的-5~0 号点和 44 线的-3~-1 号点，与其相对应的电导率异常为（con4）异常，con4 异常（即 32 线的 4~5 点、38 线的-2~3 点），形态呈椭圆形，长 250m，宽 100m，异常的强度为 18~42.5ms/m，是背景值的 1.4~3.4 倍，浓聚中心在 38 线的-1 号点（0，1，2，3 丢点），单点异常，规模小，该区地电提取锡异常和土壤离子电导率异常都存在，但土壤离子电导率异常规模小，它们的吻合程度较差，两类异常的浓聚中心不能完全相对应，也有土壤吸附相态汞异常存在。

（2）冷水冲测区Ⅱ类异常。该测区Ⅱ类异常位于测区的北部（1 线的 4~6 点，2 线的 2~7 点，3 线的 1~9，即坐标（2749019，455914）、（2748869，455914）、（2748869，456114）和（2749019，456114）围成的区域），在该区存在地电提取锡异常，异常强度大于 450×10^{-6}，其中大于 500×10^{-6}的点有 5 个；有土壤离子电导率异常，异常由 2 个小异常组成，规模小，形状呈不规则状，异常强度大于 18ms/m，最大值为 61.8ms/m；同时在该区也有土壤吸附相态汞异常。

（3）Ⅲ类异常。共有 4 个异常，铁板哨测区 2 个，黑水塘测区 1 个，冷水冲测区 1 个。

1）铁板哨测区Ⅲ类异常。由 Sn2、Sn6 号异常组成。Sn2（即 32 线的 6~11 点，38 线的 9~16 点，44 线的 8~34 点），与 1 号异常相连，形状呈不规整状，异常强度大于 450×10^{-6}，其中大于 500×10^{-6}的点有 10 个，浓聚中心在 32 线的 1~5号点和 38 线的 10~15 号点；Sn6（即 14 线的 30~40 点，20 线的 32~40 点、26 线的 35~37 点），形状呈椭圆形，长 350m，宽 200m，异常强度大于 450×10^{-6}，其中大于 500×10^{-6}的点有 9 个，浓聚中心在 14 线的 34~35 号点、20 线的 32~36 号点和 26 线的 36 号点。Sn2 和 Sn6 地电提取锡异常都具备异常内外带分布特征，并具有一定的规模，特别是 Sn2 异常能和 Sn1 异常相连形成一个带状，但没有土壤离子电导率异常，也没有土壤吸附相态汞异常存在。

2）黑水塘测区Ⅲ类异常。由 Sn1 地电提取锡异常组成。该异常位于测区的东北角（26 线的 13~30 点，30 线的 16~25 点），22 线和 18 线相应位置无测点，但有向 22 线、18 线还有延伸的趋势，异常强度大于 450×10^{-6}，其中大于 500×10^{-6}的点

14 个。在该位置土壤离子电导率基本无异常存在。仅在 30 线有个别点（23 号点和 29 号点）的异常强度高出异常下限值，电导率值分别为 20ms/m 和 21. 1ms/m。

3）水冲测区Ⅲ类异常。位于测区的中部，有土壤离子电导率异常，异常的强度不是很大，规模也较小，没有地电提取锡异常，有高的土壤吸附相态汞异常。

7.7.5　北香矿区找矿探查技术应用

7. 7. 5. 1　地质简况

北香矿区处于丹池构造带中段，与次级的东西向及北东向构造的交汇部位，北香同丹池构造带上的其他矿床一样，均具有显著的地壳上隆、形成明显的隆起区。北香隆起区内的构造特点是以两条北西向同沉积断裂（南华-路逢断裂；口益-花照断裂）间的东西向的背斜褶皱和南北向构造为主，背斜轴向东侧伏，西侧为丹池大断裂所断，东侧为另一条南北向的坡老街-旧河池断裂所分隔，褶皱带核部由中泥盆统组成，两翼向外依次出露上泥盆世、石炭纪地层，南北两翼不对称，北翼较平缓，南翼较陡，近核部甚至发生直立或倒转；背斜两翼均发育次级褶皱和东西向、南北向次级断裂，下大莫矿体均赋存在北西向同沉积断裂之间的次级构造及层间破碎带中，构造特征上极似大厂 F1 断层与丹池断裂之间的西矿带矿体产出特点。

矿区内出露地层主要为石岩系和泥盆系。石炭系主要分布于矿区北香短轴背斜的四周，为深灰至灰白色灰岩、泥灰岩。泥盆系则主要出露于北香短轴背斜的核部，分别出露了上泥盆统同车江组（D_3t）页岩、泥岩夹少许硅质岩、粉砂岩、碳质泥岩、灰岩及磷块岩；上泥盆统五指山组（D_3w）中层至厚层含泥炭质条带灰岩、扁豆状灰岩夹薄层至中层状泥质灰岩，局部含磷硅质岩；上泥盆统榴江组（D_3l）硅质岩夹页岩及含磷硅质岩；中泥盆统东岗岭组（D_2d）泥岩、页岩与灰岩互层、夹砂质泥岩、炭质泥岩及少许硅质岩、细砂岩、中厚层灰岩、泥质灰岩等；下段未出露。

矿区构造表现为以北香背斜为中心的短轴穹窿构造（见图 7-86），中心由中、上泥盆统构成，外围由石炭系包围。矿区断裂构造极为发育、规模大，但其形态、产状相对简单，按走向划分以北西向组为主，次为南北向及北东向，矿区外围为区域性的东西向、南北向及北西向断裂所隔。研究表明：北西向组同沉积断裂是北香银多金属矿床的控矿断裂，北东向组可能是容矿构造、局部地段已见有铅锌矿体产出，南北向组构造为后期构造，对矿体起破坏作用。

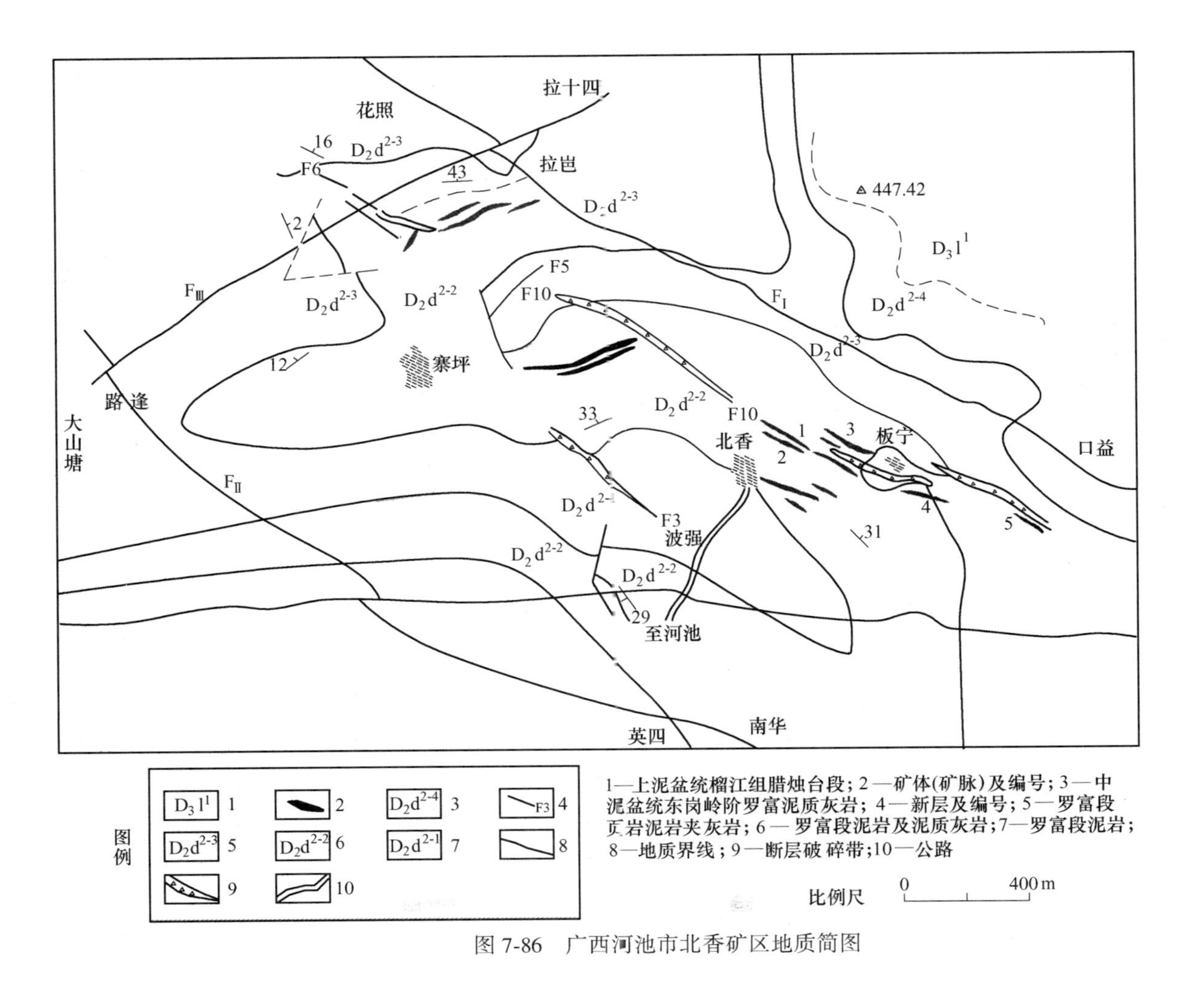

图 7-86 广西河池市北香矿区地质简图

7.7.5.2　化探新方法应用

此次普查工作投入了化探新方法的试验和找矿应用，投入的化探新方法有：土壤吸附相态汞、吸附烃和电吸附三项工作，电吸附测了 Cu、Sn、Sb、Zn、Pb、Ag 等元素。

A　电吸附地球化学异常特征及异常推断解释

本次完成化探土壤电吸附测量约 $4km^2$，采样网度 200m×50m，在矿化有利地段加密为 100m×25m。用电吸附方法测定 Cu、Pb、Zn、Ag、Sb、Sn　6 个元素。其异常特征（见图 7-87～图 7-92）如下：

a　Pb 异常特征

电吸附 Pb 异常如图 7-87 所示。本区 Pb 异常较发育，出现大、小异常多处，其中有两处异常规模较大，编号为Ⅰ号、Ⅱ号。

Ⅰ号异常为本区面积最大的异常，分布于测区中东北侧，下北香-大莫背斜的北翼。异常呈不规则带状沿 SE-NW 方向展布，横贯整个测区，异常 SE 端和 NW 端逐渐收缩，浓度逐渐降低，但均未封闭，异常多处出现分叉现象。异常长度大于 2000m，最宽处约 400m，最窄处约 50m。异常具有明显的浓度分带性，出现外、中、内带，异常具有多处浓集中心，但主要分布于 13～10 线和 21～29 线之间。已发现的 1～3 号矿体群基本处于该异常中或附近。

Ⅱ号异常分布于测区中部，下北香-大莫背斜北翼近核部，东北侧紧靠Ⅰ号异常。异常呈不规则条带状，轴向 SE-NW，长度大于 1600m，宽度一般在 150m 左右。异常具有明显的浓度分带性，出现外、中、内带，浓集中心主要分布于 10～25 线之间。

其他还有若干规模较小的异常和点异常，找矿意义较小。

b　Ag 异常特征

电吸附 Ag 异常如图 7-88 所示。本区 Ag 异常也较发育，出现大、小异常多处，其中有 4 处异常规模相对较大，编号为Ⅰ号、Ⅱ号、Ⅲ号、Ⅳ号。

Ⅰ号异常为本区规模最大的异常，分布于测区的中东北侧，下北香-大莫背斜北翼近核部。呈不规则带状沿 SE-NW 方向展布，NW 端异常未封闭，延伸到测区之外，现控制长度大于 2000m，宽度一般在 250m 左右，最宽处达 600m 左右。异常具有明显的浓度分带性，出现外、中、内带，浓集部位主要处于 29～10 线之间和 26～42 线之间。1～3 号矿体群基本处于该异常东北侧边缘，异常主要分布于上述矿体群与 7 号矿体之间。

Ⅱ、Ⅲ、Ⅳ号异常规模较小，找矿意义也相对较小，不细述。

c　Sb 异常特征

电吸附 Sb 异常如图 7-89 所示。本区 Sb 异常较为零散，主要散布于测区的整

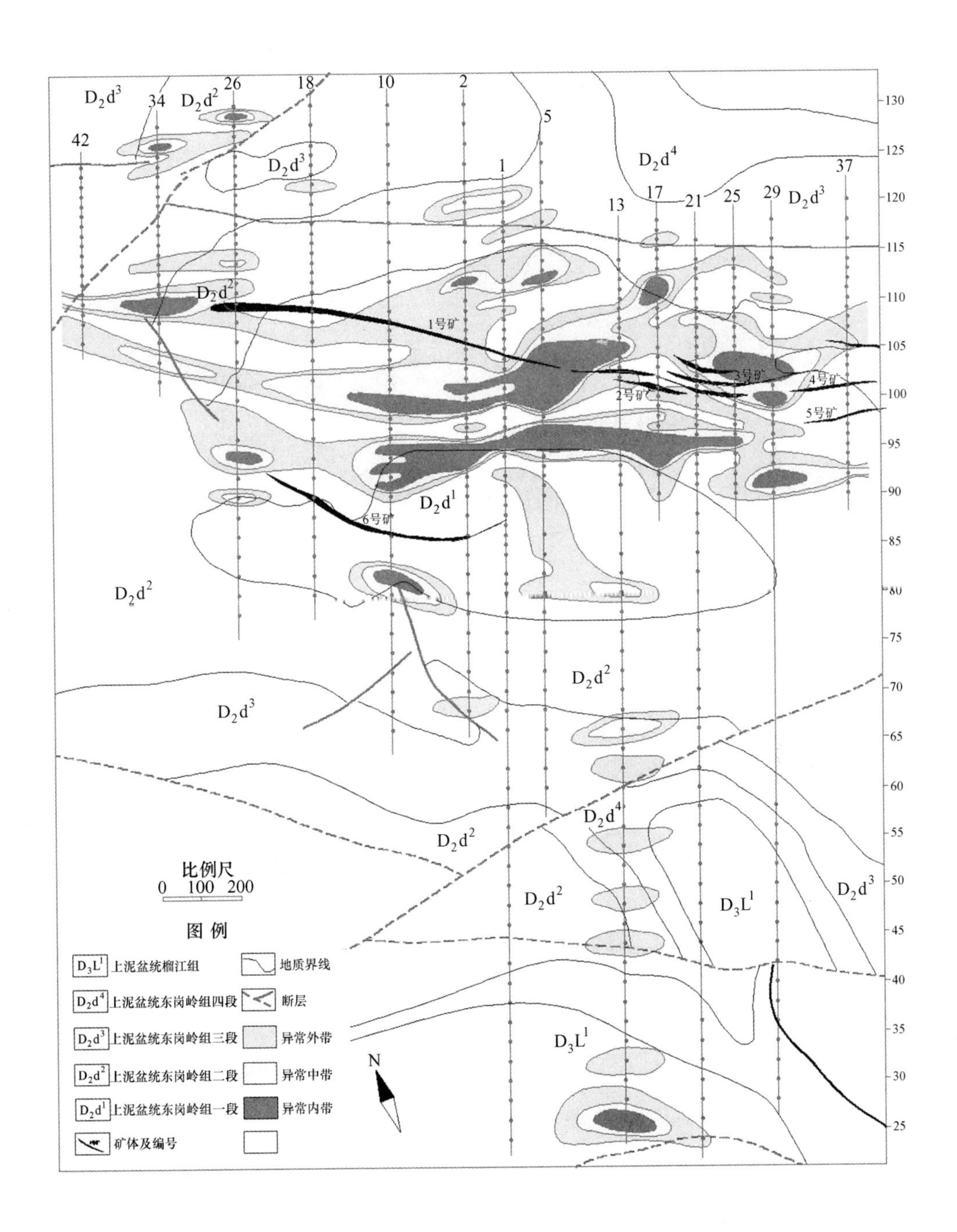

图 7-87 广西北香矿区电吸附 Pb 异常

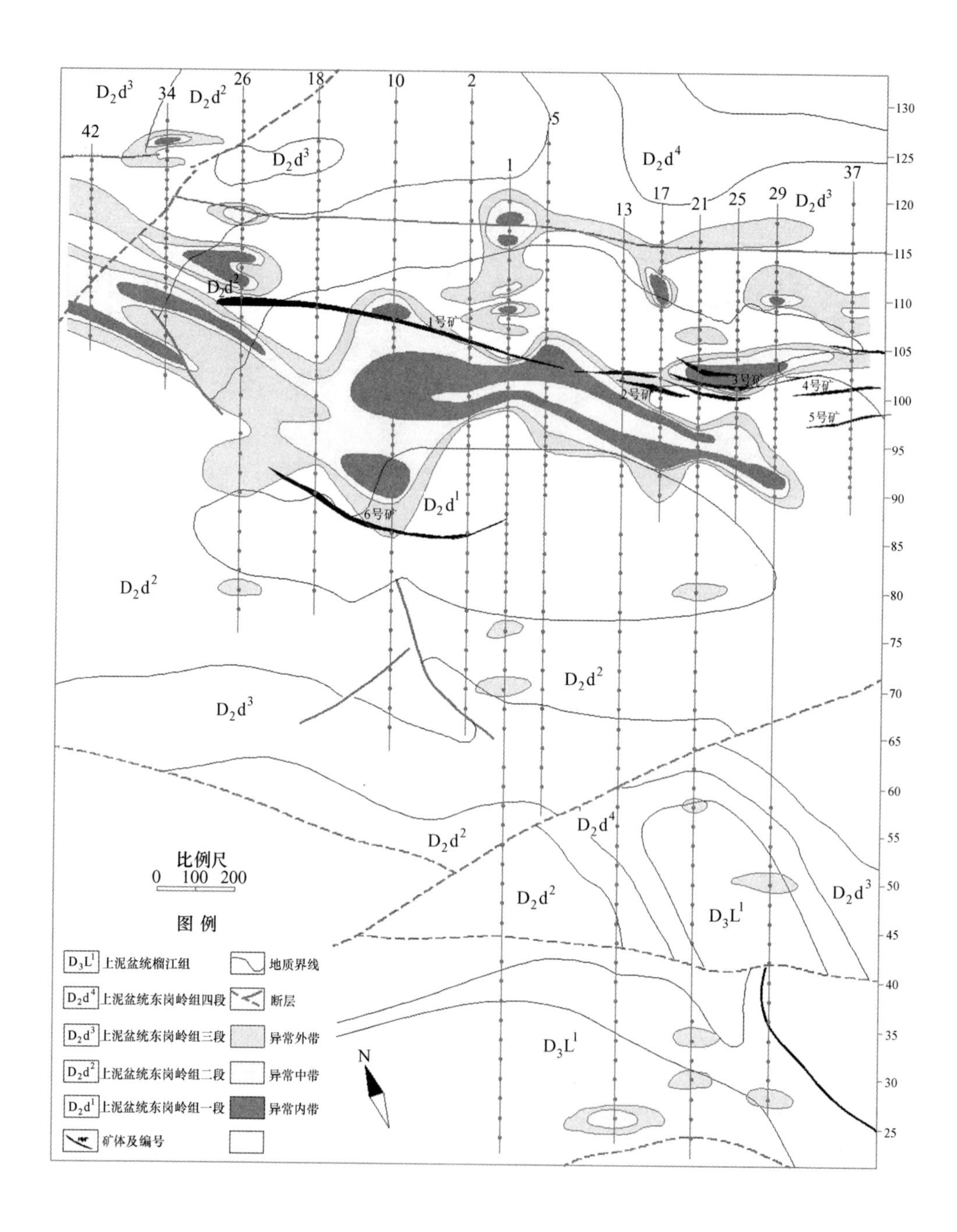

图 7-88 广西北香矿区电吸附 Ag 异常

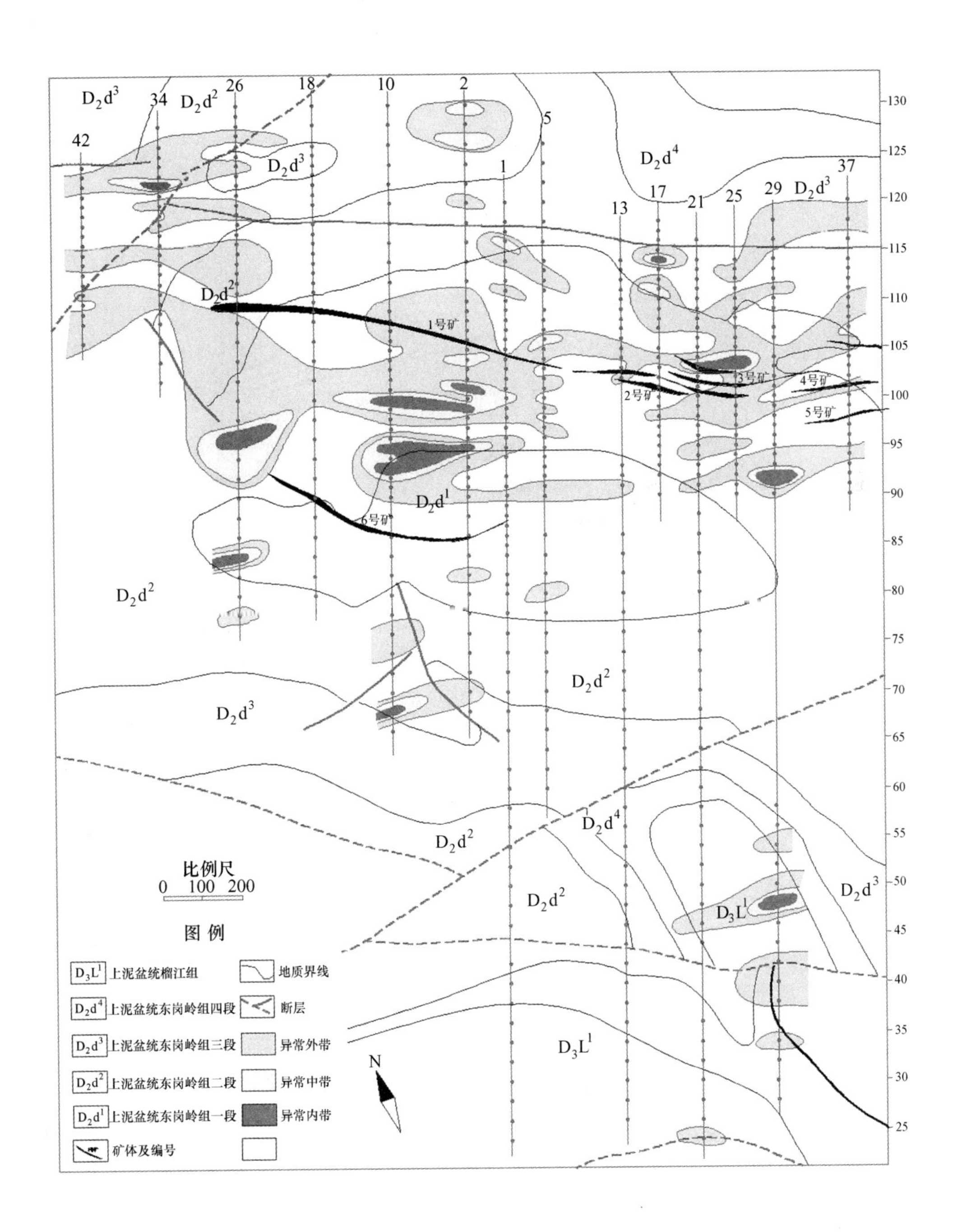

图 7-89 广西北香矿区电吸附 Sb 异常

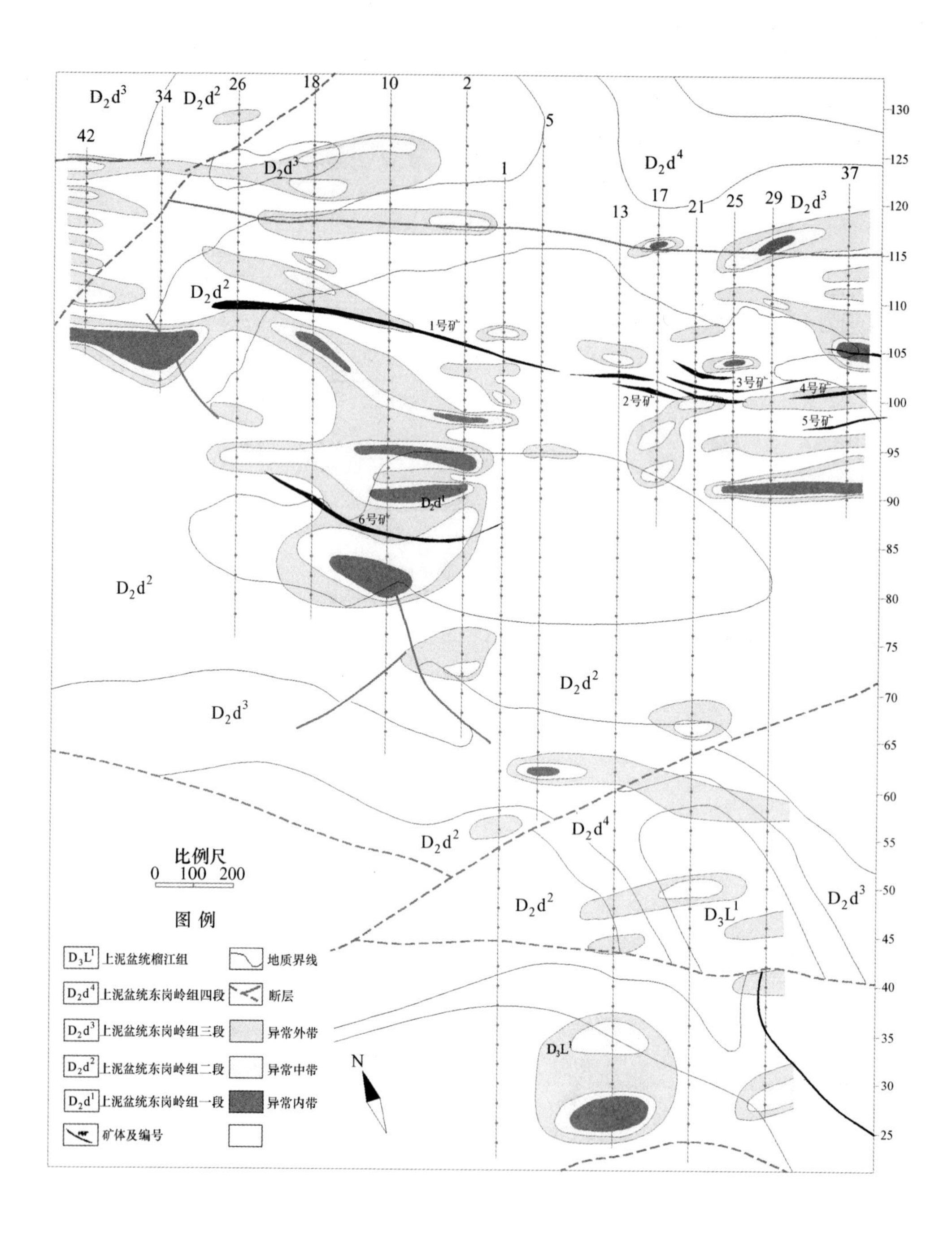

图 7-90　广西北香矿区电吸附 Sn 异常

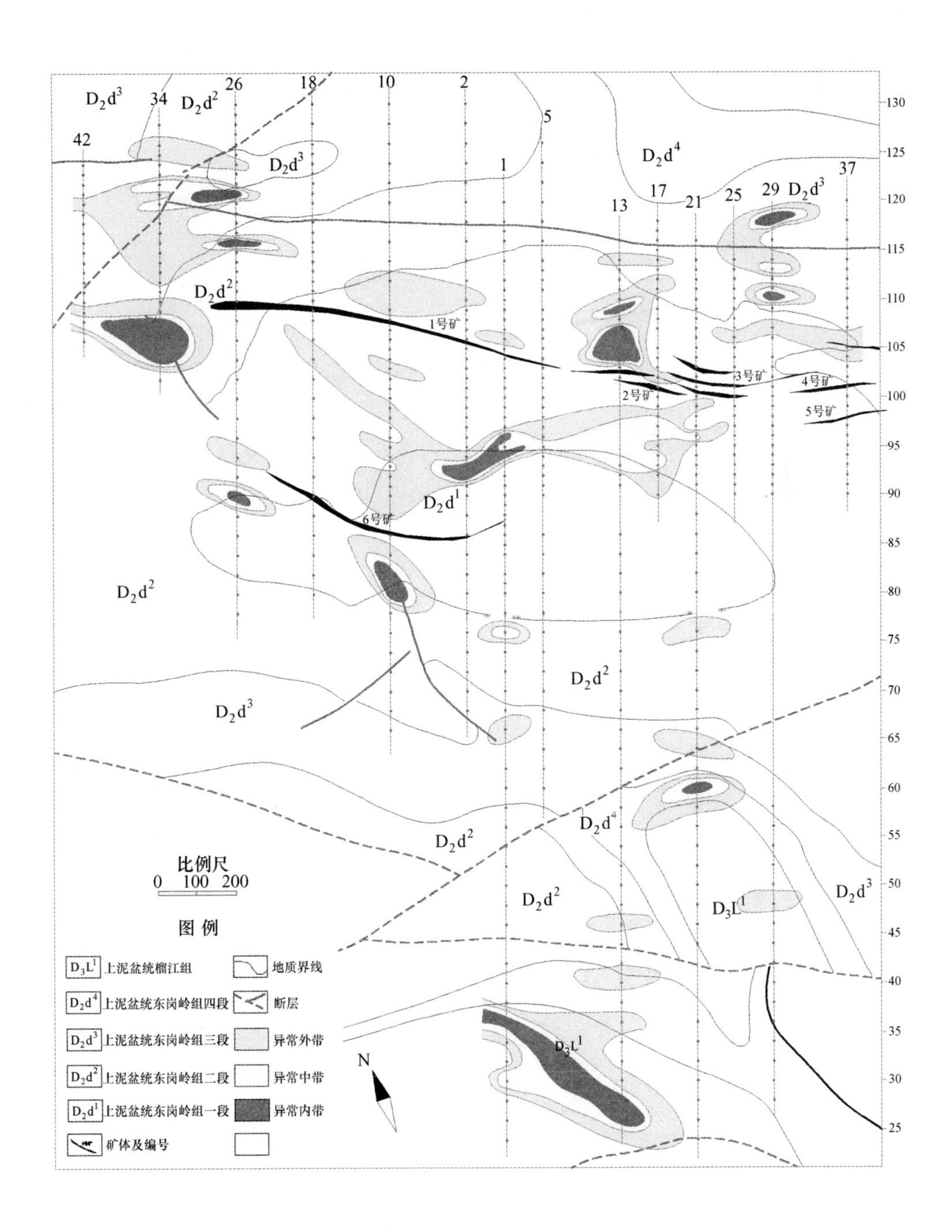

图 7-91 广西北香矿区电吸附 Cu 异常

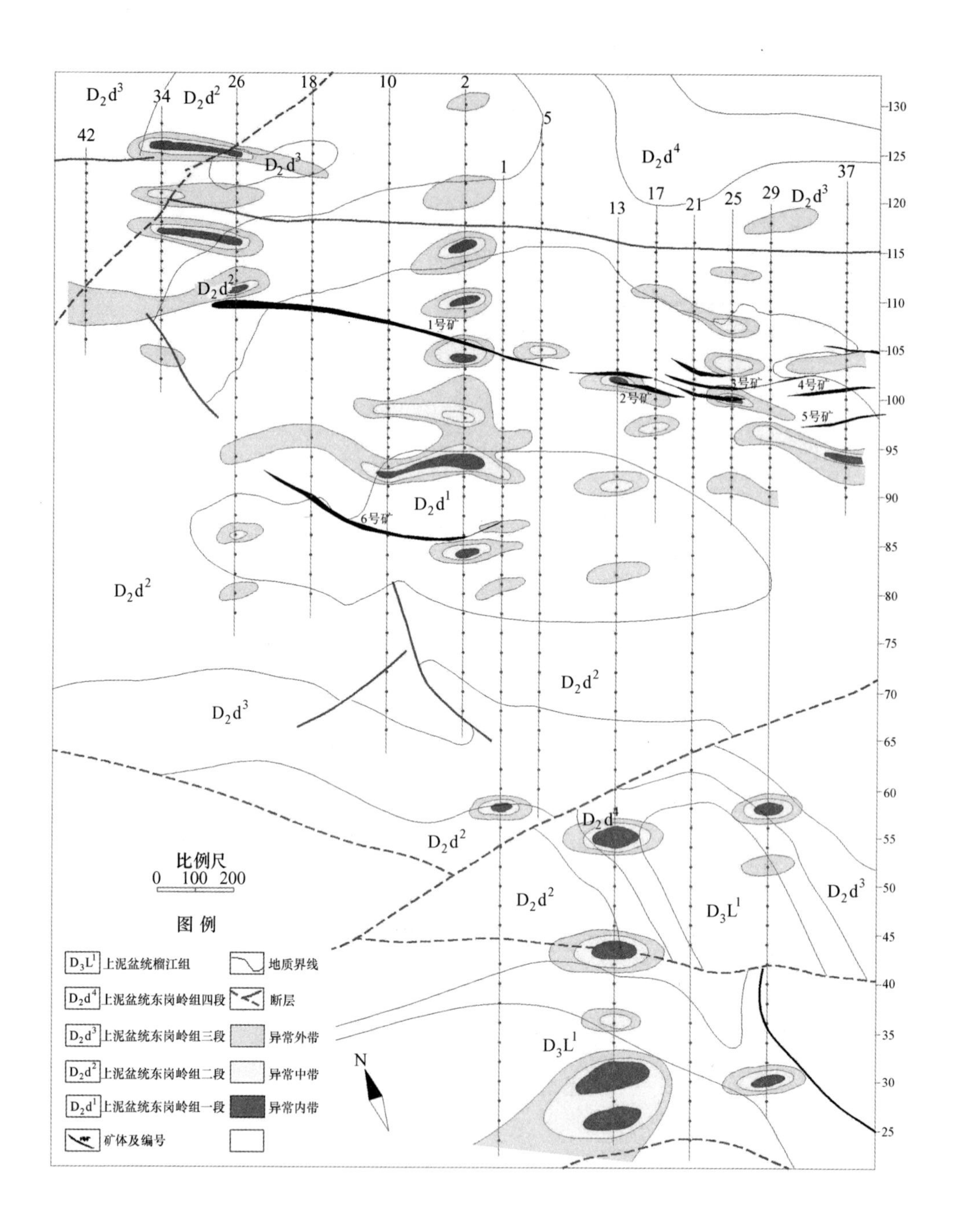

图 7-92　广西北香矿区电吸附 Zn 异常

个东北部，其中有两处异常规模相对较大些，编号为Ⅰ号、Ⅱ号。

Ⅰ号异常分布于测区中东北部，下北香-大莫背斜的北翼，呈不规则状沿 SE-NW 方向展布，横贯整个测区，现控制长度大于2000m，宽度50~400m 不等。异常主要发育外带，局部出现外、中、内带，浓集部位主要分布于1~26线之间。1~6号矿体群分布于该异常中或附近。

Ⅱ号异常分布于测区中部，下北香-大莫背斜北翼近核部，东北侧紧邻Ⅰ号异常。异常呈近似“烟斗状”，“烟斗”头部具明显浓度分带性，出现外、中、内带，浓集部位位于2~10线之间。

其他还有若干异常，因规模较小，浓度较低，找矿意义不太大。

d Sn 异常特征

电吸附Sn异常如图7-90所示。本区Sn异常较为零散，主要散布于测区中东北部和东南部，其中有两处异常规模相对较大些，编号为Ⅰ号、Ⅱ号。

Ⅰ号异常分布于测区西北部的西南侧，下北香-大莫背斜的核部及北翼，呈一端宽一端窄的不规则弧形状展布，异常弧的西北端未封闭。异常弧轴向长度大于1300m，宽度100~500m左右。异常具有明显的浓度分布性，出现多次浓集中心，浓集部位主要分布于7号矿体两侧和34~42线之间。

Ⅱ号异常分布于测区的东南端，呈圆形状，直径约400m左右，异常具有浓度分带性，但主要发育外带异常。

其他还有若干规模较小的异常，找矿意义相对较小。

e Cu 异常特征

电吸附Cu异常如图7-91所示。本区Cu异常较为零散，主要散布于测区的中东北部和东南部，中东北部的异常多呈孤立状分布于已知矿体群的周围。东南侧（即13线和1线西南端）有一处异常规模相对大些，呈不规则短带状，轴向SE-NW，长度大于500m，宽度约300m，异常具明显的浓度分带性，出现外、中、内带。

f Zn 异常特征

电吸附Zn异常如图7-92所示。本区Zn异常发育不佳，多呈孤立的异常散布于测区的东北部和东南部，与已知矿体群似乎没有什么关系。东南侧即13线西南端有一处异常规模相对稍大些，异常西南侧未封闭，异常具明显的浓度分带性，出现外带、中带、内带。

根据Pb、Ag、Sb累乘晕衬度值共圈定一处规模较大和3处规模相对较小的异常，编号分别为Ⅰ号、Ⅱ号、Ⅲ号、Ⅳ号。

Ⅰ号异常分布于测区的中东北部，下北香-大莫背斜的北翼，呈不规则状沿SE-NW方向展布，横贯整个测区，长度大于2000m，宽度200~700m不等。异常具明显的浓度分带性，出现外、中、内带，异常出现多处浓集中心，但主要分布于 26~29 线之间。异常基本圈定本区主要矿化带的范围，1~6 号矿体群位于其中或附近。异常基本反映了Ⅰ号、Ⅱ号 Pb 异常和Ⅰ、Ⅱ号 Sb 异常及Ⅰ号 Ag 异常的综合特点。

其他Ⅱ号、Ⅲ号、Ⅳ号异常规模较小，找矿意义不太大。

B　综合异常推断解释

综上所述，本区电吸附异常具有如下特点：

（1）本区 Pb、Ag 异常较发育，Sb、Sn 异常次之，这 4 个元素的主要异常与本区的主要矿化带在空间上具有密切的关系；Cu、Zn 两元素的异常发育不佳，多呈孤立的异常出现，在空间中与主要矿化带关系不密切。

（2）在测区东北部，Pb、Ag、Sb3 个元素的主要异常分布位置比较吻合，基本圈定本区主要矿化带的范围，而 Sn 异常除部分与上述元素异常重叠外，主要分布于上述元素异常的外围，即元素异常具有一定的水平分带特点。这预示本区的矿化也可能存在与上述成矿元素相对应的水平分带，即 1~6 号矿体群以铅、银、锑矿化为主，外围以锡矿化为主。

根据上述各元素异常发育特点结合地质情况，把本区分为 3 个综合异常区带（见图 7-93）。

Ⅰ号化探综合异常带：位于测区中东北部，横贯整个测区，主要为 Pb、Ag、Sb 组合异常，异常带轴向 SE-NW，长度大于 2000m，宽度 500m 左右。各元素具有明显的异常。

浓度分带性。异常带处于下北香-大莫背斜的北翼近核部，地层为中泥盆统东岗岭组第二段泥岩、炭质灰岩夹泥灰岩，已发现的 1~6 号矿体群及钻孔中发现的一系列小盲矿脉位于其中或附近，无疑，该综合异常带为上述矿体群的综合反映。值得注意的是各元素的异常浓集部位主要分布于 1~3 号矿体群与 7 号矿体之间，考虑到 1~3 号矿体的倾向为 SW，7 号矿体的倾向与上相反，为 NE，上述元素异常浓集带似乎是这些矿体上盘晕的综合反映，但也不排除其深部有盲矿体存在的可能性，值得进一步工作。该综合异常带以铅、银、锑矿化为主，是本区最有找矿意义的远景区。

Ⅱ号化探综合异常区：位于测区中西南部，以 Sn 异常为主，局部出现 Ag、Pb、Cu 等元素异常，各元素异常均具有明显的浓度分带性。该综合异常区处于下北香-大莫背斜核部，地层为中泥盆统东岗岭组一段泥岩夹少量页岩、泥岩、含粉砂泥质结核及泥灰岩、泥岩互层，7 号矿体位于其中，所以该综合异常区为 7 号矿体的反映。值得注意的是 Sn 异常以及其他元素异常的浓集部位均位于 7 号矿体的两侧，其深部是否有与 7 号矿体相平行的盲矿脉存在需要进一步探究。该异常区可能以锡矿化为主，是本区具有一定找矿意义的远景区。

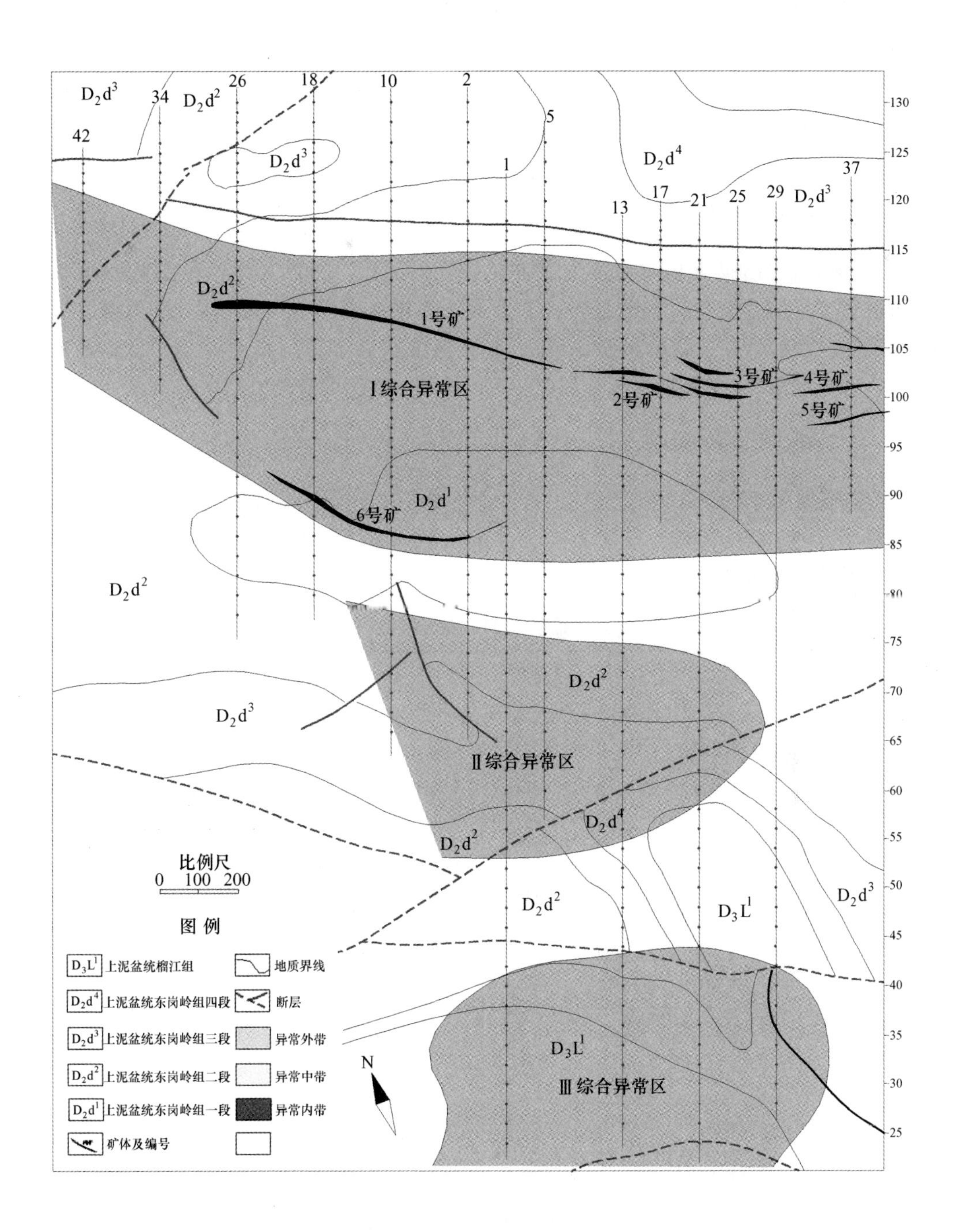

图 7-93 广西北香矿区电吸附综合异常图

Ⅲ号综合异常区：分布于测区的东南端，以 Sn、Cu、Zn、Pb 为主的组合异常，各元素异常均具有明显的浓度分带性。异常区地层为上泥盆统榴江组硅质岩。推断该综合异常区可能是锡、铜、锌矿化引起。

7.7.6　工程验证

7.7.6.1　黑水沟-大树脚

2004 年 215 队在黑水沟-大树脚投入四个验证孔，2005 年继续在黑水沟-大树脚进行工程验证。共投入总经费 659 万元，新增矿石量 95 号矿体 690 万吨，锌金属量 33.96 万吨、铜金属量 2.42 万吨、银金属量 278t；96 号矿石量 538.6 万吨，锌金属量 24.9 万吨、铜金属量 1.88 万吨、银金属量 157t。

7.7.6.2　长坡深部

在长坡深部投入五个验证孔，投入总经费 167 万元，获 160 万吨，其中锡金属量 1 万吨、锌 6 万吨、铅 1 万吨、银 65t。黑水沟-大树脚及长坡深部具体施工及见矿情况见表 7-8。

表 7-8　大厂锡矿 2004~2005 年钻探施工情况

<table>
<tr><th>年度</th><th>矿区</th><th>工程号</th><th>工程量/m</th><th>费用/万元</th><th>见矿情况</th><th>有无储量</th><th>备注</th></tr>
<tr><td rowspan="12">2004</td><td rowspan="5">黑水沟-大树脚</td><td>ZK1501</td><td>790.26</td><td>40.22</td><td>见矿</td><td rowspan="4">新增（333）资源量：矿石量 493 万吨，锌金属量 25 万吨</td><td rowspan="4">平均品位 Zn5.15% Cu0.27% Ag41.59g/t</td></tr>
<tr><td>ZK1502</td><td>707.06</td><td>35.99</td><td>见矿</td></tr>
<tr><td>ZK1503</td><td>801.08</td><td>42.78</td><td>见矿</td></tr>
<tr><td>ZK1504</td><td>722.21</td><td>36.76</td><td>见矿</td></tr>
<tr><td>小计</td><td>3020.61</td><td>155.75</td><td></td><td></td><td></td></tr>
<tr><td rowspan="6">长坡区深部</td><td>ZK2017</td><td>458.22</td><td>26.27</td><td>见矿</td><td></td><td rowspan="6">坑道内施工</td></tr>
<tr><td>ZK2018</td><td>462.08</td><td>26.49</td><td></td><td></td></tr>
<tr><td>ZK2028</td><td>414.92</td><td>23.79</td><td></td><td></td></tr>
<tr><td>ZK2019</td><td>422.03</td><td>24.19</td><td>见矿</td><td></td></tr>
<tr><td>ZK2022</td><td>366.94</td><td>23.06</td><td>见矿</td><td>115 号矿体</td></tr>
<tr><td>小计</td><td>2124.19</td><td>123.81</td><td></td><td></td></tr>
<tr><td>合计</td><td></td><td>5144.80</td><td>279.66</td><td></td><td></td><td>钻探工程量</td></tr>
</table>

续表 7-8

年度	矿区	工程号	工程量/m	费用/万元	见矿情况	有无储量	备注
2005	黑水沟-大树脚	ZK1506	704.36	35.85	见矿	预计可以扩大资源量范围，提高资源量级别	
		ZK1510	750.22	38.19	见矿		
		ZK1509	754.83	38.42	见矿		
		ZK1513	812.93	43.41	见矿		
		ZK1512	540	27.49			施工中
		ZK1515	635	32.32			施工中
		ZK1516	820	43.79	见矿		施工中
		ZK1505	850.35	45.41	见矿		
		小计	5867.69	304.87			
	长坡北西	ZK2023	827.41	44.18	见矿		
	合　计		6695.10	349.06			
总　计			11839.90	628.72			

钻孔编号	见矿层	厚度/m	Sn/%	Zn/%	Pb/%	Sb/%	$Ag/g \cdot t^{-1}$
ZK2017	①	1.20	0.64	0.47	0.26	0.21	7.93
	②	1.10	0.41	5.39	0.21	0.23	88.12
	③	4.50	1.46	4.11	0.46	0.39	46.40
ZK2019	①	1.00	0.32	4.31	3.10	2.52	111.94
	②	2.15	0.83	0.39	0.04	0.15	14.50
	③	1.20	0.21	0.07	0.01	0.05	10.98
ZK2022	①	1.06	1.12	4.10	1.63	0.74	84.60
	②	1.00	0.45	2.84	1.03	0.51	36.42
	③	1.03	0.31	1.53	0.30	0.24	11.21
ZK2023	①	1.20	0.08	3.91	1.02	0.48	34.28
	②	1.85	0.36	4.57	3.12	0.53	180.03

7.7.6.3 铜坑矿

405 水平（203 区域），2004 年度投入坑探 1340m、钻探 3326m、刻槽 732 个；2005 年度投入坑探 300m，两年投入费用 310 万元，共获地质储量 75.4 万吨，其中锡 0.75 万吨、锌 2.2 万吨。355 水平（208 以东），2004 年度投入坑探 234m，2005 年度投入钻探 2537m、刻槽 81 个，两年投入总费用 108 万元，获地质储量 16 万吨，其中锡 0.2 万吨、锌 0.5 万吨。

7.7.6.4　北香矿区

投入坑道工作量400m，投入总经费80万元。获Sn+Zn+Pb+Sb金属量7.635万吨，其中Sn金属量0.8179万吨、Zn金属量3.9513万吨、Pb金属量2.0291万吨、Sb金属量0.8364万吨。该矿床银品位平均在50g/t以上，最高达3000g/t，平均品位为100g/t，银金属量170t。整个锡锌铅锑矿床为小型规模。储量计算见表7-9。

表7-9　大厂北香矿区资源储量计算

矿块编号	块段面积 /m^2	平均厚度 /m	体重 /$t\cdot m^{-3}$	矿石量 /t	平均品位/%				金属量/t			
					Sn	Zn	Pb	Sb	Sn	Zn	Pb	Sb
D1	37153	4.31	3.01	480388	0.857	1.694	1.355	0.479	4117	8138	6509	2301
D2	10068	3.32	3.01	100611	0.426	2.669	0.55	0.396	428	2685	553	398
D3	59710	1.45	3.01	259739	0.073	3.222	1.194	0.517	190	8369	3101	1343
D4	37240	1.86	3.01	207799	0.11	1.896	0.995	0.517	229	3940	2068	1074
D5	51763	3.08	3.01	478290	痕迹	3.425	1.706	0.679	痕迹	16381	8160	3248
D6	33680	1.76	3.01	177830	1.808	3.249	痕迹	痕迹	3215	5778		
合计				1704657	0.478	2.657	1.178	0.488	8179	39513	20291	8364

注：钻孔资料依据华锡集团二一五队。

7.8　广西钟山县珊瑚钨锡矿

7.8.1　地质简况

珊瑚钨锡矿系指珊瑚长营岭钨锡矿床（大型），其地质概况如图7-94所示。其西侧和南侧尚有八步岭钨锡矿，杉木冲、大槽、金盆岭等钨锑矿，大冲山、旗岭、天柱岭钨矿和盐田岭锡多金属矿等小型矿床，共同组成珊瑚钨锡矿田。矿化范围：东起石墨冲，西至金盆地；南起大冲山，北至凤尾村，面积约80km^2。

矿区出露地层除第四系外，全部为泥盆纪地层。由下至上岩性特征为：

(1) 下统（D_1）划分为莲花山组和那高岭组。

莲花山组（D_{1l}）：下段为灰白色、浅褐色和紫色厚层含砾砂岩，中段为紫色、灰色泥质粉砂岩、石英砂岩和页状砂岩，局部夹白云质灰岩或厚层状砂岩，上段为紫红色中厚层状砂岩和泥质粉砂岩夹页岩及白云岩。

那高岭组（D_{1n}）：下段为灰黄色页岩夹灰岩和白云岩，紫红色厚层状页岩；上段为灰黑色、青灰色薄-厚层灰岩和泥灰岩。

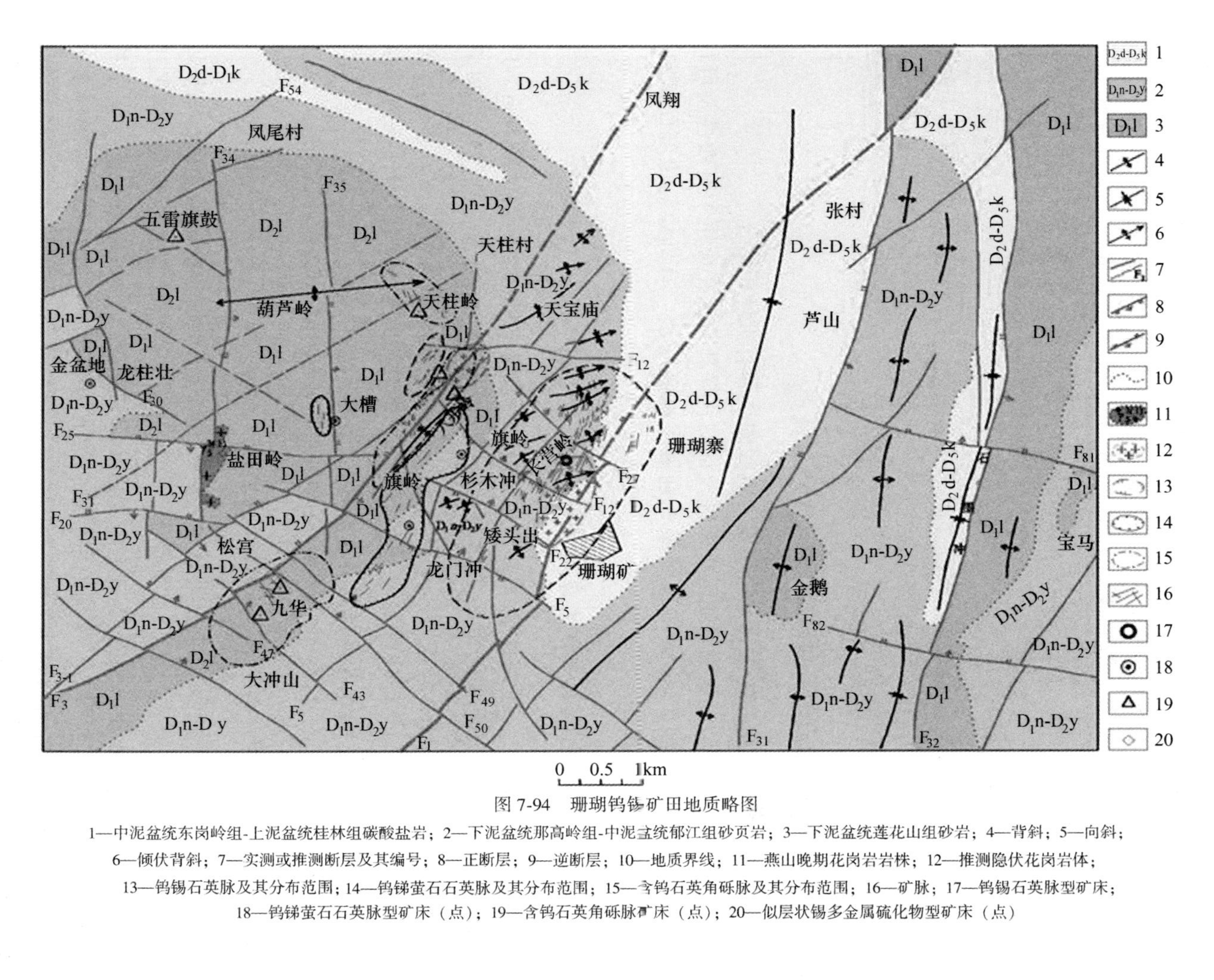

图 7-94 珊瑚钨锡矿田地质略图

1—中泥盆统东岗岭组-上泥盆统桂林组碳酸盐岩；2—下泥盆统那高岭组-中泥盆统郁江组砂页岩；3—下泥盆统莲花山组砂岩；4—背斜；5—向斜；6—倾伏背斜；7—实测或推测断层及其编号；8—正断层；9—逆断层；10—地质界线；11—燕山晚期花岗岩岩株；12—推测隐伏花岗岩体；13—钨锡石英脉及其分布范围；14—钨锑萤石石英脉及其分布范围；15—含钨石英角砾脉及其分布范围；16—矿脉；17—钨锡石英脉型矿床；18—钨锑萤石石英脉型矿床（点）；19—含钨石英角砾脉矿床（点）；20—似层状锡多金属硫化物型矿床（点）

(2) 中统 (D_2) 分为郁江组和东岗岭组。

郁江组 (D_{2y})：下段为青灰色-灰色泥质砂岩夹页岩和石英砂岩，青灰色砂质页岩；上段是泥质砂岩、石英砂岩夹泥质条带，紫色、灰黄色页岩夹泥灰岩和扁豆状灰岩，有 2 层鲕状构造的铁质砂岩。

东岗岭组 (D_{2d})：中下段为灰-灰黑色、灰岩夹白云质灰岩，底部夹多层泥质灰岩和含层孔虫灰岩；上段为灰-灰黑色中厚层灰岩，顶部为夹燧岩条带的薄层灰岩。

(3) 上统 (D_3)。

矿区内局部出露小范围桂林组 (D_{3k})，为灰色、具鲕状结构的厚层夹中厚层灰岩，底部见一层 1m 厚砾状泥质灰岩。

矿区内钨锡矿体赋存在泥盆系中统和下统中。

7.8.2 化探新方法的剖面试验效果

本矿区内运用的化探新方法主要为电吸附法和有机烃相结合。

为掌握了解勘查区更多的工作条件及证明化探新方法在应用中有效性及可行性，在长营岭已知矿区 18 勘探线做分别做了电吸附法、有机烃对比剖面试验，其结果如下：

7.8.2.1 电吸附法方法应用可行性

在已知矿区，起点从北风井口的 ZK120 旁向 ES116°，点距为 40m。广西珊瑚长营岭 18 勘探线电吸附实测对比剖面如图 7-95 所示，从图中可以看出 Cu、Zn、Sn、Mo 在 1~10 号点之间具有一个明显异常突起区，该区对应的钻孔 ZK120、钻孔 ZK64、钻孔 ZK90 的深部均见到隐伏的矿体，同时与物探结果的异常分布位置也吻合，表明运用电吸附法在该矿区寻找隐伏矿体是可行的。

7.8.2.2 有机烃测量有效性方法试验

在上述方法的剖面线上，进行有机烃气体测量有效性方法试验。试验结果表明，测线 15~21 号点之间，有机烃在已知矿体上方垂直位置表现较为清晰的组合异常；而 1~7 号点所出现的异常，经推断为地表人为污染的非矿异常干扰 (见图 7-96)。由此表明，该剖面试验既证明了有机烃气体测量的有效性，又可为之后的评价工作提供参考依据。

7.8.3 黄花村测区地球化学异常特征

黄花村测区进行了电吸附、综合气体测量有机烃等化探新方法测量。

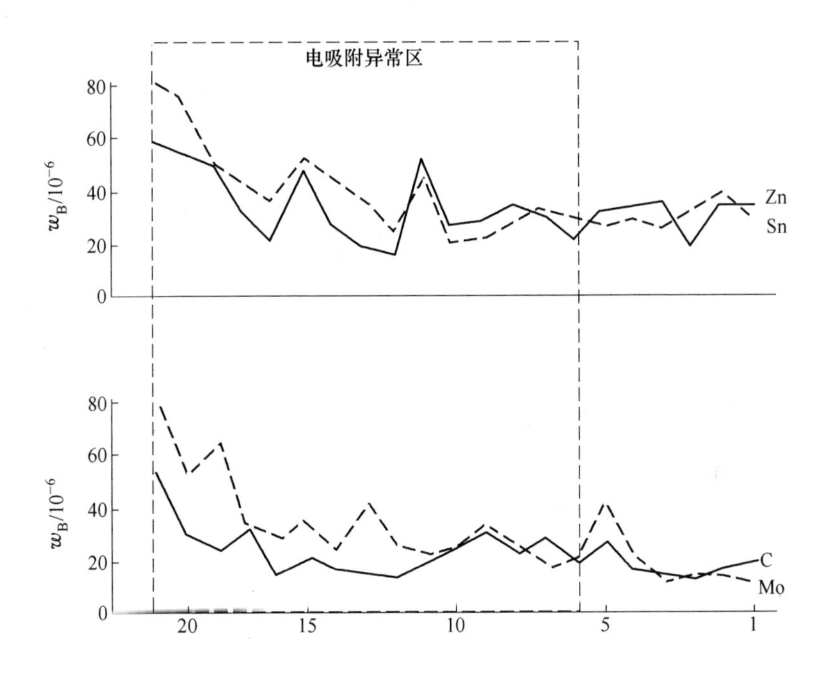

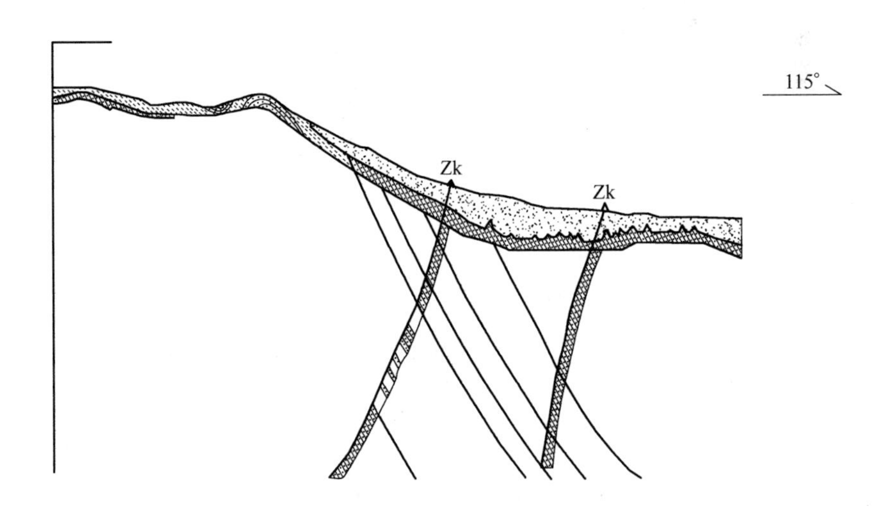

图 7-95 广西珊瑚长营岭 18 勘探线电吸附实测对比剖面

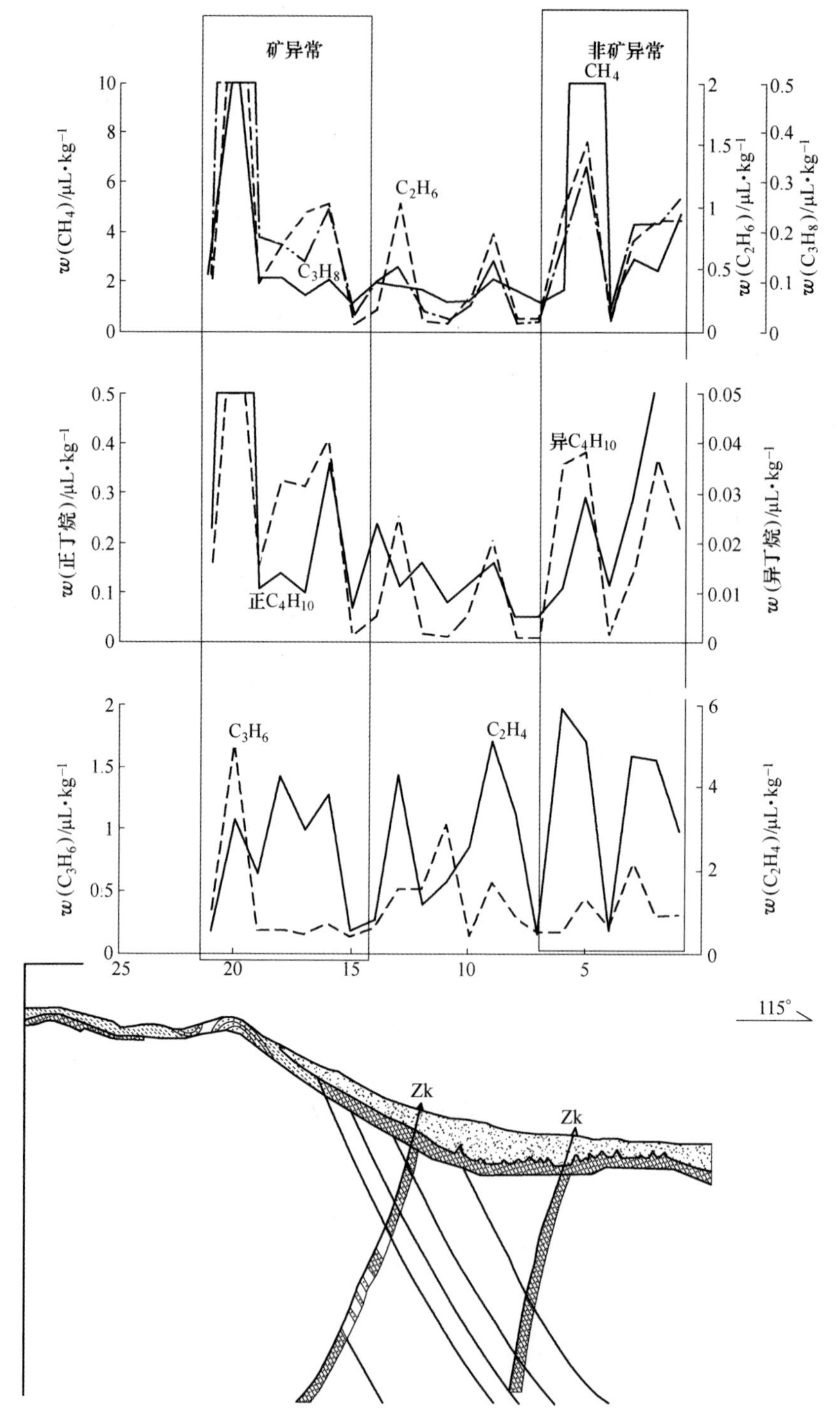

图 7-96　广西珊瑚长营岭 18 勘探线有机烃指标实测对比剖面

7.8.3.1 电吸附地球化学异常特征

4线和8线的电吸附异常没有明显的元素组合异常（见图7-97和图7-98），由异常剖面图可知，出现异常的地段都是单元素或少数元素的异常峰，且异常强度不大。通常有矿的地段都是多个元素一起出现异常，表现为多元素组合异常，因此反映了在该区域没有很好的矿化地段。

（1）4线异常特征。

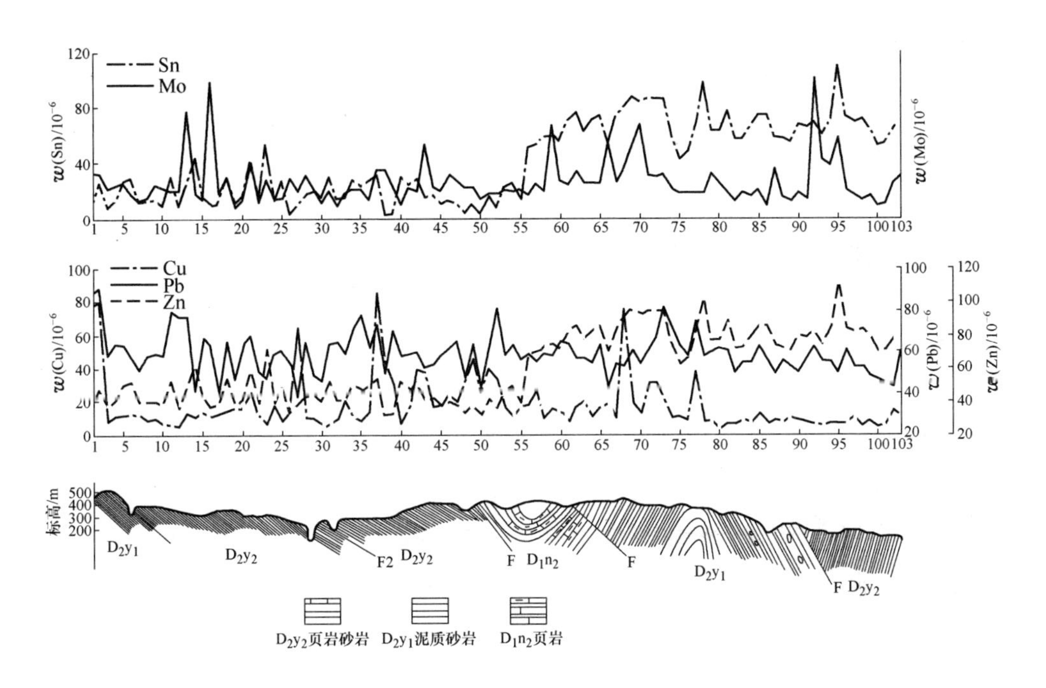

图7-97 广西珊瑚黄花村测区4线电吸附综合异常剖面

（2）8线异常特征。

7.8.3.2 有机烃地球化学异常特征

烃类异常包括甲烷（CH_4）、乙烷（C_2H_6）、丙烷（C_3H_8）、异丁烷（C_4H_{10}）、正丁烷（C_4H_{10}）、乙烯（C_2H_4）、丙烯（C_3H_6）七种指标的异常（见图7-99和图7-100）。异常整体形态相似，且分布位置吻合，叠合度很高。其中，甲烷（CH_4）、乙烷（C_2H_6）、丙烷（C_3H_8）为一组形态相近异常，异丁烷（C_4H_{10}）与正丁烷（C_4H_{10}）为一组形态相近异常，乙烯（C_2H_4）与丙烯（C_3H_6）为一组形态相近异常。烃类异常有可能是某些矿化所致，也可能为测区断裂构造引起。

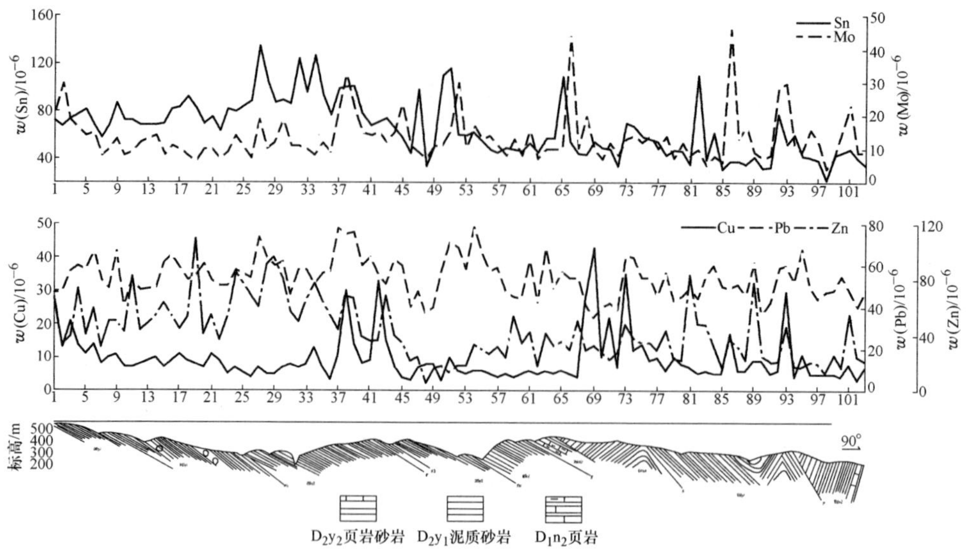

图 7-98　广西珊瑚黄花村测区 8 线电吸附综合异常剖面

（1）4 线异常特征。

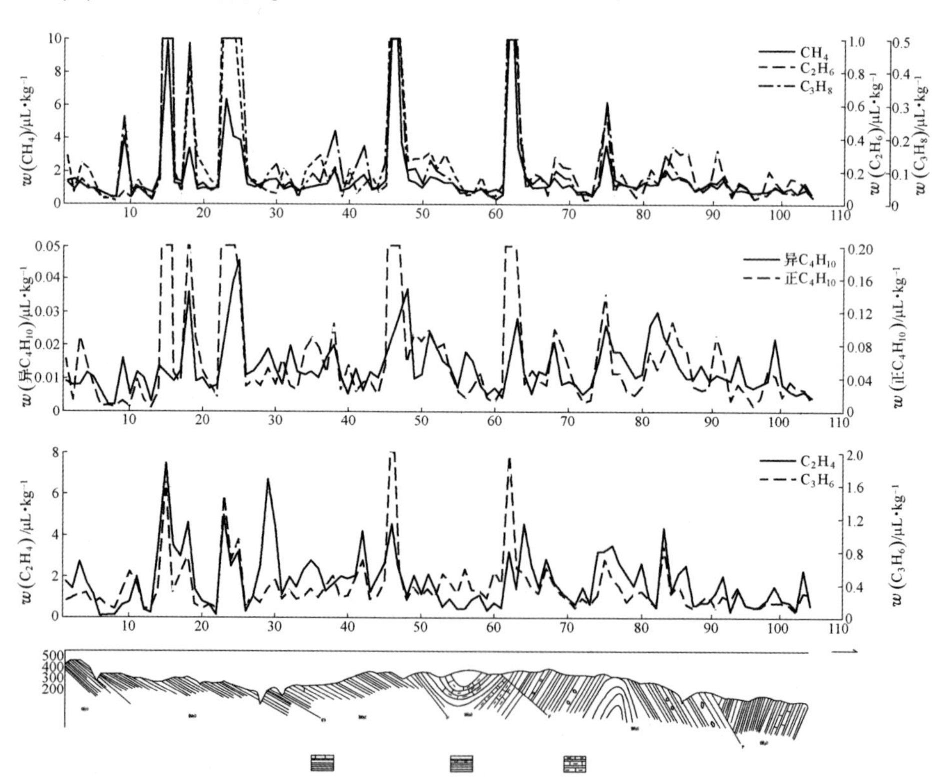

图 7-99　广西珊瑚黄花村测区 4 号线有机烃综合异常剖面

（2）8 线异常特征。

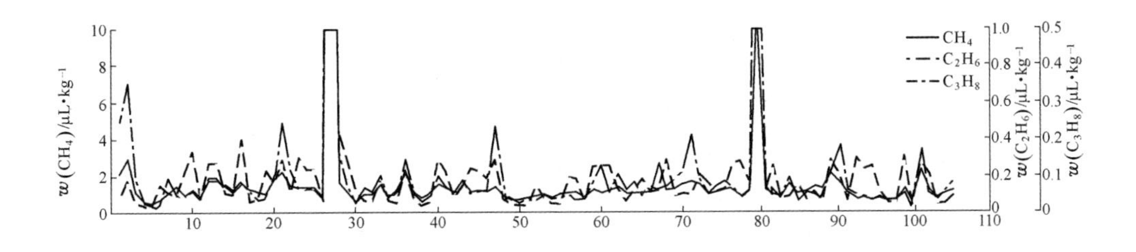

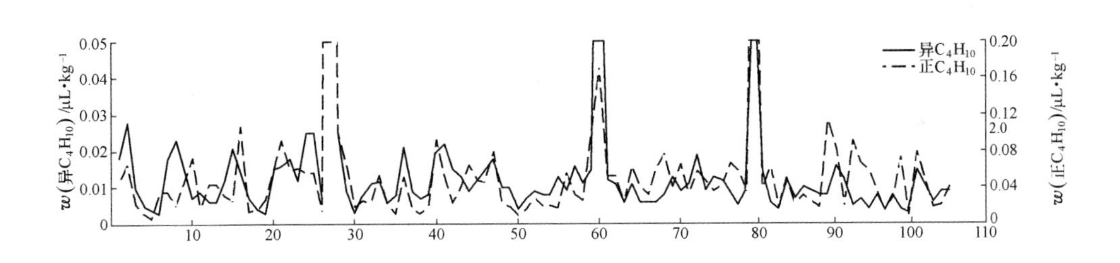

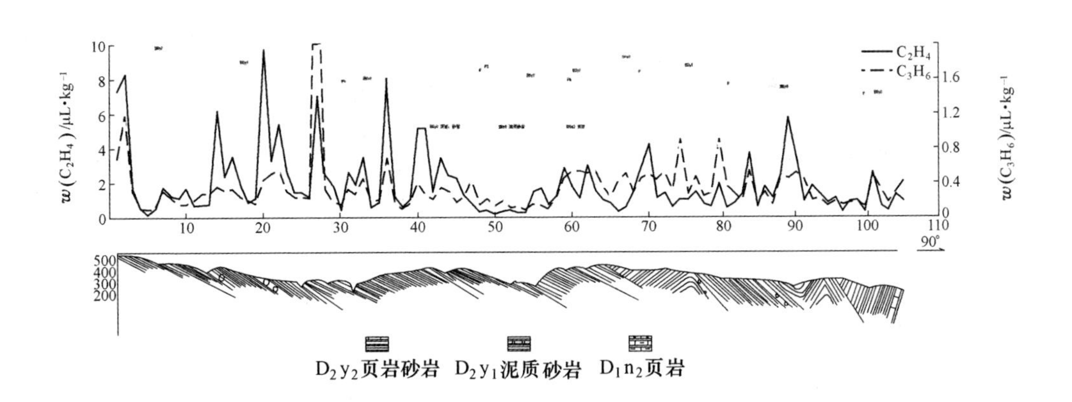

图 7-100 广西珊瑚黄花村测区 8 号线有机烃综合异常剖面

7.8.4 宝马测区电吸附地球化学异常特征

本区电吸附指标 Cu、Pb、Zn 元素相对比较发育，Cu、Pb、Zn 元素异常形态十分相似，异常发育部位吻合，叠合度较高；Ag、Sn、Mo 元素不太发育，异常衬度不高；W 元素不发育。如图 7-101～图 7-107 所示。

(1) 5线异常特征。

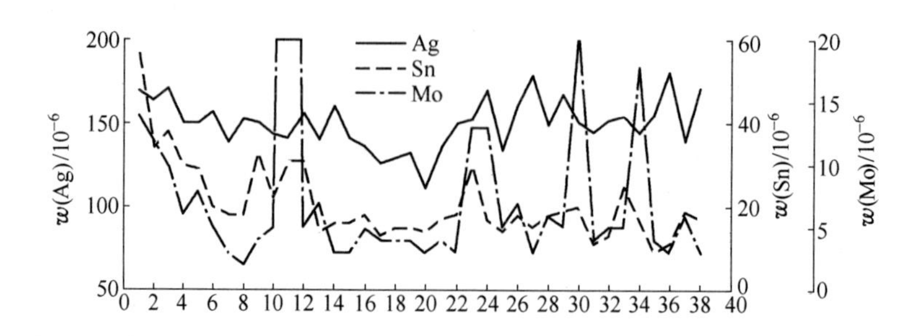

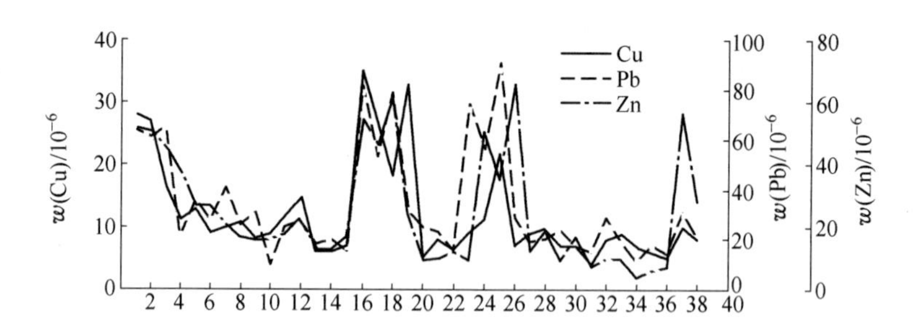

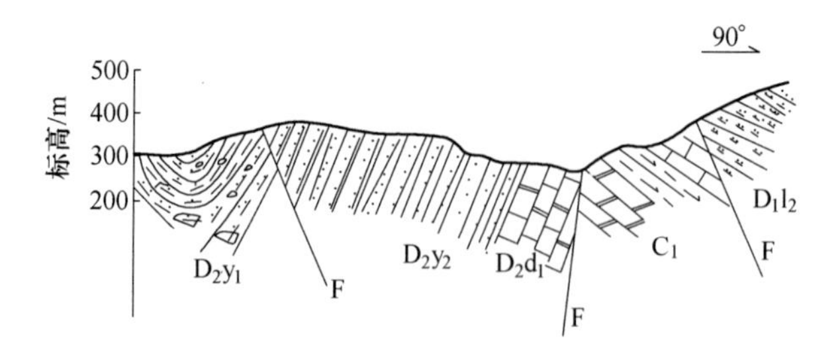

图7-101　广西珊瑚宝马测区5线电吸附综合异常剖面

（2）10线异常特征。

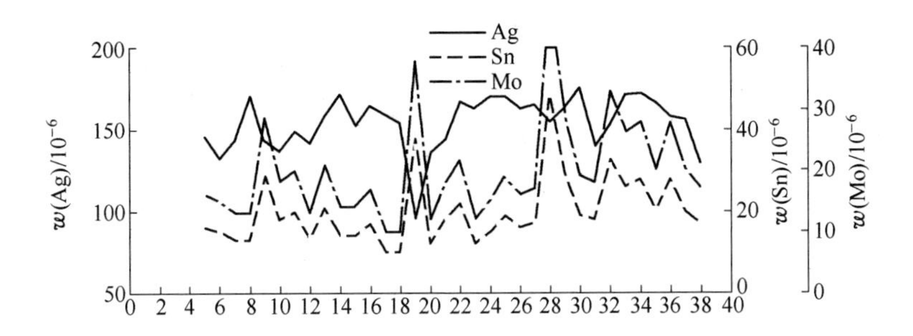

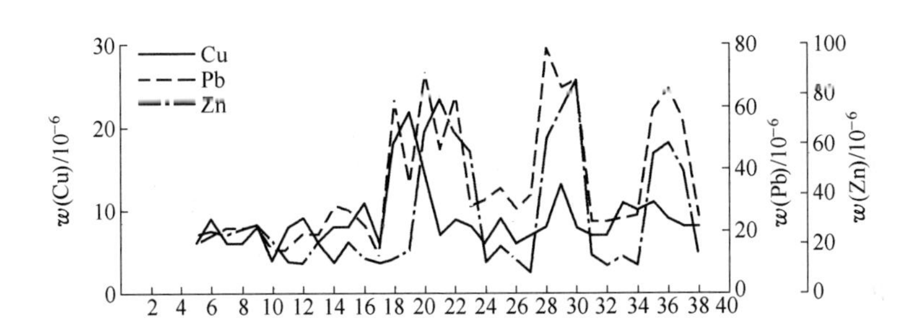

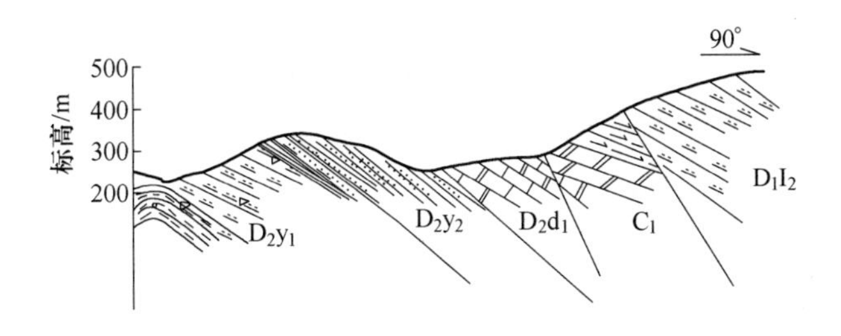

图7-102　广西珊瑚宝马测区10线电吸附综合异常剖面

（3）15线异常特征。

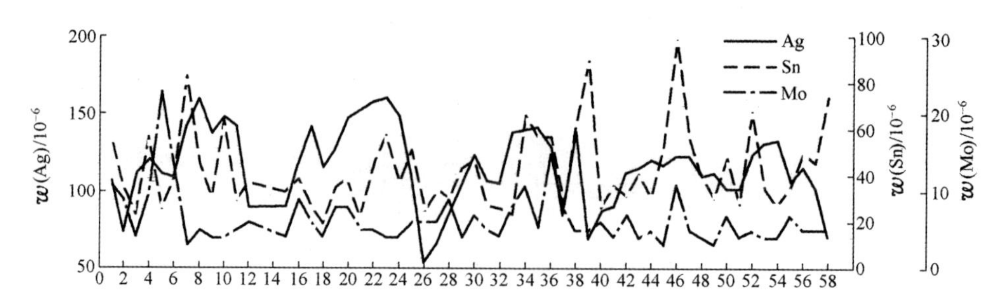

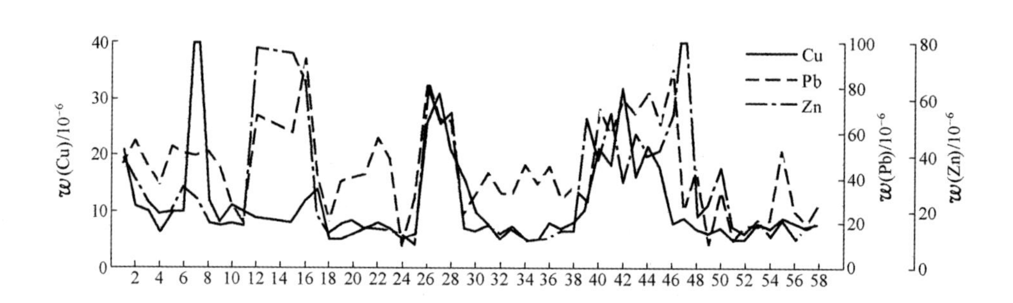

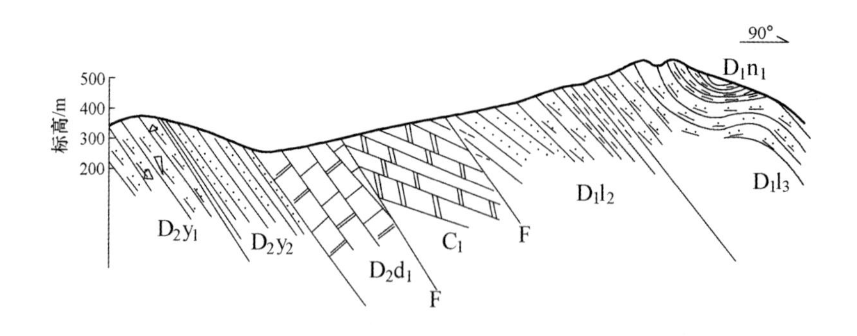

图 7-103　广西珊瑚宝马测区 15 线电吸附综合异常剖面

（4）20 线异常特征。

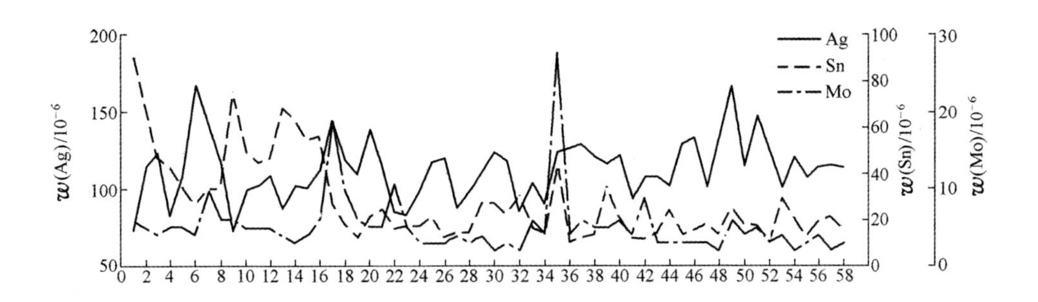

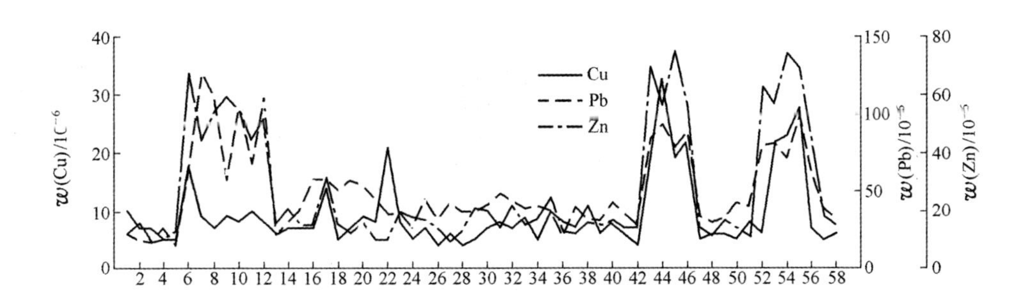

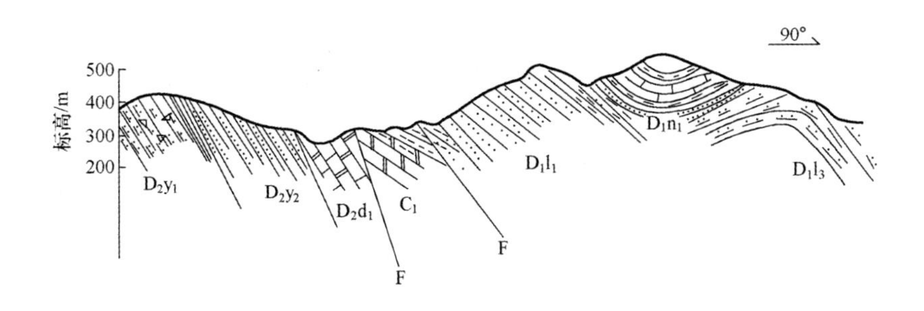

图 7-104　广西珊瑚宝马测区 20 线电吸附综合异常剖面

（5）25 线异常特征。

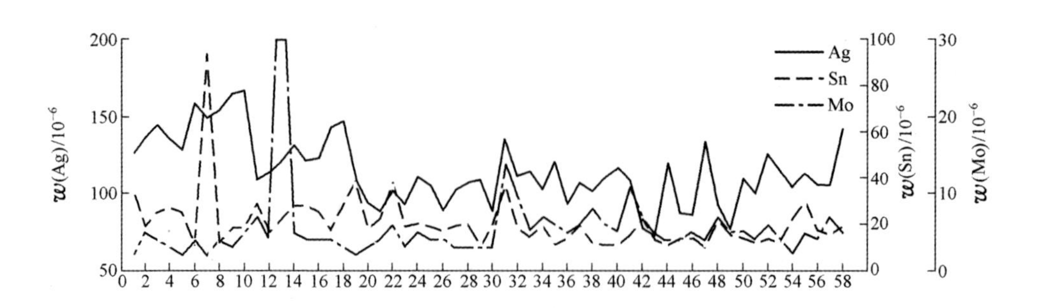

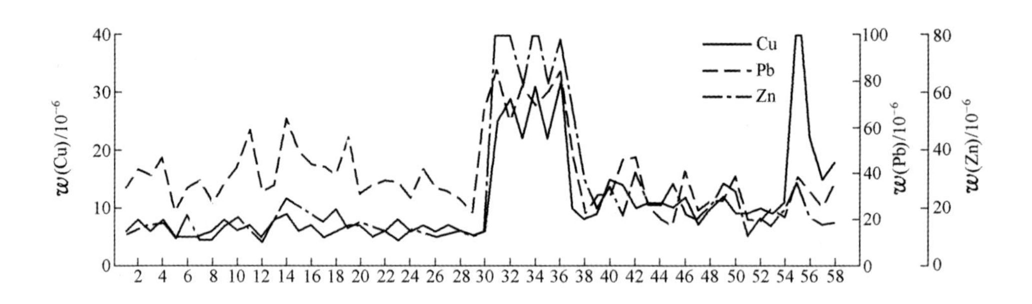

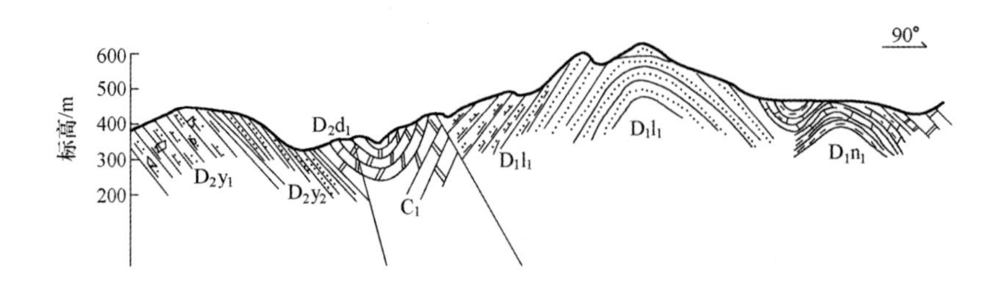

图 7-105　广西珊瑚宝马测区 25 线电吸附综合异常剖面

（6）30 线异常特征。

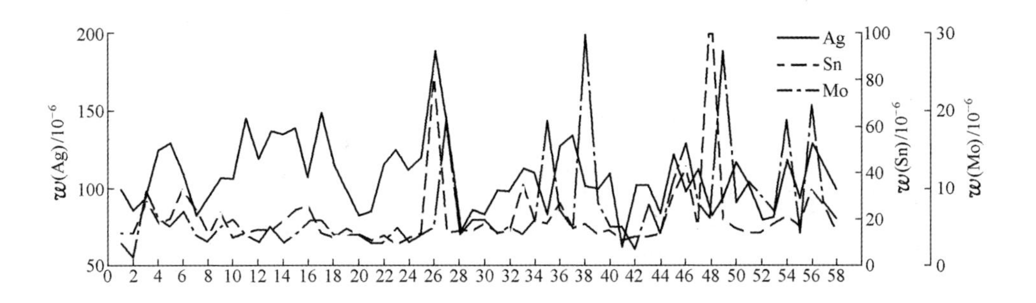

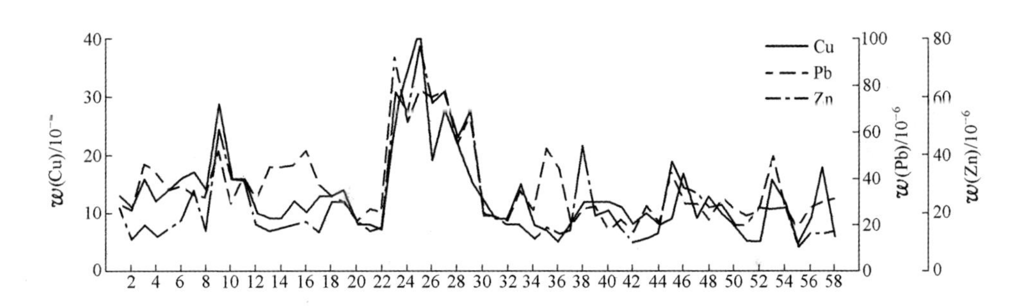

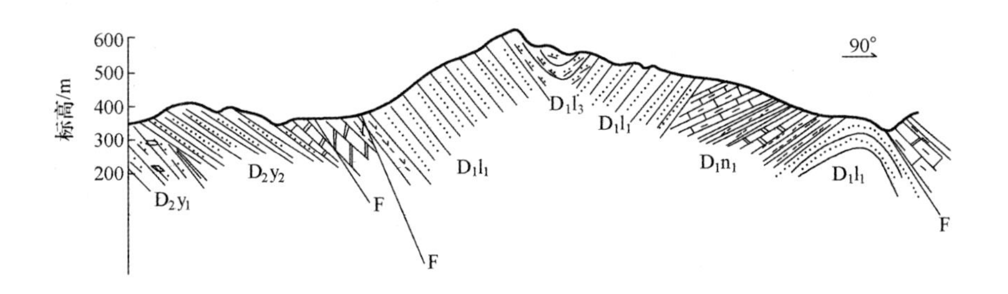

图 7-106　广西珊瑚宝马测区 30 线电吸附综合异常剖面

（7）35 线异常特征。

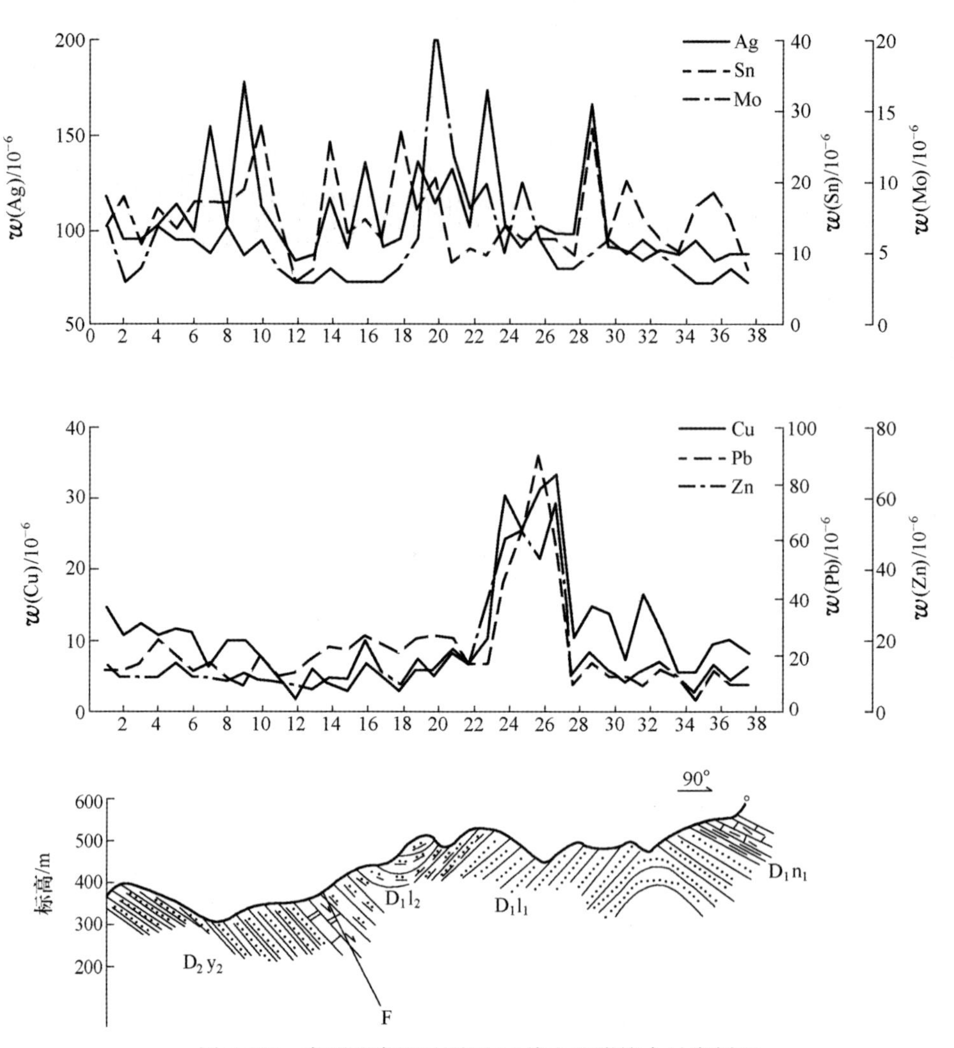

图 7-107　广西珊瑚宝马测区 35 线电吸附综合异常剖面

7.8.5　结论

（1）黄花村测区：该测区 4 线和 8 线的电吸附、有机烃异常未能反映出该地段有很好的多元素组合异常，与土壤次生晕异常特征吻合，说明该地段没有较好的矿体存在。

（2）宝马测区：电吸附指标 Cu、Pb、Zn 元素相对比较发育，元素异常形态十分相似，异常发育部位也很吻合。说明该测区有一定的 Cu、Pb、Zn 找矿前景。

7.9 山东麻湾地区金矿区

针对麻湾地区投入的土壤地球化学找矿法包括：电吸附法、有机烃法、热释汞法。

7.9.1 地质简况

矿区位于华北板块（Ⅰ）胶北地块（Ⅱ）西端之Ⅳ级大地构造单元胶北隆起、胶莱盆地的接壤部位，沂沭断裂带（Ⅲ）东侧，地层、构造、岩浆岩发育，第四系覆盖严重。区内断裂构造发育，与成矿有着主要的联系。

主要断裂蚀变碎裂岩带发育于大庄子断裂中并受其控制，原岩主要为粉子山群变质岩系，少量云山岩体弱片麻状中细粒二长花岗岩，一般表现为由边部向中心矿化蚀变增强趋势，边部以绢英岩化、碎裂岩化、绢云母化为主，中心部位以硅化、黄铁（方铅）矿化为主。矿化蚀变略具分带，也有分支复合现象，典型分带为：绢英岩→硅化碎裂岩→绢英岩，蚀变类型、强度不一，绢英岩分带中蚀变类型较复杂，主要有碎裂岩化、绢英岩化、绿泥石化、绢云母化及较弱的黄铁矿化，硅化碎裂岩分带中硅化、黄铁（方铅）矿化较强，往往伴随有石墨矿化。各分带厚度变化较大，呈现不对称性，局部硅化碎裂岩分带直接与围岩接触。带内见闪长玢岩脉穿插，规模较小，基本不影响矿体的完整性、连续性。蚀变碎裂岩后期胶结较好，岩石多完整，个别地段碎裂较强。

矿体赋存于大庄子断裂带内，严格受其控制，包括$Ⅰ_1$、$Ⅰ_2$两个矿体，沿走向、倾向均呈舒缓波状，具有分支复合现象，产状由缓变陡的转折部位一般矿体厚度较大，矿石品位较高。赋矿岩石为硅化碎裂岩，硅化、（黄体）绢英岩化与成矿关系密切，矿化强烈部位往往发育较强的石墨矿化。Au 矿体与 Pb、Zn、Ag 矿共（伴）生，一般 Au 含量高的地段 Pb、Zn、Ag 等含量亦高，矿化呈正相关关系，总体呈向南东侧伏趋势，其间有无矿间隔。

矿体呈透镜状，总体走向在 15°~30°之间，倾向 SE，倾角在 15°~36°之间。矿石呈深灰、灰黑、黑灰色，少量灰白色，金属矿物主要为金矿物、黄铁矿、方铅矿、闪锌矿、黄铜矿等，脉石矿物主要为石英、碳酸盐矿物、长石、绢云母、石墨等。

围岩蚀变主要为硅化、绢英岩化、绢云母化、绿泥石化等，蚀变程度不同，不均匀，一般呈现远矿体矿化较弱，近矿体矿化增强趋势。

7.9.2 矿区地球化学异常特征

总体来看，本区中地球化学电吸附指标（Au、Ag、Cu、Pb、Zn）、有机烃指标（甲烷、乙烷、丙烷、乙烯）及汞气异常比较发育。其中，又以 Au、Cu、

Pb、Zn、Hg 异常相对集中成块，有机烃指标（甲烷、乙烷、丙烷、乙烯）相对显得分散。

7.9.2.1　电吸附异常特征

A　Au 异常特征

Au 异常在测区内分布较明显（见图 7-108），具有较高的清晰度，内、中、外带发育，异常浓度较高，具有明显的浓度分带性和明显的浓集中心，Au 异常主要集中在测区南部-东南部一带。由南至北，异常由编号为Ⅰ、Ⅱ、Ⅲ、Ⅳ、Ⅴ、Ⅵ、Ⅶ、Ⅷ、Ⅸ、Ⅹ、Ⅺ、Ⅻ、XⅢ的异常块组成：Ⅰ号、Ⅱ号异常块位于王

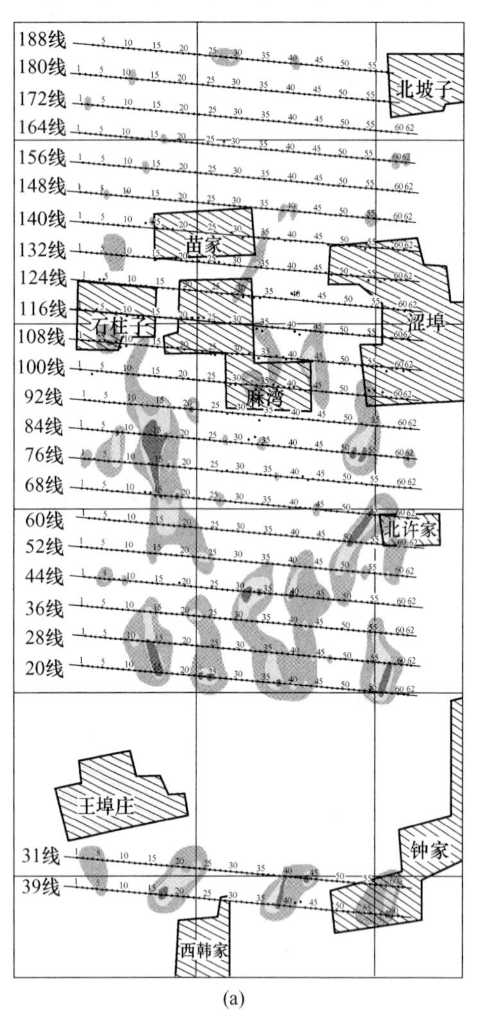

(a)

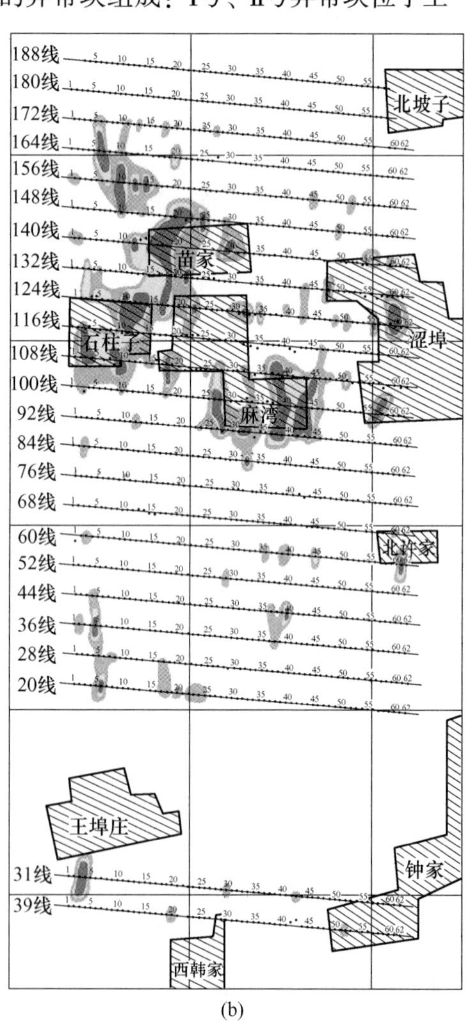

(b)

图 7-108　Au、Ag 元素平面异常

（a）金；（b）银

埠庄-西韩家之间一带，其中Ⅰ号分布在31线2~6点与39线5~6点之间，Ⅱ号异常块分布在31线19~25点—39线15~21点之间；Ⅲ号异常块分布在31线40~46点—39线36~42点之间；Ⅳ号异常块分布在31线56~61点—39线54~60点之间；Ⅴ号异常块分布在36线12~15点—28线9~17点—20线13~17点之间；Ⅵ号异常块分布在36线21~24点—28线24~25点—20线22~28点之间；Ⅶ号异常块分布在36线31~35、41~44点—28线33~44点—20线35~44点之间，异常呈不规则面状；Ⅷ号异常块分布在36线55~57点—28线54~60点—20线54~58点之间；Ⅸ号异常块分布在60线12~18点—52线13~15点之间；Ⅹ号异常块分布在68线57~58号—60线48~53点—52线48~51点之间；Ⅺ号异常块分布在60线61~62点—52线58~61点之间；Ⅻ号异常块分布在100线10点—92线10~17点—84线10~17点—76线11~17号点之间；ⅩⅢ号异常块分布在10线53~56点—92线53~56点—84线53~56号点之间。Ⅰ号、Ⅱ号、Ⅲ号、Ⅳ号、Ⅴ号在31~39线未封闭。另外，石柱子、麻湾东北部有规模较小、不够完整的团块状异常，测区的其他部位零星分散一些点状异常。

B Ag异常特征

Ag异常在测区内分布不明显（见图7-108），异常的分布没有太突出的规律性，异常发育以外带为主，中带和内带不理想，Ag异常主要集中在测区以南中部一带，没有较集中的异常区异常。由南至北，异常由编号为Ⅰ、Ⅱ的异常块、中部Ⅲ号异常带、测区东北部Ⅳ号异常带组成：Ⅰ号、Ⅱ号异常块位于在测区31线~39线之间、西韩家-钟家之间一带，其中Ⅰ号分布在31线37~39、47点—39线36~46点之间，异常成港湾状；Ⅱ号异常块分布在31线49~52点—39线48~50、52~55点之间；Ⅲ号异常带分布在31~92线之间中部地带，异常不明显、不集中，呈小规模块状、条带状、点状；Ⅳ号异常带位于测区188~172线之间东北部，异常以小规模分散的小团块状、点状为主；测区的其他部位零星分散一些点状异常，异常不明显。

C Cu异常特征

Cu异常在测区内比较发育（见图7-109），异常具有较高的清晰度，内、中、外带发育，异常浓度较高，具有明显的浓度分带性和浓集中心，异常主要集中在测区南部-东南部一带，与Au异常特征极为相似，发育位置也较为吻合。山南至北，异常由编号为Ⅰ、Ⅱ、Ⅲ、Ⅳ、Ⅴ、Ⅵ、Ⅶ、Ⅷ、Ⅸ、Ⅹ、Ⅺ的异常块组成：Ⅰ号、Ⅱ号异常块位于在测区31~39线、王埠庄-西韩家一带，其中Ⅰ号分布在31线1~6点—39线5~6点之间，Ⅱ号异常块分布在31线19~25点—39线15~21点之间；Ⅲ号异常块分布在31线40~46点—39线36~42点之间；Ⅳ号异常块分布在31线57~61点—39线55~58点之间；Ⅴ号异常块分布在36线11~15点—28线8~17点—20线12~16点之间；Ⅵ号异常块分布在36线21~24点

—28 线 23~26 点—20 线 22~27 点之间；Ⅶ号异常块分布在 36 线 31 点—28 线 33~44、33~39 点—20 线 35~44 点之间，异常呈港湾状；Ⅷ号异常块分布在 36 线 55~57 点—28 线 55~59 点—20 线 55~58 点之间；Ⅸ号异常块位于北许家西侧，分布在 68 线 57~59 点—60 线 49~53 点—52 线 48~51 点之间；Ⅹ号异常块分布在 108 线 3~7 点—100 线 10 点—92 线 10~17 点—84 线 10~17 点—76 线 7~17 号点之间；Ⅺ号异常块分布在 100 线 53~56 点—92 线 53~56 点—84 线 53~56 号点之间。Ⅰ号、Ⅱ号、Ⅲ号、Ⅳ号、Ⅴ号在 31~39 线未封闭。测区的其他部位有规模较小，不够完整的团块状点状异常零星分散。

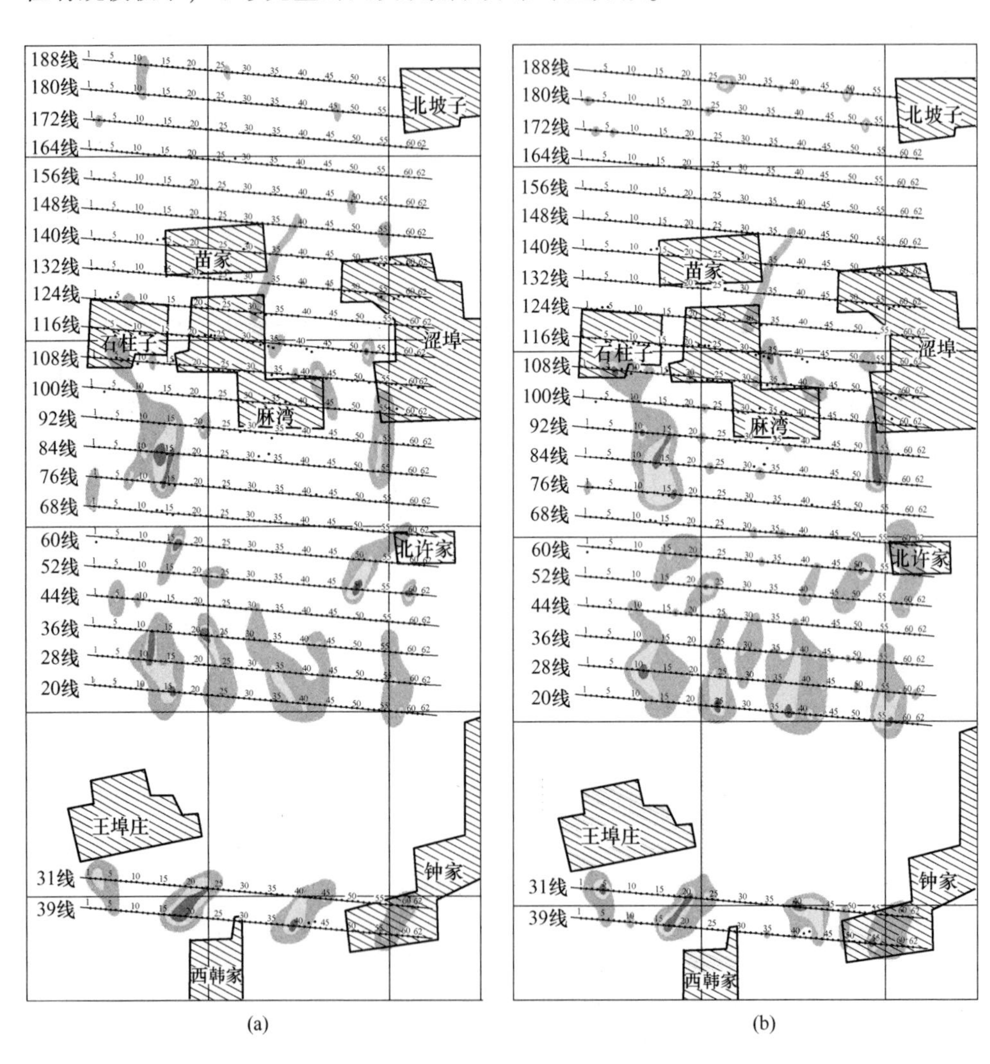

图 7-109　Cu、Pb 元素异常平面
（a）铜；（b）铅

D Pb 异常特征

Pb 异常在测区内比较发育（见图 7-109），异常具有较尚的清晰度，内、中、外带发育，异常浓度较高，具有明显的浓度分带性和浓集中心，异常主要集中在测区南部-东南部一带，与 Au、Cu 异常特征相似，发育位置也较为吻合。由南至北，异常由编号为Ⅰ、Ⅱ、Ⅲ、Ⅳ、Ⅴ、Ⅵ、Ⅶ、Ⅷ、Ⅸ、Ⅹ、Ⅺ的异常块组成：Ⅰ号、Ⅱ号异常块位于在测区 31~39 线王埠庄-西韩家一带，其中Ⅰ号分布在 31 线 1~6 点—39 线 5~6 点之间，Ⅱ号异常块分布在 31 线 19~25 点—39 线 15~22 点之间；Ⅲ号异常块分布在 31 线 39~46 点—39 线 40、44、45 点之间；Ⅳ号异常块分布在 31 线 57~61 点—39 线 55~60 点之间；Ⅴ号异常块分布在 44 线 9、10 点—36 线 12~15 点—28 线 8~19 点—20 线 12~17 点之间；Ⅵ号异常块分布在 44 线 26 点—36 线 24~25 点—28 线 23~26 点—20 线 22~28 点之间；Ⅶ号异常块分布在 44 线 39 点—36 线 35~36、39~44 点—28 线 34~44 点—20 线 35~44 点之间，异常呈上规模面状；Ⅷ号异常块分布在 36 线 55~57 点—28 线 54~59 点—20 线 54~59 点之间；Ⅸ号异常块位于北许家西侧，分布在 68 线 57~61 号—60 线 59~62 点—52 线 58~60 点，以及 60 线 49~53 点—52 线 47~50 点之间；Ⅹ号异常块分布在 108 线 4~13 点—100 线 10~11 点—92 线 10~17 点—84 线 10~17 点—76 线 11~17 号点之间；Ⅺ号异常块分布在 108 线 55 点—100 线 53~55 点—92 线 53~56 点—84 线 53~56 号点之间。Ⅰ号、Ⅱ号、Ⅲ号、Ⅳ号、Ⅴ号在 31~39 线未封闭。测区的其他部位有规模较小、不够完整的团块状零星分散异常，规模很小。

E Zn 异常特征

Zn 异常在测区内发育比较明显（见图 7-110），异常具有较高的清晰度，内、中、外带发育，异常浓度较高，具有明显的浓度分带性和浓集中心，异常主要集中在测区南部-东南部一带，与 Au、Cu、Pb 异常特征亦有较高相似度，发育位置也较为吻合。由南至北，异常由编号为Ⅰ、Ⅱ、Ⅲ、Ⅳ、Ⅴ、Ⅵ、Ⅶ、Ⅷ、Ⅸ、Ⅹ、Ⅺ、Ⅻ的异常块组成：Ⅰ号、Ⅱ号，异常块位于在测区 31 线~39 线之间、王埠庄-西韩家一带，Ⅰ号分布在 31 线 2~6 点—39 线 5~6 点之间，Ⅱ号分布在 31 线 19~25 点—39 线 15~21 点之间；Ⅲ号异常块分布在 31 线 40~46 点—39 线 36~42 点之间，Ⅳ号异常块分布在 31 线 56~61 点—39 线 54~60 点之间；Ⅴ号异常块分布在 36 线 12~15 点—28 线 9~17 点—20 线 12~17 点之间；Ⅵ号异常块分布在 36 线 21~25 点—28 线 23~26 点—20 线 22~28 点之间；Ⅶ号异常块分布在 52 线 36~44 点—44 线 31~47 点—36 线 30~44 点—28 线 33~44 点—20 线 34~44 点之间，异常呈上港湾状；Ⅷ号异常块分布在 36 线 55~57 点—28 线 54~60 点—20 线 54~59 点之间；Ⅸ号异常块分布在 108 线 12~13 点—100 线 10~11 点—92 线 10~17 点—84 线 13~19 点—76 线 11~18 点—68 线 15~20 点—60 线 14~22 点—52 线 14~25 点，异常形态为条带状，规模较大；Ⅹ号异常块位于北许家西侧，分布在 68 线 55~60 点—60 线 50~53

点—52 线 47~52 点—44 线 49~50 点之间；Ⅺ号异常块分布在 100 线 53~55 点—92 线 53~56 点—84 线 51~56 点之间。Ⅰ号、Ⅱ号、Ⅲ号、Ⅳ号、Ⅴ号在 31 线~39 线未封闭，测区的其他部位异常零星分散，不成规模。

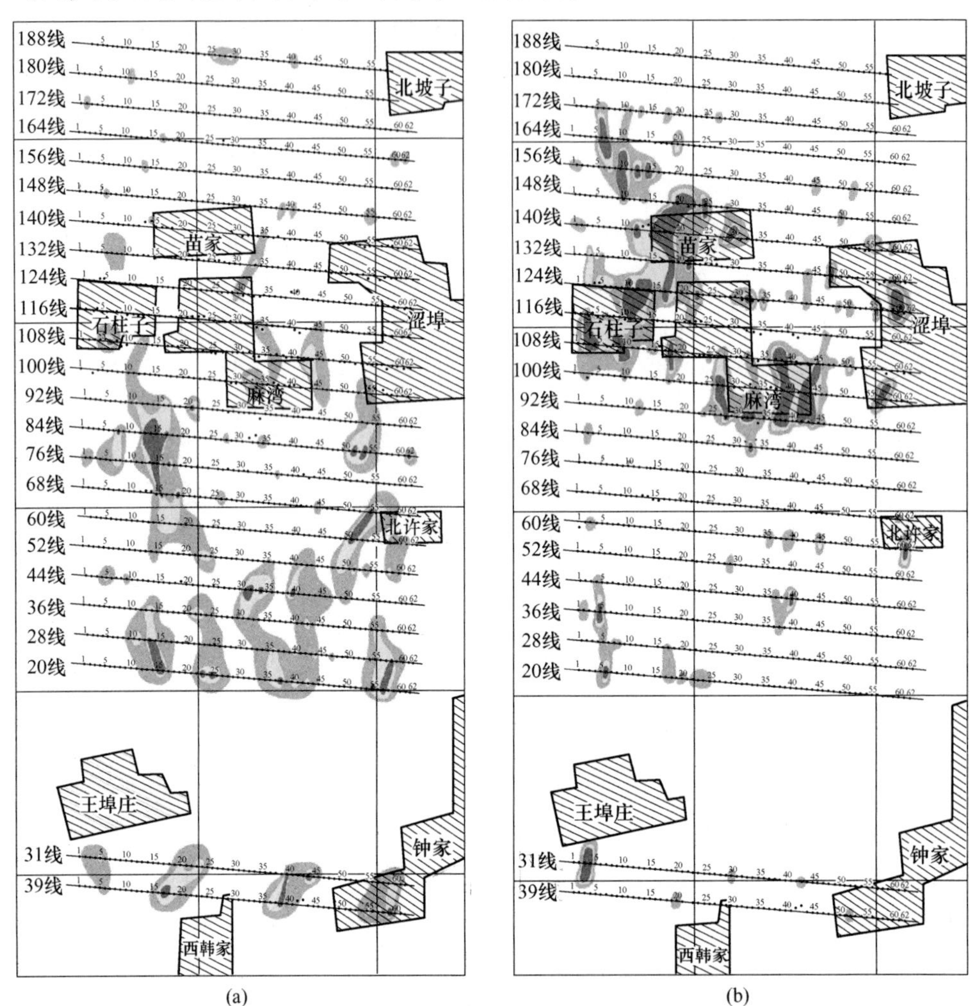

图 7-110 Zn、Hg 元素平面异常

(a) Zn；(b) Hg

F Hg 的异常

Hg 异常在测区分布明显（见图 7-110），具有较高的清晰度，内、中、外带都比较发育。异常主要分布在整个测区中部-西北部一带，由南至北，异常由编号为Ⅰ、Ⅱ、Ⅲ、Ⅳ的异常块组成；Ⅰ号异常块位于麻湾一带，异常分布在 108 线 27~33 点—100 线 27~34 点—92 线 24~33 点—84 线 33 点之间，异常形态为港湾状；Ⅱ号异常块分布在 108 线 36~48 点—100 线 38~47 点—92 线 37~46 点

之间，异常形态为面状；Ⅲ号异常块位于苗家-石柱子一带，分布在148线19~26点—140线10~24点—132线15~23点—124线3~23点—116线3~15点—108线2~15点之间，异常规模较大，异常形态为不规则面状；Ⅳ号异常块分布在172线5~10点—164线6~10点—156线6~16点—148线10~14点之间，异常形态为不规则面状；另外，涩埠附近也有一团块异常，测区其他部位分布了一些不规则的团块状、点状异常，异常相对不集中。

7.9.2.2 烃类异常

A 甲烷异常特征

甲烷异常在测区内稍发育（见图7-111），但异常的分布没有太突出的规律

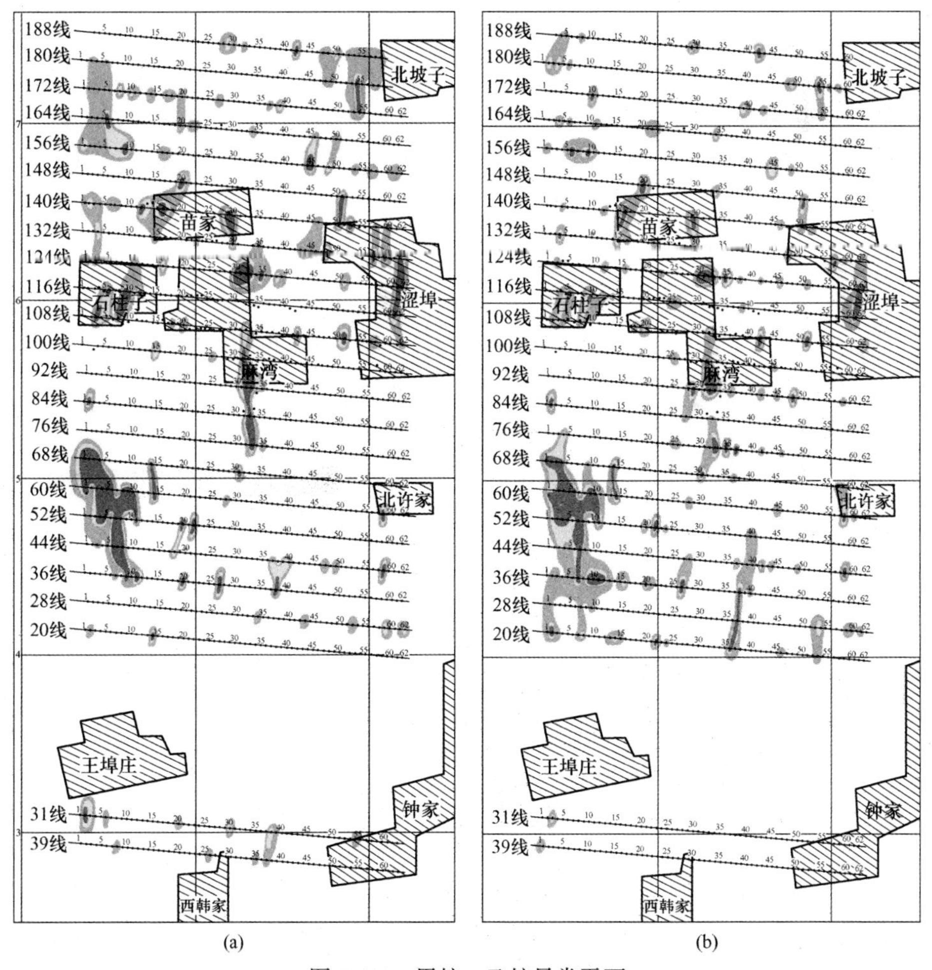

图7-111 甲烷、乙烷异常平面

（a）甲烷；（b）乙烷

性，主要集中在测区中部-北部，没有较集中的异常区异常。较好的异常分布在68线1~4点—60线1~10点—52线2~10点—14线3~8点—36线7~13点之间，异常规模稍大，异常形态为不规则面状；测区其他部位分布了一些不规则的团块状、条带状及点状异常，异常以外带为主，整体比较分散。

B　乙烷异常特征

乙烷异常在测区内分布不太明显（见图7-111），异常的分布没有太突出的规律性，没有较集中的异常区，异常比较分散。较好的异常分布在76线4点—68线1~4点—60线1~11点—52线2~10点—44线3~8点—36线2~13点—20线1~3号点之间，异常规模稍大，异常形态为不规则长条状；测区其他部位分布了一些不规则的团块状、条带状及点状异常，异常比较分散。

C　丙烷异常特征

丙烷异常发育与乙烷比较相似（见图7-112），异常的分布没有太突出的规律性，没有较集中的异常区异常，异常比较分散。较好的异常分布形态、位置与甲烷、乙烷的比较相似吻合。测区其他部位分布了一些不规则的条带状、块状及点状异常，异常比较分散。

D　乙烯异常特征

乙烯异常稍微发育（见图7-112），具有稍好的清晰度，异常形态以外带、中带为主，内带发育较差。异常主要出现在整个测区中部-南部一带，分布在36~20线之间、以及68线—44线1~15点之间。测区其他部位分布了一些不规则块状、点状异常，异常不明显。

7.9.3　远景区的圈定

7.9.3.1　远景区的圈定原则

在对一个金矿化探进行成矿评价之前，首先应确定该区的矿化腹肌地段既成矿远景区。化探远景区的圈定，主要以矿体上方化探理想模式和典型矿体的异常特征为依据。主要是以近些年来在多个已知金矿上的化探综合异常模式作为划分异常远景区的依据。具体圈定的原则如下：

（1）首先选择电吸附金属指标异常相对集中，且具有相对独立的局部异常群体，且各指标异常群体又具有较好的叠合度和吻合性。

（2）电吸附法Au、Cu、Pb、Zn等是金矿的主要成矿组分，它们的异常统一在矿体的顶部，是找金矿的直接指标，而烃类、Hg等都是演化产物，故它们也是寻找矿化有利的间接指标。因此以电吸附异常的形态结构、规模为基准，同时结合烃、Hg等指标异常形态结构进行综合判断，作为圈定化探远景区的依据。

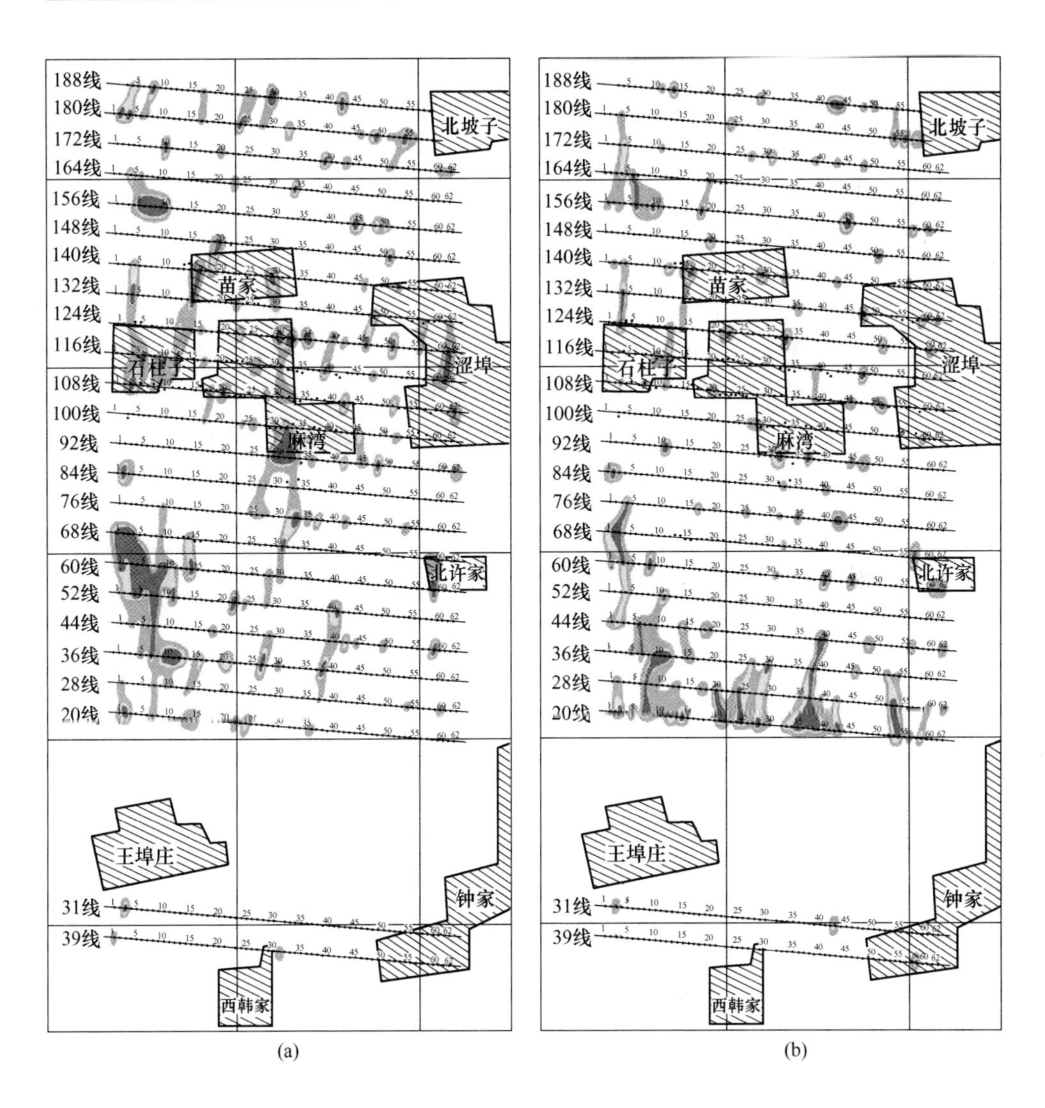

(a) (b)

图 7-112 丙烷异常平面

(a) 丙烷；(b) 乙烯

(3) 电吸附法 Au、Cu、Pb、Zn 等指标异常呈多峰异常和团块状，呈现顶部晕异常特征，电吸附各指标分布位置基本吻合，并与烃类、Hg 等指标环状异常呈镶嵌结构，可确定为化探异常远景区。

按照以上原则，测区共圈定出 11 个异常远景区，值得说明的是，远景区界线仅仅表示矿化聚集的有利地段，而不能将远景区界线认同为矿体边界，这一点应引起勘探部门的注意。因此，远景区内可作为勘探重点区域参考进行部署工作。

7.9.3.2　异常远景区的圈定

A　Ⅰ号异常远景区

如图 7-113 所示，Ⅰ号异常远景区位于 31 线和 39 线的 1~10 号点。Au、Pb、Cu、Zn 异常呈团块状，An、Pb 具有明显的异常分带，内、中、外带清晰；而 Zn、Cu 异常只有明显的外带，没有内带；烃类的甲烷在金属异常的边部，有一定的异常分带，乙烷与甲烷的位置吻合但异常分带不明显。Ag 只有个别的点异常，且只有异常外带。分布在Ⅰ号异常远景区的钻孔 ZK35-3、ZK35-6、ZK31-3、ZK25-3 均为见矿孔，金属元素的异常叠合部位正好在见矿孔正上方，对应矿体与综合异常吻合。

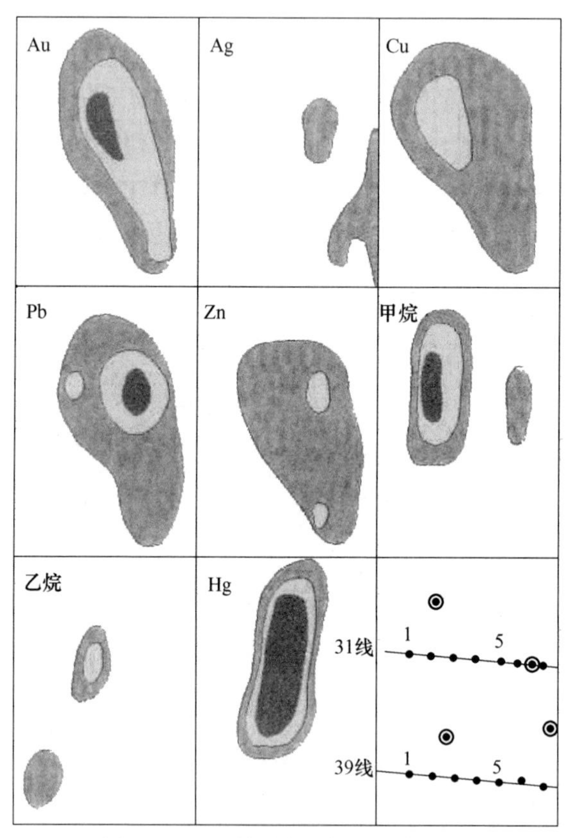

图 7-113　Ⅰ号异常远景区异常特征

B　Ⅱ号异常远景区

如图 7-114 所示，Ⅱ异常远景区位于 31 线和 39 线的 14~26 号点之间，An、Pb、Cu、Zn 异常呈团块状，Au、Pb、Cu 具有明显的异常分带，内、中、外带清晰；而 Zn 异常有明显的外带和中带，内带为单点异常；烃类的异常在该异常远景区不明显。Ag 只有个别的点异常，且只有异常外带。分布在Ⅱ号异常远景区的钻孔 ZK39-4、ZK39-11、ZK35-4、ZK35-5、ZK31-5、ZK31-11、ZK27-4、ZK27-5 均为见矿孔，金属元素的异常叠合部位正好在见矿孔正上方，对应矿体与综合异常吻合。

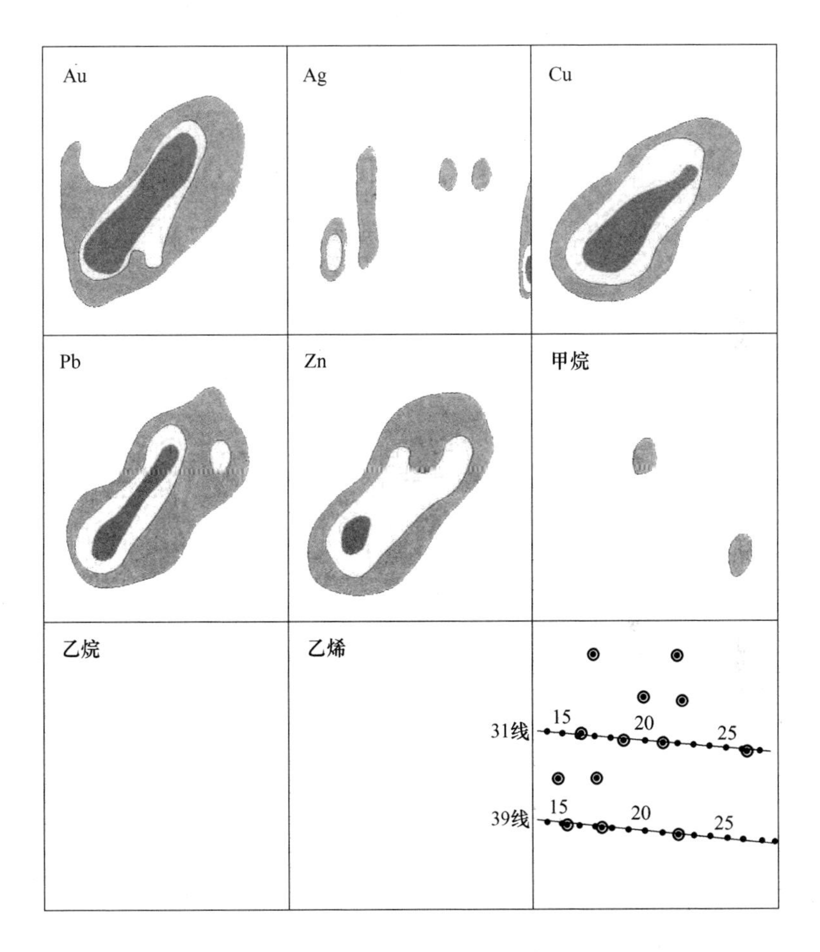

图 7-114 Ⅱ号异常远景区异常特征

C Ⅲ号异常远景区

如图 7-115 所示，Ⅲ异常远景区位于 31 线和 39 线的 34~46 号点之间，Au、Pb、Cu、Zn 异常呈团块状，Au、Pb、Cu、Zn 具有明显的异常分带，内、中、外带清晰；烃类的异常在该异常远景区不明显，只有甲烷有单点异常。Ag 的异常以异常外带和中带为主。金属元素的异常叠合部位吻合，异常相对集中，具有很好的找矿潜力。

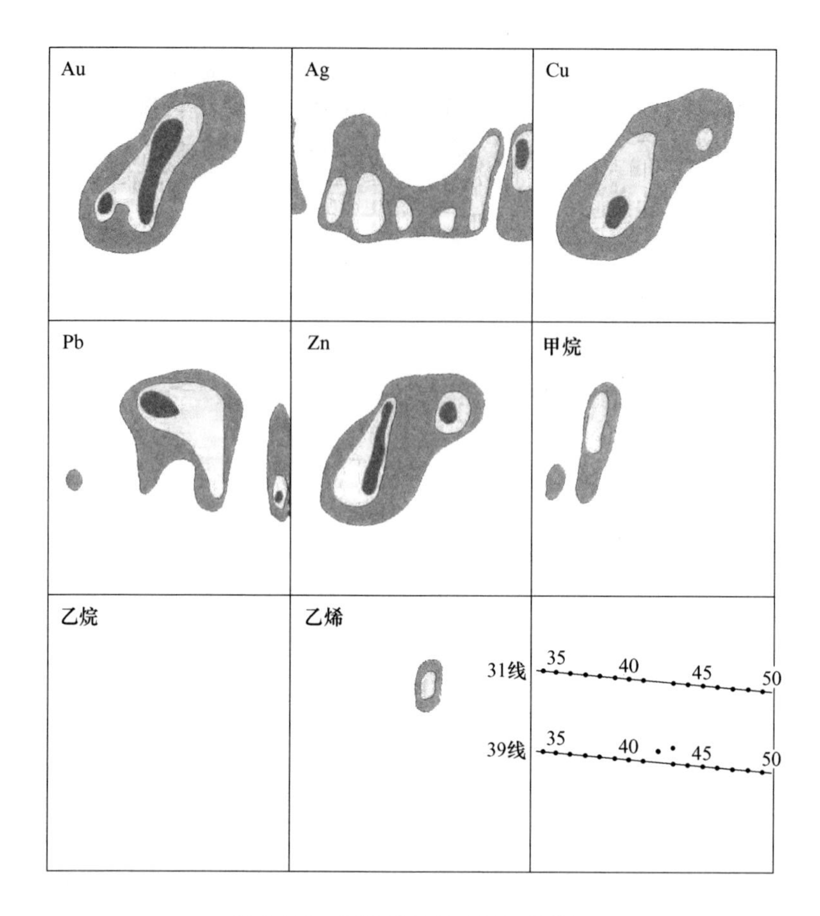

图 7-115　Ⅲ号异常远景区异常特征

D　Ⅳ号异常远景区

如图 7-116 所示，Ⅳ号异常远景区位于 31 线和 39 线的 54～61 号点之间，Au、Pb、Cu、Zn 异常呈团块状，Au、Pb、Cu、Zn 具有一定的异常分带，中、外带清晰，只有 Au 的异常内带明显；烃类的异常在该异常远景区不明显，只有甲烷有单点异常。Ag 的异常在 Au 异常的西边外带和中带为主。金属元素的异常叠合部位吻合，异常相对集中，具有很好的找矿潜力。

E　Ⅴ号异常远景区

如图 7-117 所示，Ⅴ号异常远景区位于 20 线、28 线和 36 线的 10～25 号点之间，An、Pb、Cu、Zn 异常都由两个呈长条状的异常组成，Au、Pb、Cu、Zn 具有一定的异常分带，内、中、外带清晰；烃类的异常在该异常远景区有一定的分布，经异常与金属元素的异常镶嵌。Ag 的异常不发育。金属元素的异常叠合部位吻合，异常相对集中，具有很好的找矿潜力。

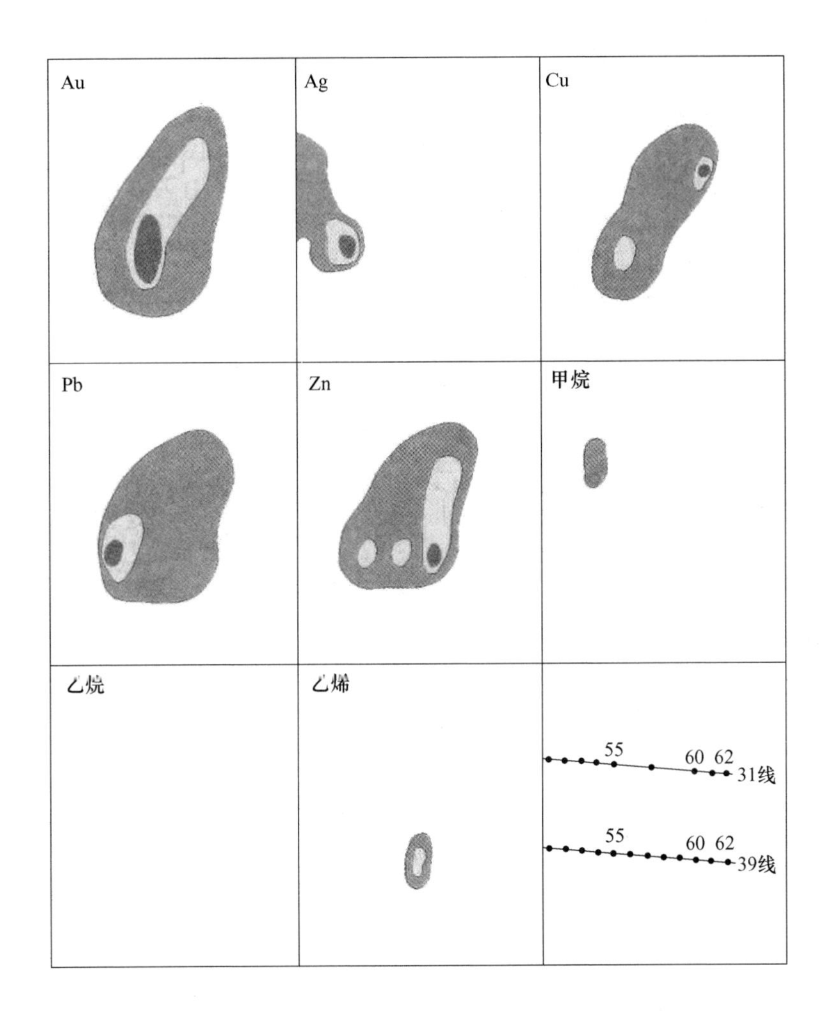

图 7-116 Ⅳ号异常远景区异常特征

F Ⅵ号异常远景区

如图 7-118 所示，Ⅵ号异常远景区位于 20 线、28 线和 36 线的 30~45 号点之间，Au、Pb 异常呈团块状，Cu、Zn 异常呈港湾状的异常组成，Au、Pb、Cu、Zn 具有一定的异常分带，内、中、外带清晰；烃类的异常在该异常远景区有很好的分布，且异常分带明显，内带的比例较强；烃异常位于金属元素的异常的中间。Ag 的异常不发育。金属元素的异常叠合部位基本吻合，异常相对集中，但是由于有烃类异常的出现，通常我们认为烃类异常处于矿体的边部，因此在该远景区内的金属异常与烃镶嵌部位进行找矿，具有一定的找矿潜力。

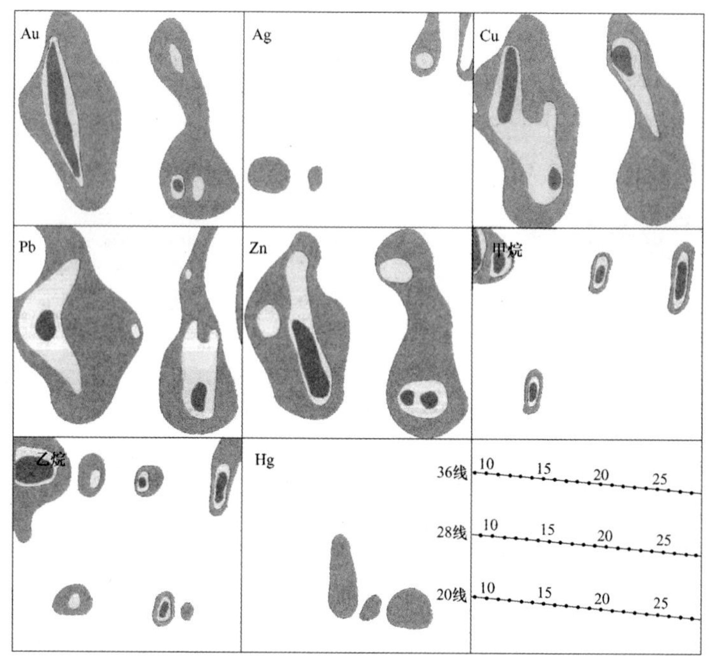

图 7-117　Ⅴ号异常远景区异常特征

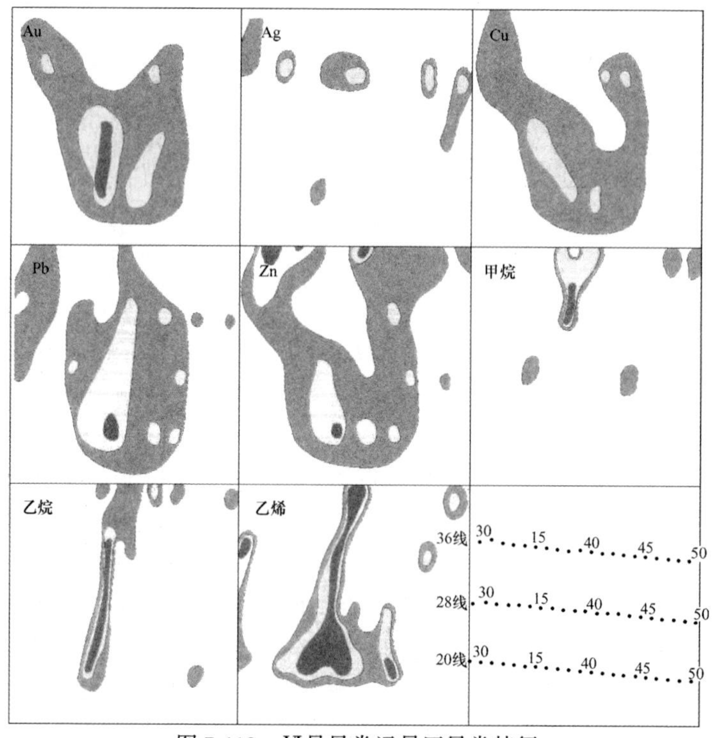

图 7-118　Ⅵ号异常远景区异常特征

G　Ⅶ号异常远景区

如图7-119所示，Ⅶ号异常远景区位于20线、28线和36线的54~60号点之间，Au、Pb、Cu、Zn异常都由呈长条块状的异常组成，Au、Pb、Zn具有很好的异常分带，内、中、外带清晰，Cu以异常外带为主；烃类的异常在该异常远景区有一定的分布但异常强度不强，烃异常与金属元素的异常镶嵌。Ag的异常不发育。金属元素的异常叠合部位吻合，异常相对集中，具有很好的找矿潜力。

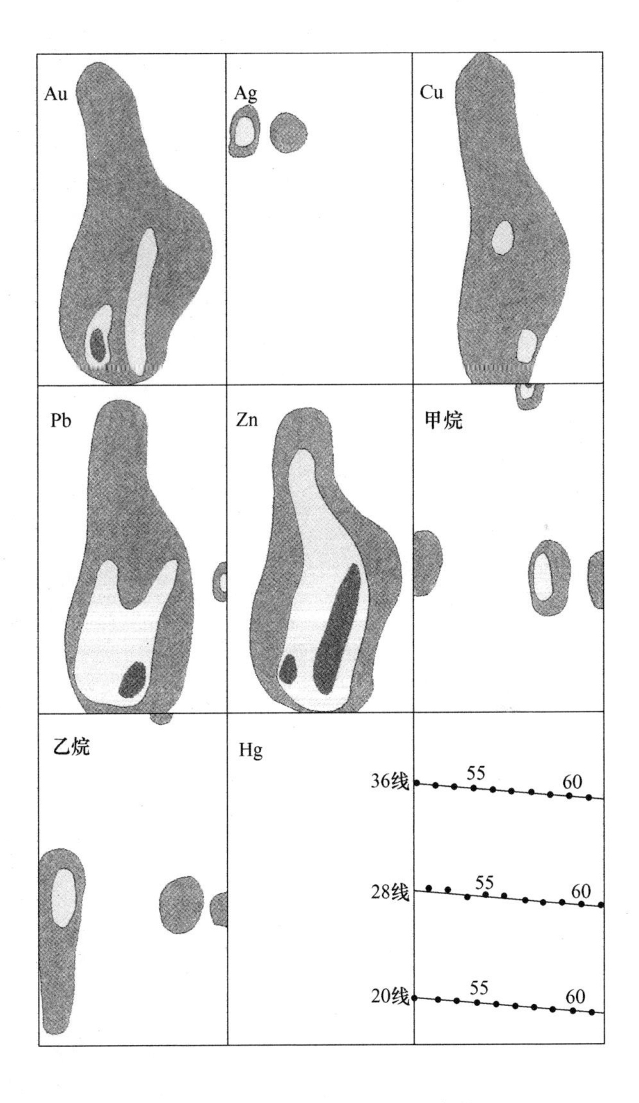

图7-119　Ⅶ号异常远景区异常特征

H　Ⅷ号异常远景区

如图7-120所示，Ⅷ号异常远景区位于52线和56线的10~25号点之间，Au异常位团块状有明显的异常分带，Pb、Cu呈长条状的异常组成以异常外带为主，Zn异常为片状以异常外带和中带为主；烃类的异常在该异常远景区有一定的分布，且异常分带明显，强度较强，烃异常与金属元素的异常重叠。Ag的异常呈块状与Au异常。金属元素的异常叠合部位吻合，异常相对集中，但该区由于有烃类异常，可以在该区寻找石英脉型金矿。

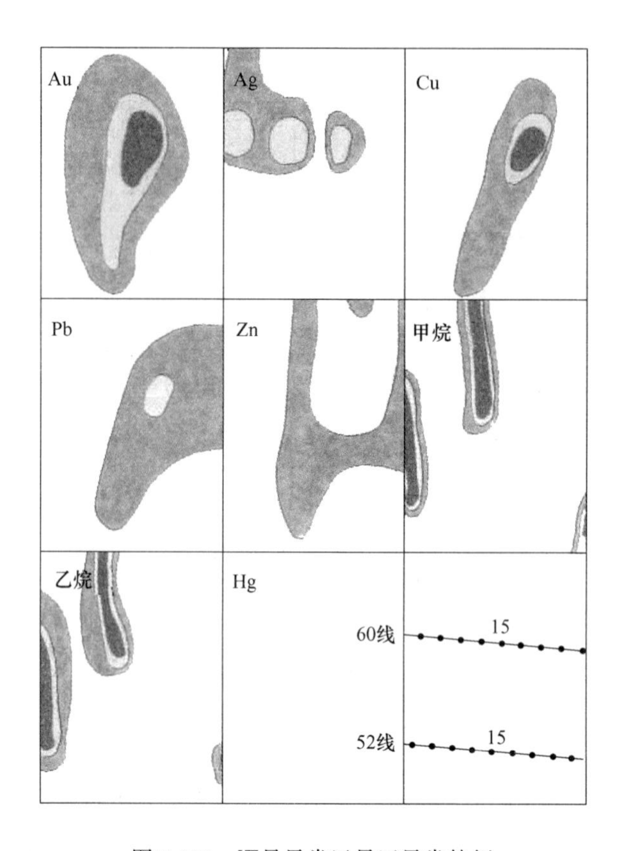

图7-120　Ⅷ号异常远景区异常特征

I　Ⅸ号异常远景区

如图7-121所示，Ⅸ号异常远景区位于52线、60线和68线的48~60号点之间，Au、Pb、Cu、Zn异常都由两个呈长条状的异常组成，Au、Pb、Cu、Zn具有一定的异常分带，内、中、外带清晰；烃类的异常在该异常远景区有一定的分布，烃异常与金属元素的异常镶嵌。Ag的异常不发育。金属元素的异常叠合部位吻合，异常相对集中，具有较好的找矿潜力。

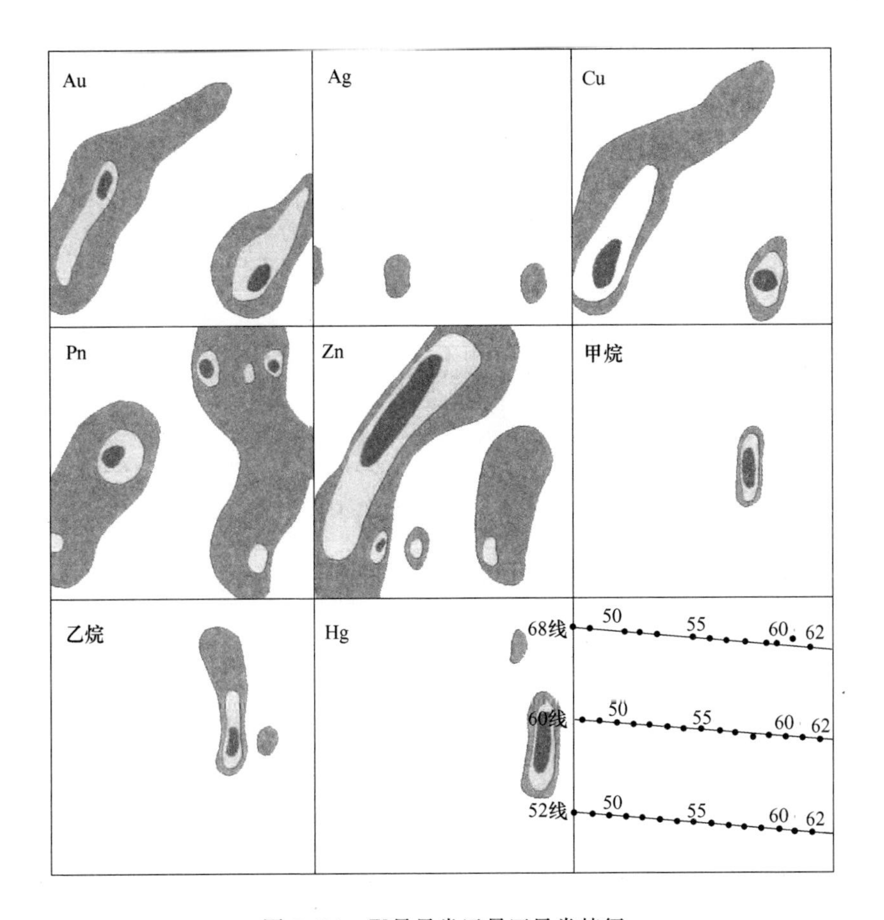

图 7-121 Ⅸ号异常远景区异常特征

J Ⅹ号异常远景区

如图 7-122 所示，Ⅹ号异常远景区位于 76 线、84 线和 92 线的 10~16 号点之间，Au、Pb、Cu、Zn 异常都由呈长条块状的异常组成，Au、Pb、Cu、Zn 具有一定的异常分带，内、中、外带清晰；烃类的异常在该异常远景区没有分布；Ag 的异常在中部有点发育。金属元素的异常叠合部位吻合，异常相对集中，具有很好的找矿潜力。

K Ⅺ号异常远景区

如图 7-123 所示，Ⅺ号异常远景区位于 84 线、92 线和 100 线的 52~57 号点之间，Au、Pb、Cu、Zn 异常都由呈长条状的异常组成，Au、Cu 的异常以外带和中带为主，Pb、Zn 具有一定的异常分带，内、中、外带清晰；烃类的异常在该异常远景区不发育；Ag 的异常不发育。金属元素的异常叠合部位吻合，异常相对集中，但异常面积小，找矿潜力较低。

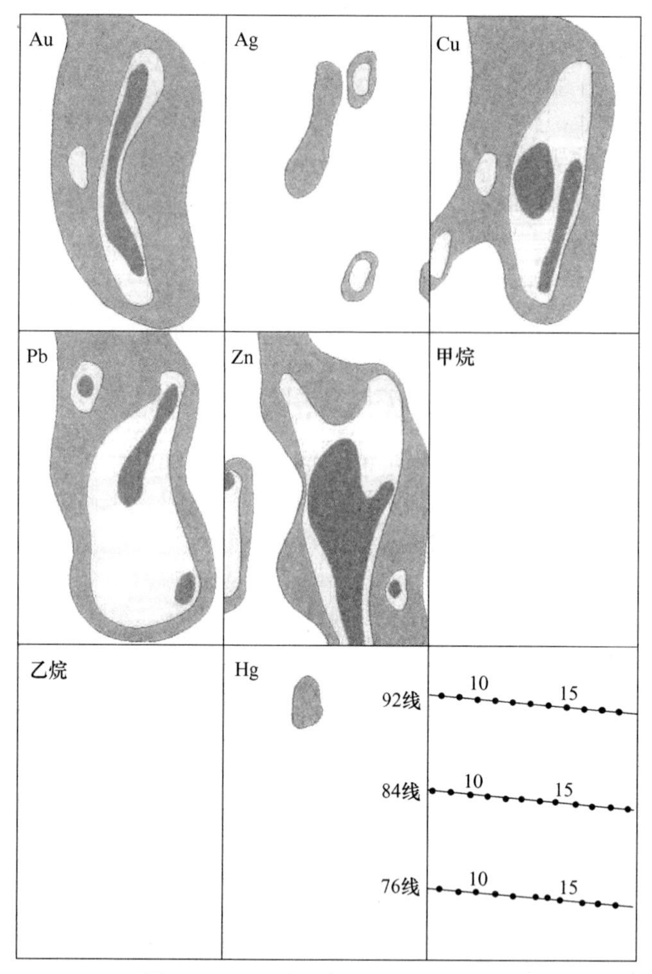

图 7-122　X号异常远景区异常特征

7.9.3.3　综合异常特征

为了直观地反映，我们将电吸附各元素的异常叠合在一起，如图 7-124 所示。从图中可以看出测区的中南部异常叠合度高，在南部的Ⅰ号、Ⅱ号、Ⅲ号、Ⅳ号异常远景区内各元素的吻合度高，在中部的Ⅴ号、Ⅶ号、Ⅸ号、Ⅹ号、Ⅺ号异常远景区内各元素的吻合也很好，而Ⅵ号、Ⅷ号异常远景区的叠合程度相对差些。从各元素的分带强度来看，Au 元素是东南向西北呈现变弱的趋势；Pb 的趋势与 Au—致；而 Cu、Zn 的异常强度呈现为北部的高。因此可以看出，在异常集中区内，从东南部西北向 Au 的矿化也变弱，而从东南部西北向 Cu、Pb、Zn 的矿化变强，就是说北部的矿体中 Cu、Pb、Zn 等多金属矿会多些。从成矿期来看，在该矿区根据矿石结构、构造、矿物共生组合等特征，大致可分为四个成矿阶段。（1）黄铁矿-石英

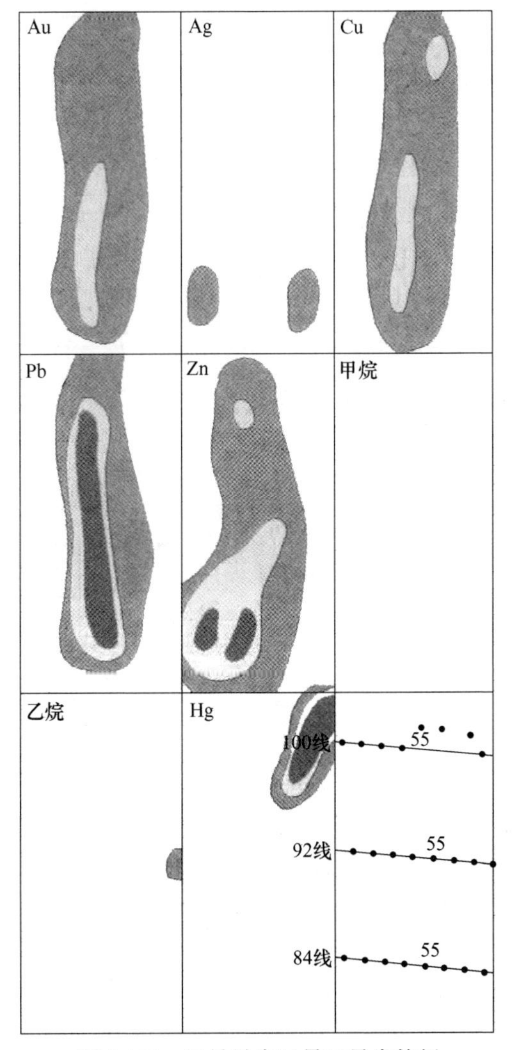

图 7-123 Ⅺ号异常远景区异常特征

阶段（Ⅰ）：为构造运动、热液成矿作用的早期阶段，形成灰白、乳白色微细粒石英和细粒黄铁矿。黄铁矿结晶好，为立方体和五角十二面体，立方体晶体占绝大多数，呈星点状、浸染状均匀分布。伴随有绢云母化、绿帘石化、碳酸盐化，该成矿阶段有用组分已初步富集。(2) 金-石英多金属硫化物阶段（Ⅱ）：断裂复活，构造张开，成矿热液继续活动，为矿床主成矿阶段。形成了深灰、灰黑色多金属硫化物硅质碎裂岩。石英为烟灰色，混浊状，中细粒，晶体裂隙发育；金属硫化物以细小团块状、条纹（痕）状分布在角砾间的胶结物和裂隙中。黄铁矿以团块状为主，少量晶形较好，晶体中裂隙发育；闪锌矿、黄铜矿以中粒为主，方铅矿多为细粒，以团块状为主。金矿物分布在石英、黄铁矿、闪锌矿中。

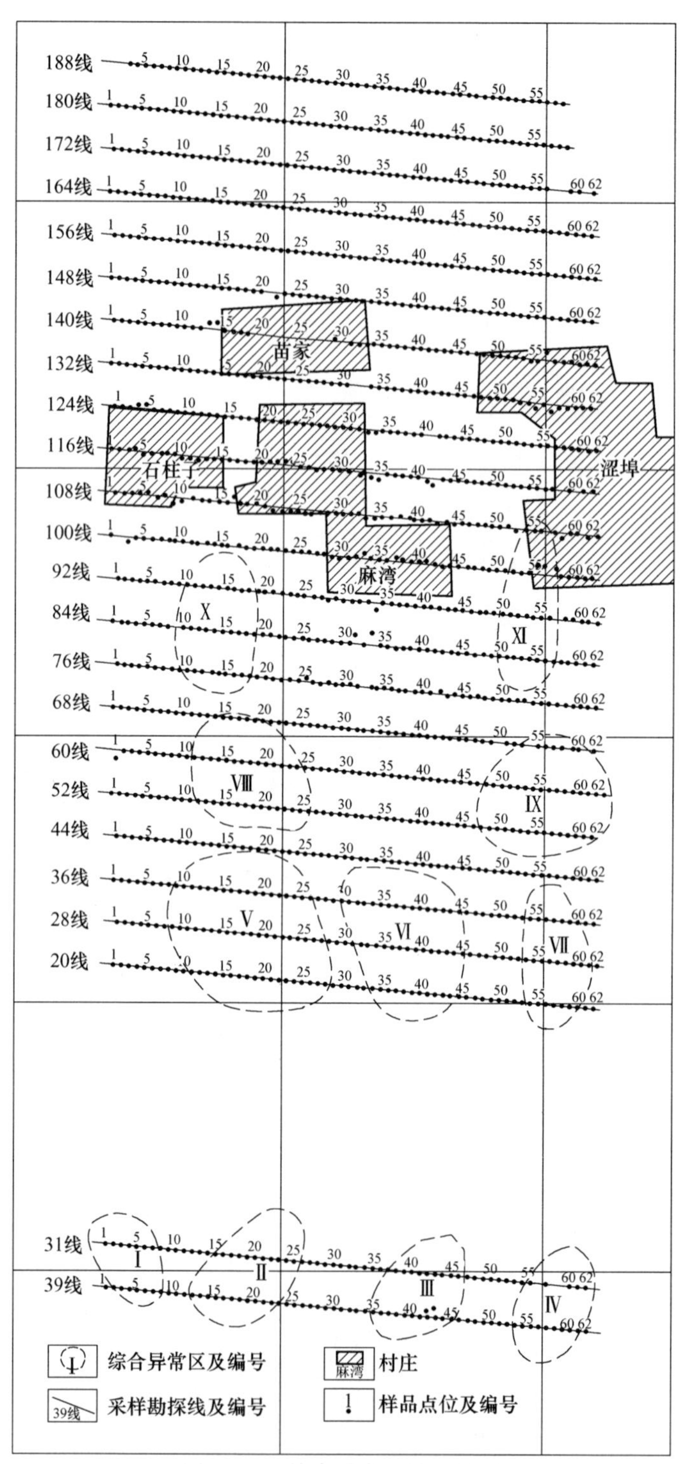

图 7-124　综合异常远景区平面

该成矿阶段的围岩蚀变主要是硅化、（黄铁）绢英岩化、石墨矿化，少量绢云母化。(3) 金-石英黄铁矿阶段（Ⅲ）：为本矿床的次要成矿阶段，形成灰白、白色多金属硫化物石英脉。本阶段的石英脉既穿插在第Ⅱ阶段的主矿化岩石中，进一步使金富集，又贯入上、下盘的围岩中形成独立的小金矿化脉。石英为乳白、白色，中-粗粒，具梳状构造，晶体中裂隙不发育。黄铁矿以团块状、脉状为主，细粒，晶形较差。方铅矿、闪锌矿、黄铜矿的含量较少。金矿物主要赋存在石英中。(4) 石英-碳酸盐阶段（Ⅳ）：本阶段属矿后期。主要形成石英、碳酸盐脉。碳酸盐脉宽 0. 2～0. 7mm，切割前成矿阶段的所有岩石、矿物。石英为白色，中细粒，晶体无裂纹，表面干净。碳酸盐矿物为方解石、白云石，解理清晰完整。从多金属的强度看表明了成矿方向是由东南向西北，成矿物质来源于东南方向。

7.9.4 异常验证

为了验证异常的反映情况，于 2012 年初在麻湾村西南部的 76~92 线的 5~40 号点之间的异常区布设了 3 个钻孔：钻孔 ZK84-1、ZK86-3 和 ZK86-4，结果在 3 个孔中均见到明显的金矿体和铅矿体（见图 7-125 和图 7-126）。

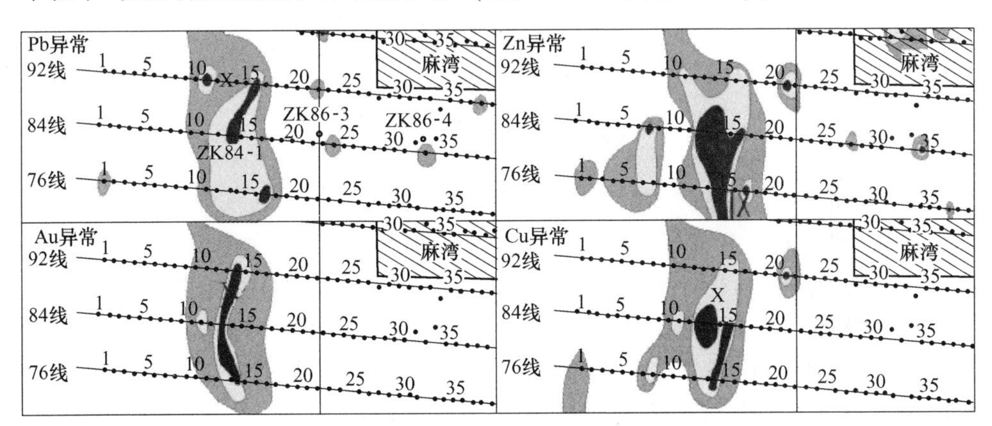

图 7-125　86 线附近电吸附异常

（深灰色为异常外带；浅灰色为异常中带；黑色为异常内带）

7. 9. 4. 1　钻孔 ZK84-1 的见矿段

在 621. 83～630. 69m 标高处为石英脉，呈浅灰白色，他形粒状结构，块状构造，基本由石英组成。与顶板接触面轴角 20°。黄铁矿呈星点状及团块状集合体，晶型好，粒径 0. 5～1. 0mm，分布不均匀，在裂隙中分布较多，其中，在624. 83～625. 83m 标高处金平均品位为 1. 6g/t。底部有较多光滑波状的石墨化压扭面。岩石多呈短柱状，部分呈碎块状，RQD 为 10%。

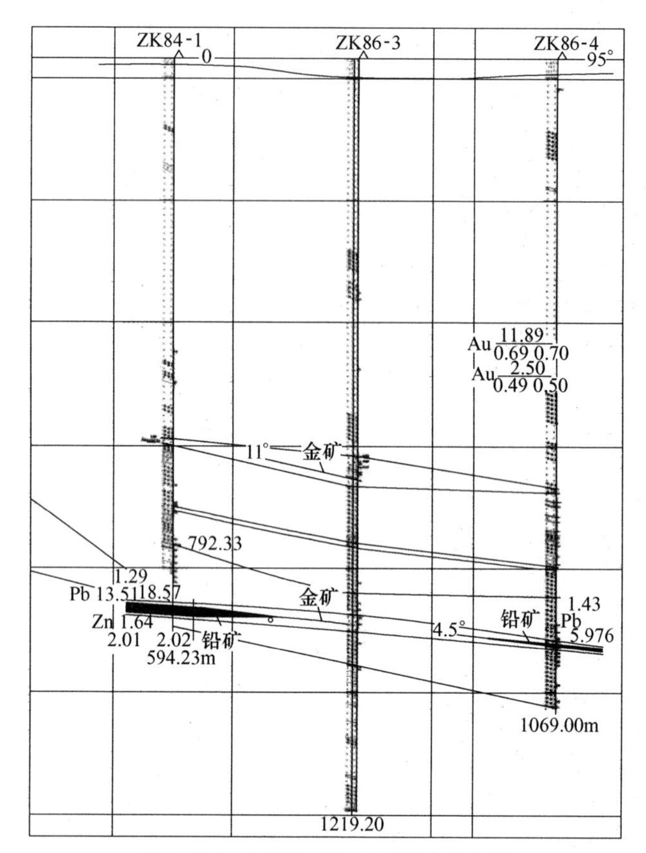

图 7-126　麻湾金矿区 86 线地质剖面

在 695.11~695.31m 标高处有 0.20m 厚的石英脉，呈灰白色，含少量方铅矿集合体，平均品位为 1.18%，接触面轴角 50°，呈不规则状，被后期裂隙切割。

在 783.75~783.95m 标高处为石英脉，界面不清，含方铅矿细条带及零星黄铁矿，平均品位为 0.28%。在 798.45m 标高处见有 3cm 厚的方铅矿条带，平均品位为 1.98%，轴角 50°，由于蚀变强烈，韧性剪切不明显。

在 888.55~907.12m 标高处含方铅矿颗粒、小团块和细脉，沿裂隙分布较多。其中，896.28~898.30m 标高处含较多方铅矿细脉、团块和颗粒，同时含不均匀分布的团块状（粒径 3~6mm）闪锌矿集合体，总厚度为 10.62m，品位在 0.25%~5.02%之间，平均品位为 2.34%。岩石中同时含零星细粒黄铁矿，分布不均匀。

在 890.55~891.55m 标高处有金矿化，金品位为 0.32g/t。在 896.28~898.3m 标高有金矿化和锌矿体，金品位为 0.14g/t，锌品位为 1.66%。

7.9.4.2　钻孔 ZK86-3 的见矿段

在 673.52~696.5m 标高处为黄铁绢英岩，呈灰白色，岩石具有硅化和绢云母化，局部石英呈团块状和脉状，岩石中含较多细粒黄铁矿。岩石较完整，RQD为80%。挤压面轴角45°。其中，673.70～676.70m标高处岩石硅化强烈，硅质含量增高，近硅质岩。在683.7～684.7m标高处有金矿化，平均品位为0.12g/t。

在853.70～854.00m标高处为烟灰色硅质细脉，含少量星点状黄铁矿，有金矿化，平均品位为0.19g/t。

在905.9～932.8m标高处为硅化碎裂岩，呈灰绿色，岩石具有硅化、绢云母化和绿泥石化，含少量星点状黄铁矿。其中，919.40～924.40m标高处硅化较强，多呈碎块状，RQD为40%，含较多星点状黄铁矿，在921.4～923.4m标高处有金矿化，品位在0.16～0.65g/t之间，平均品位0.41g/t，局部有石墨化滑擦面。

在1081.20～1082.30m标高处具有不均匀细粒黄铁矿化，粒径0.3～0.8mm，有金矿化，品位为0.25g/t。

7.9.4.3 钻孔ZK86-4的见矿段

在485.6～486.3m标高处为黄铁矿化石英脉，呈乳白色，粒状结构，块状构造，RQD为90%。矿物成分主要为石英，具有黄铁矿化及黄铜矿化。黄铁矿呈浸染状和团块状，分布较均匀，黄铜矿呈小团粒状零星不均匀分布，局部有方铅矿零星分布，金品位为89g/t，铅品位为0.56%，铜品位为0.37%。

507.60～508.10m标高处具有细粒黄铁矿化，矿化较均匀，金品位为2.5g/t。在947.13～961.52m标高处为绢英岩，呈灰绿色，细粒变晶结构，块状-条带状构造。矿物成分有石英、绢云母、绿帘石及少量黄铁矿和铅锌矿等。原岩为黑云变粒岩。黄铁矿和铅锌矿呈浸染状、团块状和条带状，不均匀分布于岩石及裂隙中，RQD为90%～100%。

在952.13～958.13m标高处，铅品位在0.31%～2.55%之间，平均品位为1.44%。

在959.36～960.37m标高处绢英岩化和黄铁矿化较弱，石墨化强，岩石为黑色。

8 结束语

（1）电吸附地球化学找矿法属于地球化学找矿活动态组分提取法的一种，它是在室内用特殊的装置，对样品溶液进行通电处理，把含量很低的后生异常中的活动态组分解脱出来，用吸附介质吸附富集，从而利用它来寻找深埋矿的一种方法。

电吸附地球化学找矿法是以地电化学理论为基础发展起来的，由于地下矿体周围及近地表的松散土壤中由于矿体的溶解作用、离子迁移作用和离子的转化作用等通常可以形成离子晕，通过进行离子电导率的测定和电提取金属离子的测定，可以发现与矿有关的金属离子异常，从而达到找矿和评价的目的。

总体来说，电吸附找矿法较之地电提取法具有野外施工方便，成本低，效率高，可以进行规模性生产勘探的优点。

（2）有机烃测量法是通过测量有色金属矿体或矿床上方围岩或地表土壤中的有机烃，来寻找矿体及矿化富集地段的方法。

有机烃是有机质在成矿热液演化和成矿过程中产生的重要伴生气体组分。通过研究有机烃宏观的异常形态、分布特征以及微观上烃类各组分间的相关和变化规律能获得深部矿体的物质来源、赋存空间和成矿规模等重要成矿信息。

在热液成矿过程中，金属元素除了以 Cl^-、HCO_3^-、SO_4^{2-} 等配合物形式迁移外，另一重要迁移形式便是有机配合物，当成矿热液抵达沉淀空间，由于物理、化学等环境条件的改变，会使矿质与有机配离子分离，这些有机配离子在生物细菌作用下可转化为烃气。有机烃通过各种微裂隙、粒间孔隙等途径垂直向上迁移至地表，部分被地表土壤以吸附相和碳酸盐包裹相等形式固定下来，从而在地表形成烃类异常。热液矿物中发现大量有机包裹体，证明有机烃是成矿热液的直接伴生组分，从而构成了烃气异常源；含矿热液活动越强烈，所携带来的有机烃组分越多。有机烃浓集中心也就指示了含矿断裂构造所在，轻烃的晕中心所指示的烃源可当作矿床富集的靶区。这为运用有机烃寻找金属矿床提供了理论依据。

（3）壤中汞气测量是针对隐伏和埋藏的硫化物矿床进行地球化学勘查的一种独立的方法。它通过抽取捕获土壤中的气态汞，进行汞含量测量，从而得到发育在矿体上盘的原生晕异常。

壤中汞气测量主要用于发现高汞地区，圈定汞源和构造断裂，适合于小比例尺的大面积普查、构造填图和为了上述目的的长剖面工作。热释汞测定主要用于含矿性评价。原生样品的热释汞测定量次生样品热释汞测量取得更好的效果。

(4) 土壤离子电导率测量法是地电化学测量法的一种，方法的实质是，通过测定样品中多种成晕离子的代参数—电导率，来达到寻找隐伏矿的目的。所获得的异常是可溶成矿元素和成矿伴生元素的综合反映。

(5) 卤素地球化学测量找矿方法是指利用原生晕或次生晕中的卤素指标去追踪和发现矿体的一种方法，卤族元素包括氟（F）、氯（Cl）、溴（Br）、碘（I）4个元素，卤素是成矿热液中重要的物质组分，与矿体的形成关系密切。卤素异常可有效地反映矿体或矿化体的富集地段。

上述五种深穿透地球化学勘查技术集成找矿具有很好的效果，尤其是在寻找高、中、低温热液矿床、岩浆热液变质改造矿床、沉积变质改造矿床等有色金属矿效果明显。涉及的矿种有铜、金、锡、钴、镍、铅、锌等，典型矿床应用证明深穿透地球化学勘查技术是寻找隐伏矿很有效的新技术、新方法。为今后寻找第二深度空间地表500m以下至地表深部2000m上的隐伏矿体提供地球化学勘查手段。

参考文献

Ю. С. 雷斯，1983. 1986，地电化学勘探法［M］. 张肇元，崔霖沛，译. 1986. 北京：地质出版社，1～244.

崔霖沛 . 1980. 地电化学法［M］. 北京：地质出版社 .

周奇明，卢宗柳，黄书俊，等 . 2006. 电吸附地球化学找矿法［M］. 冶金工业出版社 .

周奇明 . 1996. 电吸附找矿方法寻找隐伏金矿床的研究［J］. 矿产与地质，10（3）：212～216.

周奇明，赵友方，黄华鸾 . 2001. 利用室内电提取法寻找隐伏矿床的试验［J］. 物探与化探，25（3）：169～173.

唐金荣，金玺，周平，等 . 2012. 新世纪俄罗斯找矿地球化学［J］. 地球学报，33（2）：145～152.

АЛЕКСЕЕВ С Г, ВОРОЩИЛОВ Н А, ВЕШЕВ С А, et al. 2008. Опыт использования наложенных ореолов рассеяния при прогнозе и поисках месторождений на закрытых территориях［J］. Разведка иохрана недр,（4-5）: 93～99.

КРЕМЕНЕЦКИЙ А А. 2006. Прикладная геохимия: современные проблемы и решения［J］. Разведка и охрана недр,（7）: 24～33.

ЧЕКВАИДЗЕ В Б, МИЛЯЕВ С А, ИСААКОВИЧ И З. 2009. Комплексная петрографо-минералогическая методика при интерпретации и оценке литохимических аномалий золоторудных полей［J］. Разведка и охрана недр,（5）: 33～39.

Govett G J S. Chork C Y. 1977. Detection of deeply-buried sulphide deposits by measurement of organic carbon, hydrogen ion, and conductance in surface soils.

Govett G J S. Arrherden P R. 1987. Electrochemical patterns in surface soils-detection of blind mineralization bencath exotic cover, Thalanga, Queensland, Australia.

Bastrakov E N, Skirrow R G. 2007. Fluid evolution and origins of iron oxide Cu-Au prospects in the Olympic Dam district, Gawler Craton, South Australia［J］. Economic Geology, 102（8）: 1415～1440.

Oates C J, Hart S, Plant A, et al. 2007. Geochemical mapping of the Collahuasi District, N Chile: a pilot study for a geochemical atlas of the Andes［C］. //Abstractors of the 17th Annual V. M. Glodschmidt Conference. Geochemical et Cosmochimica Acta, 1: 727.

Carr G R, Sun S S. 1996. Lead isotope models applied to Broken Hill style terrains-syngenetic vs epigenetic metallogenesis, David-son G J. New Developments in Broken Hill Type Deposits, I. Codes Spec, Pub. 77～87.

Hall G E M. 2007. Analytical methods in exploration geochemistry. Exploration 07.

唐金荣，崔熙琳，施俊法 . 2009. 非传统化探方法研究的新进展［J］. 地质通报，28（2-3）：233～244.

蔡立梅 . 2005. 土壤离子电导率测量法寻找隐伏金属矿研究［J］. 桂林工学院 .

谢学锦，王学求 . 2003. 深穿透地球化学新进展［J］. 地学前缘 . 10（1）：225～238.

谢学锦. 1998. 战略性与战术性深穿透地球化学方法［J］. 地学前缘.5（2）：171~183.

王学求. 1998. 深穿透勘查地球化学［J］，物探与化探.22（3）：166~169.

RYSS YUS，GOLD BERGIS. 1990. The partial extraction of metals（CHIM）method in mineral exploration［J］.In：Method and Technique，ONTI，VITR，Leningrad，1973，84：5（In：Bloomstein E. Translation by Earth Science Translation Services of section entitled CHIM surface set-up unipolar extraction［M］. USGS Open-File Report）.

姚文生，王学求，张必敏，等.2012. 鄂尔多斯盆地砂岩型铀矿深穿透地球化学勘查方法实验［J］. 地学前缘，19（3）.

王学求，张必敏，姚文生，等.2012. 覆盖区勘查地球化学理论研究进展与案例［J］. 地球科学-中国地质大学学报，3（6）：1126~1132.

杨岳衡，曾庆栋，刘铁兵，等.2002. 热释汞量法在山东牟平金矿成矿预测中的应用［J］. 地质与勘探，3：42~45.

戴自希，王家枢.2004. 矿产勘查百年［M］. 北京：地震出版社.

王悦，朱祥坤.2010. 铜同位素在矿床学中的应用：认识与进展［J］. 吉林大学学报：地球科学版，40（4）：739~750.

王悦，朱祥坤.2010. 锌同位素在矿床学中的应用：认识与进展［J］. 矿产地质，29（5）：843~852.

龚美玲.1995. 评价金化探异常的新方法［J］. 有色金属矿产与勘查.

杨芳芳，卢宗柳，周奇明，等.2006. 电吸附找矿法在捕获常规化探方法难以发现的异常时的有效性［J］. 矿产与地质，20（4-5）：479~483.

周奇明.2001. 电法地球化学方法快速寻找隐伏矿床的效果［J］. 矿产与地质，15（4）：275~278.

崔熙琳，汪明启，唐金荣.2009. 金属矿气体地球化学测量技术新进展［J］. 物探与化探，33（2）：135~138.

徐庆鸿，陈远荣，毛景文，等.2005. 有机烃在预测隐伏金矿床中的应用及其成因探索［J］. 地质论评，51（5）：583.

陈远荣，贾国相，徐庆鸿.2003. 气体集成快速定位预测隐伏矿的新技术研究［M］. 北京：地质出版社.

陈远荣，贾国相.1999. 油气地球化学勘查新方法和新技术的应用研究. 有色金属矿产与勘查.

陈远荣.2001. 烃、汞等气体组分垂向运移的主要控制因素［J］. 中国地质.

陈远荣.2001. 有机烃气法在个旧锡矿松树脚矿田中的应用［J］. 物探与化探.

陈远荣.2001. 有机烃气新方法寻找有色、贵金属矿床的研究.

陈远荣，邵世才，徐庆鸿，等.2003. 马鞍桥金矿的有机烃气结合原生晕测量找矿预测［J］. 物探与化探，27（6）：465~468.

李昌明，陈远荣，陈晓雁，等.2012. 广西南丹县大厂矿田铜坑锡矿成矿地球化学模型和找矿预测标志［J］. 地质通报.31（1）：136~142.

陈远荣，贾国相，戴塔根.2002. 论有机质与金属成矿和勘查［J］. 中国地质，29（3）：

257~262.

徐建东，陈远荣，张冠清，等 . 2016. 基于烃气测量技术的深地找矿预测—以山东夏甸金矿为例［J］. 矿产与地质，30（3）：427~430.

徐庆鸿，陈远荣，贾国相，等 . 2007. 山东夏甸金矿烃类组分特征与幔源流体成矿作用探讨［J］. 岩石学报，23（10）：2639~2646.

陈远荣，戴塔根，贾国相，等 . 2011. 金属矿床有机烃气常见异常模式和成因机理研究［J］. 中国地质，28（4）：32~37.

袁承先 . 2011. 地球深部矿化信息探测技术—土壤汞气测量［J］. 科技资讯，2011（9）：6~7.

尤洪亮 . 2005. 深穿透地球化学方法综述［J］. 有色矿冶，21（6）：3~6.

杨桂莲，祁建誉 . 2001. 土壤测汞法在地球化学勘查中的应用［M］. 地质与资源，11（2）.

王义为 . 1985. 土壤热释汞方法讨论［J］. 桂林冶金地质学院学报，5（1）：79~84.

刘树田，连长云 . 1997. 壤中气汞量测量方法综述［J］. 世界地质，16（1）：56~59.

冶金工业部物探公司研究室气测组 . 1979. 壤中汞气测量的作用及问题［J］. 地质与勘探，（1）：84~85.

郭君红 . 2012. 卤素和土壤热释卤素找矿的地球化学依据［J］. 科技论坛，10（15）：8.

田俊杰 . 1998. 热释卤素找矿方法［J］. 地质与勘探，2（15）：45~50.

尹冰川 . 1997. 综合气体地球化学测量［J］. 物探与化探，21（4）：241~245.

Zhang Meidi. 1995. Handbook of Exploration Geochemistry Volume 7 Gas Geochemistry in Mineral Exploration and Petroleum Proapecting［M］. 国际大气测量和地球科学研究所 .

尹冰川，伍宗华 . 1997. 地气溶解测量——一种寻找隐伏矿床、研究深部构造地质的新方法、新技术［J］. 地质地球化学，（3）：25~26.

罗先熔 . 1996. 地球电化学勘查及深部找矿［M］. 北京：冶金工业出版社 .

陈国达，黄瑞华 . 1984. 关于构造地球化学的几个问题［J］. 大地构造与成矿学，（1）：9~17.

章崇真 . 1979. 试论矿田断裂地球化学［J］. 地质与勘探，15（3）：1~10.

董岩翔 . 1980. 浙东某区区域构造地球化学特征及其研究意义［J］. 浙江区测，（1）：1~10.

刘泉清 . 1981. 构造地球化学的研究及其运用［J］. 地质与勘探，17（4）：53~61.

金浚 . 1981. 构造地球化学在某矿区的应用［J］. 物探与化探，5（3）：174~177.

钱建平 . 2009. 构造地球化学找矿方法及其在微细浸染型金矿中的应用［J］. 地质与勘探，45（2）：60~65.

李惠，禹斌，李德亮，等 . 2013. 构造叠加晕找盲矿法及研究方法［J］. 地质与勘探，49（1）：154~159.

李惠，禹斌，李德亮 . 2011. 构造叠加晕找盲矿新方法及找矿效果［M］. 北京：地质出版社：12~30.

李惠，张国义，禹斌，等. 2007. 矿区深部化探找矿新方法、新技术研究冶金系统十项成果［J］．中国地质，34（增刊）：363~365.

李惠，张国义，禹斌，等.2007. 构造叠加晕新方法及其在危机矿山深部盲矿预测效果［J］．中国地质，34（增刊）：359~362.

李惠，王支农，上官义宁，等.2002. 金矿床（体）深部盲矿预测的构造叠加晕前、尾晕共存准则［J］．地质找矿论丛，17（3）：195~197.

Hall G E M. 1998. Analytical perspective on trace element species of in-terest in exploration [J]. Journal of Geochemical Exploration, 61.

Gray D R, Durney D W. 1998. Crenulation cleavage differentiation; Implication of solution-deposition processes [J]. Struct. Geol., 11 (1): 73~80.

王学求，谢学锦. 2000，金的勘查地球化学［M］．济南：山东科技出版社.

於云飞，1996，汞法找矿［M］．北京：原子能出版社.

谢学锦，王学求，2003. 深穿透地球化学新进展［J］，地学前缘，10（1）：225~238.